建筑力学与结构

杨慧◎主编

中国劳动社会保障出版社

图书在版编目（CIP）数据

建筑力学与结构 / 杨慧主编 . -- 北京 : 中国劳动社会保障出版社，2023
全国职业院校建筑类专业教材
ISBN 978-7-5167-6005-5

Ⅰ. ①建…　Ⅱ. ①杨…　Ⅲ. ①建筑科学 - 力学 - 职业教育 - 教材②建筑结构 - 职业教育 - 教材　Ⅳ. ①TU3

中国国家版本馆 CIP 数据核字（2023）第 121155 号

中国劳动社会保障出版社出版发行
（北京市惠新东街 1 号　邮政编码：100029）

*

三河市华骏印务包装有限公司印刷装订　　新华书店经销
787 毫米 ×1092 毫米　16 开本　13.75 印张　305 千字
2023 年 10 月第 1 版　　2023 年 10 月第 1 次印刷
定价：35.00 元

营销中心电话：400-606-6496
出版社网址：http://www.class.com.cn
http://jg.class.com.cn

本教材为全国职业院校建筑类专业教材。本教材共分九章，包括力和受力图，平面力系的平衡，构件的内力、强度和刚度计算，建筑结构，钢筋混凝土结构，砌体结构，钢结构，多层与高层房屋结构，结构抗震知识等内容。教材在保证基本概念、基本理论和基本方法够用的基础上，注重实际应用及实用计算，以适应职业岗位和职业发展需要。

本教材由杨慧任主编，黄启宝、张扬云帆任副主编，刘思娇、彭望、张进泉、李凯参与编写。

前言

PREFACE

近年来，我国建筑行业进入了新的发展阶段。基于对当前建筑行业技能型人才需求及职业院校教学实际的调研分析，我们组织开发了这套全国职业院校建筑类专业教材，分为“建筑施工”“建筑设备安装”“建筑装饰”和“工程造价”四个专业方向。教材的编审人员由教学经验丰富、实践能力强的一线骨干教师和来自企业的设计、施工人员组成。

在本次教材开发工作中，我们主要做了以下几方面工作：

第一，突出教材的实用性。在“适用、实用、够用”的原则下，根据建筑行业相关企业的工作实际和相关院校的教学需要安排教材结构和内容，设计了大量来源于生产、生活实际的案例、例题、练习题和技能训练，引导学生运用所学知识分析和解决实际问题，教材体系合理、完善，贴近岗位实际与教学实际。

第二，突出教材的先进性。根据当前建筑行业对岗位知识与技能的实际需求设计教学内容，贯彻新标准。例如，在相关教材中全面贯彻《混凝土结构施工图平面整体表示方法制图规则和构造详图（现浇混凝土框架、剪力墙、梁、板）》（22G101—1）和《建设用砂》（GB/T 14684—2022）等最新图集和国家标准，《建筑 CAD》以新版的 AutoCAD 软件作为教学软件载体等。此外，新材料、新设备、新技术、新工艺在相关教材中也得到了体现。

第三，突出教材的易用性。充分保证教材的印刷质量，全部主教材均采用双色或四色印刷，图表丰富，营造出更加直观的认知环境；设置了“想一想”和“知识拓展”等栏目，引导学生自主学习；教材配套开发了习题册参考答案和电子课件，可登录技工教育网（http://jg.class.com.cn）在相应的书目下载。

本套教材在编写过程中，得到了智能制造与智能装备类技工教育和职业培训教学指导委员会及一批职业院校的大力支持，教材的编审人员做了大量的工作，在此，我们表示诚挚的谢意！同时，恳切希望用书单位和广大读者对教材提出宝贵意见和建议。

编者

目录
CONTENTS

第一章 力和受力图

学习目标

熟悉力、平衡、刚体的概念及力的性质；理解静力学公理及应用；熟悉工程中常见的几种约束，掌握其约束反力的画法；能正确画出单个物体和简单物体系统的受力图；了解结构计算简图的简化原则和简化方法。

静力学主要研究物体在力及力系作用下的平衡问题。在静力学中具体讨论物体的受力分析、各种力系的平衡条件及其应用。本章是建筑力学部分的基础，主要介绍静力学的基本概念及基本公理、常用约束及约束反力、物体的受力分析及结构的计算简图。

第一节 静力学基本概念

一、力的概念

力的概念是人们在长期生产劳动和生活实践中逐渐形成的。人们在建筑工地拉车、弯钢筋、拧螺丝帽时，由于肌肉紧张，感到用了力。同样，起重机吊起构件、牵引车拉动平板车、打夯机夯实地面等也都是力的作用。

综合无数事例，可以概括出力的概念：**力是物体之间的相互机械作用**，这种作用会使物体的运动状态发生变化（**外效应**），或使物体产生变形（**内效应**）。既然力是物体之间的相互作用，那么力就不可能脱离物体而单独存在，有受力物体就一定有施力物体。例如，举手时手臂受力而抬起，手的运动状态发生了改变，这种使物体的运动状态发生改变的效应称为外效应；静坐在沙发上，沙发里的弹簧受压后变形，这种使物体的形状发生变化的效应称为内效应。

实践证明，力对物体的作用效果取决于**力的大小、方向和作用点，即力的三要素**。

力的大小表示力对物体作用的强弱，在国际单位制中，力的单位是牛（N）或千牛（kN），1 kN=1 000 N。力的方向包括力作用线的方位和指向。例如，重力的方向是铅垂向下，铅垂是指力作用线的方位，向下是指力的指向。力的作用点是指力对物体作用的位置。实际上，力的作用位置有一定的范围，而不是一个点。当力的作用范围与物体相比较小时，可近似地看作一个点。作用于一点的力，称为集中力。

在力的三要素中，任意一个要素改变时，都会对物体产生不同的作用效果。

力是具有大小和方向的量，所以力是矢量。通常可以用一段带箭头的线段来表示力的三要素，如图 1-1 所示。线段的长度（按一定比例画出）表示力的大小，箭头的指向表示力的方向，线段的起始点或终止点表示力的作用点。

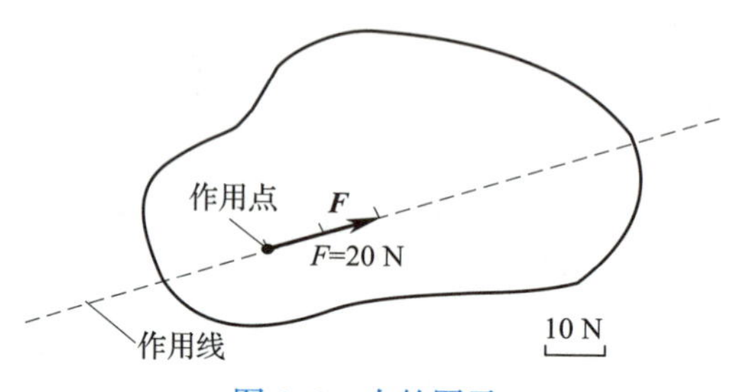

图 1-1　力的图示

用字母符号表示力的矢量时，常用黑体英文字母表示，并用相应的非黑体字母表示该力的大小。例如，用 **F** 表示力的矢量，用 *F* 表示该力的大小。

思政小课堂

在力的三要素中，任意一个要素改变时，都会对物体产生不同的作用效果。可以渗透唯物主义思想教育，如“一切事物中包含的矛盾方面的相互依赖和相互斗争，决定一切事物的生命，推动一切事物的发展”，以此帮助学生树立科学的世界观。

二、刚体与平衡

1. 刚体

在力的作用下，大小和形状均保持不变的物体称为**刚体**。实际上，任何物体在力的作用下都将产生不同程度的变形。但在正常情况下，一般建筑结构或构件受力所产生的变形都很小，略去变形的影响不会使力的作用效果产生显著的变化。所以，常把研究对象（建筑结构或构件）抽象为刚体，即忽略物体本身变形的影响，这样可使问题的研究大大简化。

2. 平衡

物体相对于地球处于静止或做匀速直线运动，这种状态称为**平衡**。如静止的建筑物和工地上沿直线匀速吊起的构件等都是平衡的实例。但平衡是相对的，因为地球本身在进行着自转和公转，相对地面静止的物体实际上也随着地球在运动。所以，在建筑力学研究过程中，如不特别说明，平衡、静止或运动都是相对于地球而言的。

三、施力物体与受力物体

由力的概念可知，力是一个物体对另一个物体的机械作用，因此，力不能脱离物体而独立存在。当某一物体受到力的作用时，一定有另一个物体对它施加这种作用。

例如，人坐在沙发上使弹簧受力后变形，当研究弹簧的受力时，弹簧是受力物体，人是施力物体；当研究人的受力时，人是受力物体，弹簧是施力物体。在分析物体受力时，必须分清哪个物体是受力物体，哪个物体是施力物体。

四、力系及力系的合力

通常一个物体所受到的力不止一个，而是若干个。把作用在同一物体上的一群力称为**力系**。如果一个力能代替一个力系作用在同一物体上且产生同样的作用效果，则这个力就称为该力系的**合力**，而力系中的各个力称为其合力的分力。若物体承受的是一个平衡力系，则该力系的合力为零。

第二节　静力学公理

静力学公理是人们在长期的生活和生产实践中的经验总结。它阐述了力的基本性质，是研究力系的简化和平衡问题的基础。

一、二力平衡公理

作用在同一刚体上的两个力，使刚体平衡的充分必要条件是：这两个力大小相等、方向相反，且作用在同一直线上。

这个公理包括两层含义：其一，当刚体只承受两个力的作用，且处于平衡状态时，这两个力必然是大小相等、方向相反，且作用在同一直线上；其二，当刚体只承受两个力的作用，这两个力大小相等、方向相反，且作用在同一直线上时，此刚体必定处于平衡状态。

该公理说明了作用在物体上的两个力的平衡条件，且此物体必须是一个刚体。对于非刚体，该公理就不一定适用。例如一根软绳，当它承受一对大小相等、方向相反，且作用在同一直线上的拉力时，它能达到平衡，但当这对拉力变成压力时，软绳就不能达到平衡。所以，二力平衡公理对于非刚体，最多就是必要但非充分条件。

在二力平衡状态下的刚体，称为二力体。如图 1-2 所示的两个二力体，两者所受的力 $\boldsymbol{F}_1$ 和 $\boldsymbol{F}_2$ 为一对平衡力。从图中还能得出这样的结论：$\boldsymbol{F}_1$ 和 $\boldsymbol{F}_2$ 的作用线为这两个力作用点的连线。

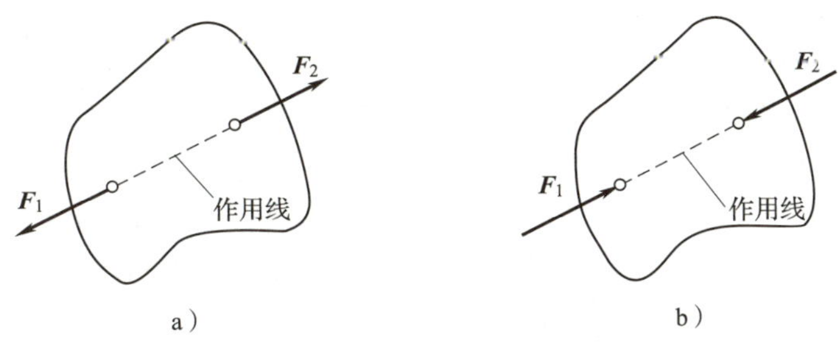

图 1-2　刚体的二力平衡

a）二力为拉力　b）二力为压力

机械和建筑结构中的二力体常常统称为**二力构件**。它们的受力特点是：两个力大小相等、方向相反，作用线沿二力作用点的连线。

应用二力构件的概念，可以很方便地判定结构中某些构件的受力方向。如图 1–3a 所示三铰拱中 *AB* 部分，当车辆不在该部分上且不计自重时，它只可能通过 *A*、*B* 两点受力，是一个二力构件，故 *A*、*B* 两点的作用力必沿 *AB* 连线的方向。

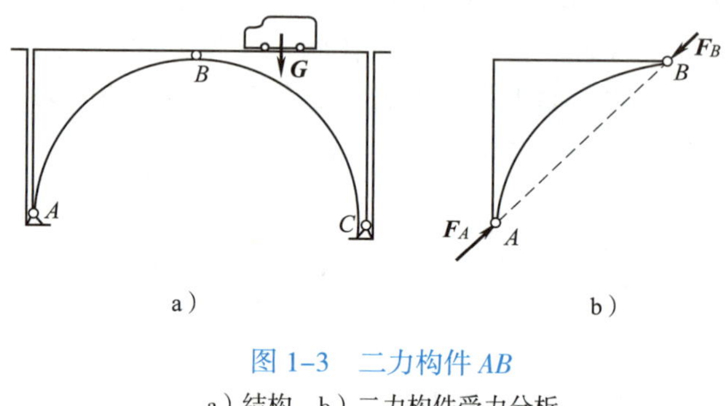

图 1–3　二力构件 *AB*

a）结构　b）二力构件受力分析

若二力体为一杆件，且略去杆件的自重，就将此杆称为**二力杆**，如图 1–4 所示。

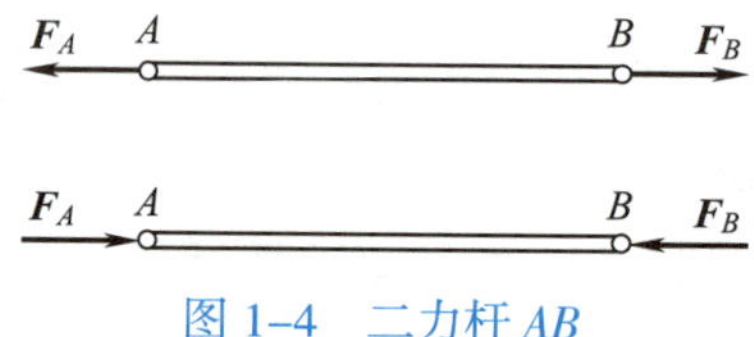

图 1–4　二力杆 *AB*

二、加减平衡力系公理

在一个刚体上加上或减去一个平衡力系，并不改变原力系对刚体的作用效果。

对于一个平衡力系来说，其合力为零，故任意加上或减去一个平衡力系，都不会改变刚体原来的状态（或平衡，或运动）。

这个公理是简化力系的重要理论依据，力的可传性原理就是基于这个公理推导出来的。

力的可传性原理：作用于刚体的力可沿其作用线移动至刚体的任意一点，而不改变该力对刚体的作用效应。

如图 1–5a 所示，一刚体在 *A* 点处受到一作用力 $\boldsymbol{F}$，*B* 点是该刚体位于力 $\boldsymbol{F}$ 作用线上的任意一点。根据加减平衡力系公理，在 *B* 点上添加一对平衡力 $\boldsymbol{F}_1$ 和 $\boldsymbol{F}_2$（见图 1–5b），且 $\boldsymbol{F}_1$ 和 $\boldsymbol{F}_2$ 的大小与 $\boldsymbol{F}$ 相等，平衡力作用线与 $\boldsymbol{F}$ 作用线重合，此时刚体的作用效果应与图 1–5a 的作用效果相同；由图 1–5b 可以看出 $\boldsymbol{F}_2$ 和 $\boldsymbol{F}$ 亦形成了一对平衡力，再根据该公理，把这对平衡力减去，也不会影响刚体的作用效果。这样，就把作用在刚体 *A* 点处的力沿其作用线移到了 *B* 点（见图 1–5c）。

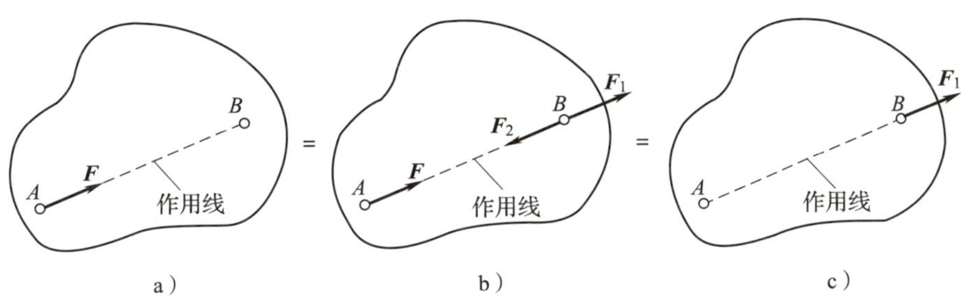

图 1–5　力的可传性原理

a）刚体在 A 点作用一力 **F**　b）在刚体 B 点加一对平衡力 $\boldsymbol{F}_1$ 和 $\boldsymbol{F}_2$

c）在刚体上去掉一对平衡力 $\boldsymbol{F}_2$ 和 **F**

三、作用力与反作用力公理

两个物体之间的作用力与反作用力总是大小相等、方向相反，其作用线沿同一直线，而且二力分别作用在这两个物体上。

这个公理揭示了两物体间相互作用的力的关系。作用力与反作用力成对出现，因大小相等、方向相反，所以只要知道作用力的大小和方向，则其反作用力的大小和方向也能知道。如图 1–6 所示，一物体 A 放在另一物体 B 上，物体 A 对物体 B 有一作用力 **N**，而物体 B 也对物体 A 有一反作用力 **N′**，**N** 和 **N′** 等值反向。

四、力的平行四边形公理

作用在物体上同一点的力，可以合成为一个合力，合力的作用点也在该点，合力的大小和方向由以这两个力为邻边所构成的平行四边形的对角线确定。

如图 1–7 所示，根据该公理，可以求出 $\boldsymbol{F}_1$ 与 $\boldsymbol{F}_2$ 的合力 **F**，其关系可用下式表示：

$$\boldsymbol{F}=\boldsymbol{F}_1+\boldsymbol{F}_2$$

上式是求力 $\boldsymbol{F}_1$ 与 $\boldsymbol{F}_2$ 的合力 **F** 的矢量等式，读作合力 **F** 等于力 $\boldsymbol{F}_1$ 与 $\boldsymbol{F}_2$ 的矢量和。这与 $F=F_1+F_2$ 代数和的概念完全不同。只有当二力共线时，合力大小才等于这两个力的代数和，但也要考虑力的方向问题。

利用该公理，可以将两个以上的共点力合成为一个力，如图 1–8a 所示，也可以将一个力分解成无数对大小、方向不同的分力，如图 1–8b 所示。

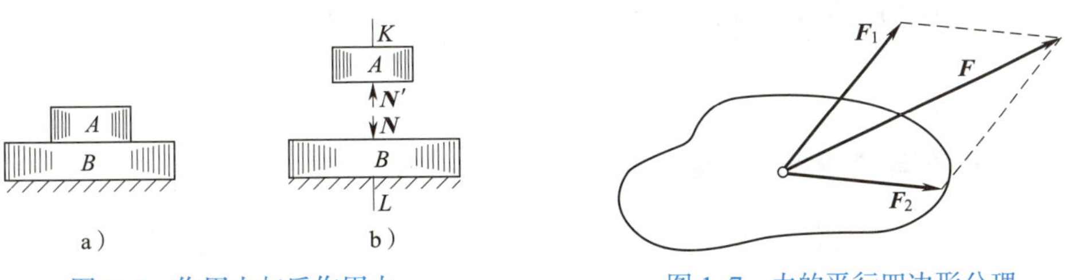

图 1–6　作用力与反作用力

图 1–7　力的平行四边形公理

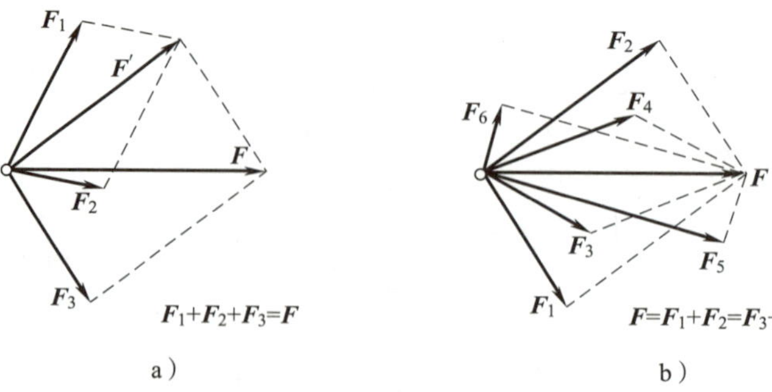

图 1-8　力的合成与分解

a）力的合成　b）力的分解

根据力的平行四边形公理、力的可传性原理和二力平衡公理，可以得到一个重要推论，即**三力平衡汇交定理**，具体表述为：**若刚体受同一平面内互不平行的三个力作用而平衡，则这三个力的作用线必汇交于一点。**

如图 1-9a 所示，刚体受同一平面内互不平行的三个力 $\boldsymbol{F}_1$、$\boldsymbol{F}_2$ 和 $\boldsymbol{F}_3$ 作用而处于平衡状态。根据力的可传性原理可以将 $\boldsymbol{F}_1$ 和 $\boldsymbol{F}_2$ 的作用点由原来的 A 点和 B 点移至二力作用线交点 O，再根据力的平行四边形公理，可求出 $\boldsymbol{F}_1$ 与 $\boldsymbol{F}_2$ 的合力 $\boldsymbol{R}$，如图 1-9b 所示。因为刚体处于平衡状态，根据二力平衡公理，$\boldsymbol{F}_3$ 和 $\boldsymbol{R}$ 必作用在同一直线上，由此得出结论：三个力的作用线汇交于一点。

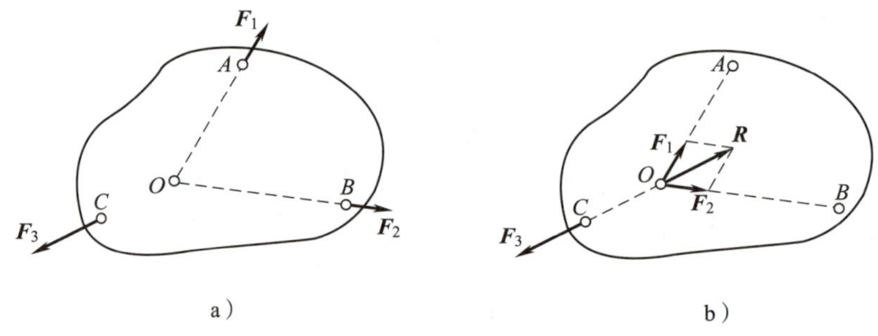

图 1-9　三力平衡汇交定理

a）刚体上作用三个互不平行的力　b）刚体上的三力汇交于一点

只受同一平面内三个力作用而平衡的构件称为**三力构件**。在已知三力构件中的两个力的情况下，常常利用三力平衡汇交定理求解未知的第三个力的大小和方向。

第三节　约束与约束反力

一、约束与约束反力的概念

在工程实际中，任何物体都受到与它相联系的其他物体的限制，而不能自由运动，如梁受到柱的限制、柱受到基础的限制等。在空间可以自由运动的物体称为**自由体**，如

放飞的气球在某些方向运动受到限制的物体称为**非自由体**，如气球在放飞前受绳子约束时，只能随绳子运动而运动；建筑工程中，楼板受梁柱的支撑而不塌、柱受基础的限制而被固定等。

若一个物体的运动受到周围物体的限制，则这些周围物体称为该物体的约束。例如，梁是楼板的约束，基础是柱的约束。约束对物体的运动起阻碍作用，这种阻碍物体运动的作用称为**约束反力**，简称**反力**。约束反力的方向总是与物体的运动方向或运动趋势方向相反。

物体所受到的力一般可分为两类：一类是使物体运动或使物体有运动趋势的力，称为**主动力**（在工程中称为荷载），如建筑物所承受的重力、土压力、风压力等；另一类是物体受到的**约束反力**，是限制物体运动的力。很明显，如果没有主动力，物体的约束反力就不会产生。因此，约束反力又被称为被动力。

二、常见的约束类型及其约束反力

1. 柔体约束

由柔软而不计自重的绳索、链条、传送带等形成的约束称为**柔体约束**。因为柔体只能承受拉力，不能承受压力，所以柔体约束只能限制物体沿柔体的中心线离开柔体的运动。其约束力作用点即为柔体与被约束物体的接触点，作用方向沿柔体中心线背离物体。通常用 $\boldsymbol{T}$ 表示柔体约束反力，如图 1–10 所示。

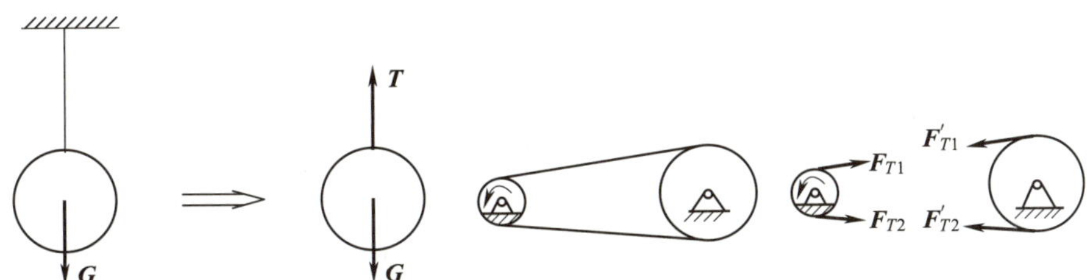

图 1–10 柔体约束

2. 光滑接触面约束

两个相互接触的物体，若接触面上的摩擦力很小而可以忽略不计时，则可认为接触面是光滑的。由光滑面所形成的约束，称为**光滑接触面约束**。

这种约束只能限制物体垂直压向光滑接触面的运动，所以光滑接触面的约束反力必通过接触点，约束反力方向为沿接触面公法线并指向被约束物体，使被约束物体受压。通常用 $\boldsymbol{N}$ 表示光滑接触面约束反力，如图 1–11 所示。

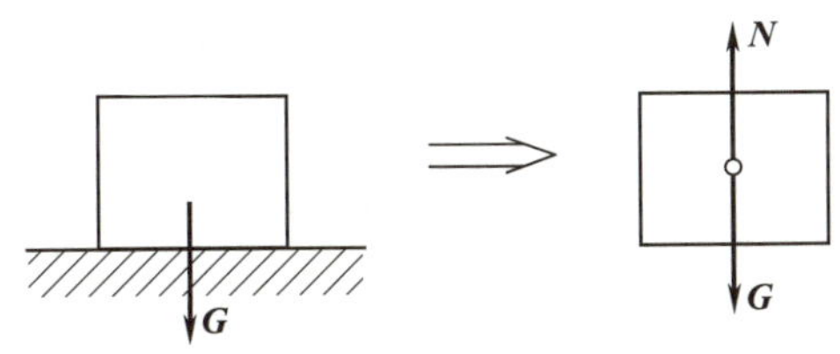

图 1–11 光滑接触面约束

3. 光滑圆柱铰链约束

光滑圆柱铰链是由圆柱销钉插入两个物体的相同直径圆柱孔内构成的，并认为圆柱销钉与圆孔的表面都是光滑的，这种约束称为**光滑圆柱铰链约束**，如图 1–12 所示。这种约束不能限制物体绕圆柱销钉的转动，只能限制物体的任意径向移动。这种约束反力有大小和方向两个未知量，在垂直于圆柱销钉轴线的平面内，通过铰链中心，方向未定，大小可用 R 来表示。也可用两个相互垂直的分力 $\boldsymbol{R}_x$ 和 $\boldsymbol{R}_y$ 来表示，如图 1–12d 和图 1–12e 所示，指向未定。

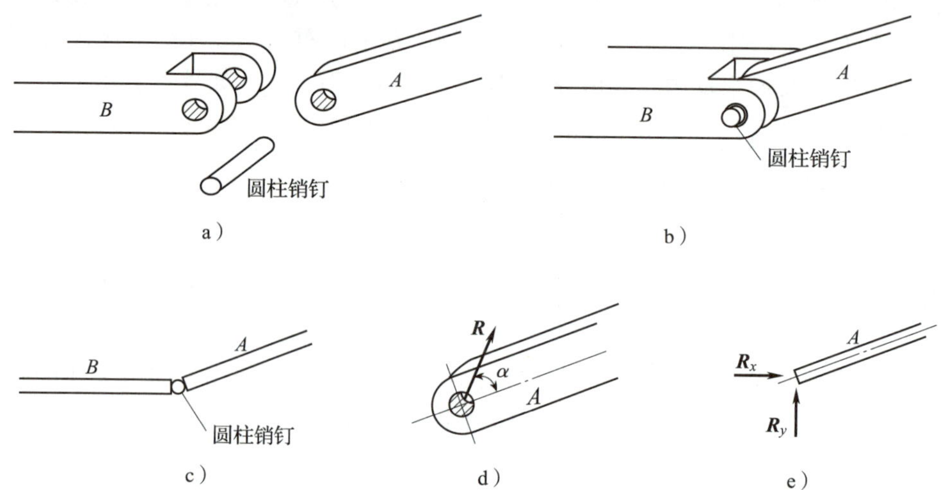

图 1–12　光滑圆柱铰链约束

a）结构拆开图　b）结构组合图　c）结构简图　d）、e）圆柱铰链约束反力

4. 链杆约束

链杆是一根不计自重、两端分别用铰链连接两个物体且杆中间不受任何力作用的直杆。被链杆连接的物体所受的约束即为**链杆约束**。链杆约束只能阻碍物体沿链杆轴线方向的运动，故链杆约束反力沿链杆中心线通过链杆与物体的接触点，指向待定。约束反力也常用 $\boldsymbol{N}$ 或 $\boldsymbol{R}$ 表示，如图 1–13 所示为链杆 CB 的约束反力。

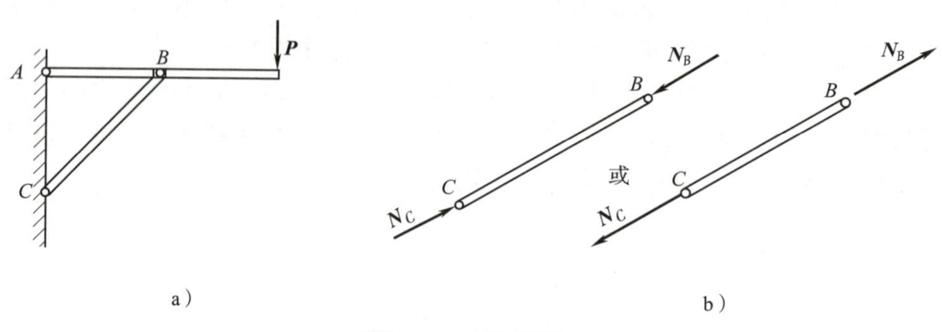

图 1–13　链杆约束

a）结构　b）约束反力

5. 三种支座

工程中常把结构或构件连接在墙、柱、基础等支承物上的装置称为支座。通常把它简化成三种支座。

（1）固定铰支座

结构或构件与基础或静止的结构物等固定支座用光滑圆柱铰链连接，就构成了固定铰支座。如图 1–14 所示，固定铰支座的约束性质与圆柱铰链相同，其约束反力与圆柱铰链的约束反力相同。

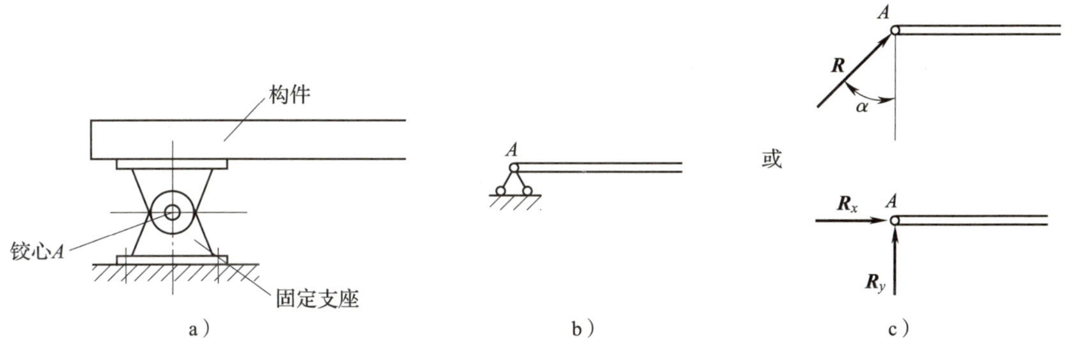

图 1–14　固定铰支座

a）结构　b）计算简图　c）约束反力

（2）可动铰支座

在固定铰支座下面加几个辊轴支承于平面上，但支座的连接使它们不能离开支承面，就构成了可动铰支座。这种约束经常在屋架、桥梁等结构中被采用。

可动铰支座只能限制物体沿垂直于支承面方向的移动，而不能限制物体绕圆柱销钉的转动和沿支承面方向的移动。因此，可动铰支座的约束反力必通过圆柱销钉中心，并垂直于支承面，指向未定。如图 1–15 所示，$\boldsymbol{R}$ 的箭头指向是假设的，可以向上，也可以向下。

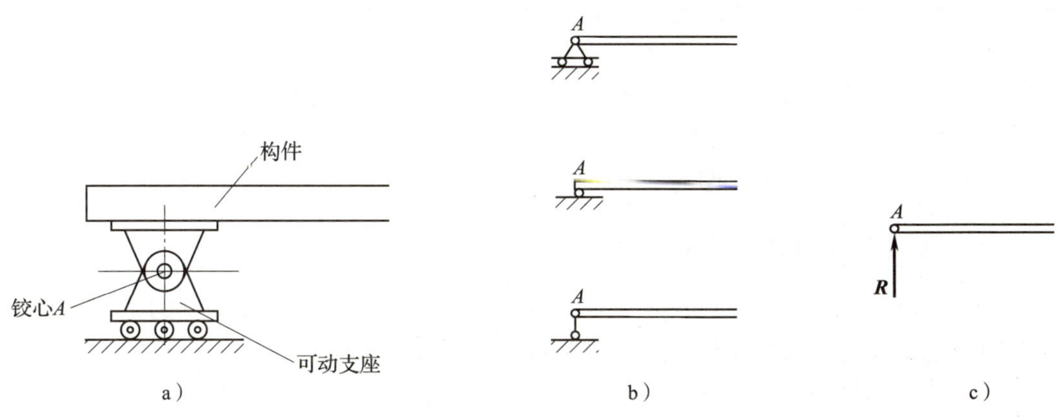

图 1–15　可动铰支座

a）结构　b）计算简图　c）约束反力

（3）固定端支座

如房屋建筑中的悬挑梁，它的一端嵌固在墙壁内，悬挑梁和墙壁完全连成了一体，悬挑梁既不能转动，也不能移动，墙壁对它所受的这种约束就是固定端约束。这种约束限制了物体任何方向的转动和移动，所以其约束反力必然是一个阻止移动的约束反力 $\boldsymbol{R}$ 和一个阻止转动的约束反力偶 $\boldsymbol{m}$。约束反力 $\boldsymbol{R}$ 相当于光滑圆柱铰链约束反力 $\boldsymbol{R}$，这种约束反力有大小和方向两个未知量，同样也可用两个相互垂直的分量 $\boldsymbol{R}_x$ 和 $\boldsymbol{R}_y$ 来表示，如图 1–16 所示。

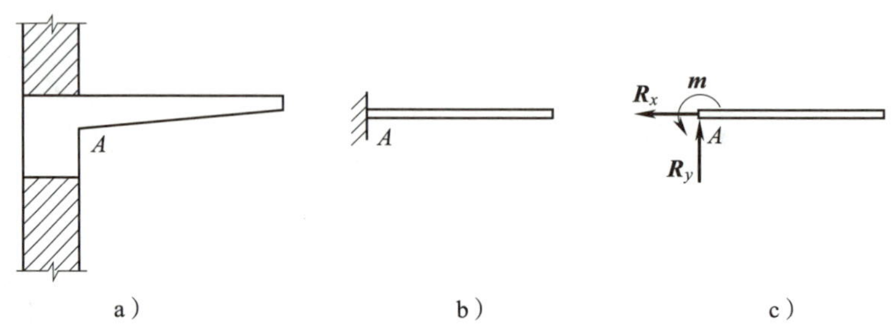

图 1–16　固定端约束

a）嵌固在墙壁内的悬挑梁　b）计算简图　c）约束反力

第四节　受力图

在工程实际中，通常都是几个物体或几个构件相互联系，形成一个体系。例如，板支承在梁上，梁支承在柱上，柱支承在基础上，形成了房屋的传力体系。只有将体系中的每个物体或每个构件所承受的各种外力分析清楚，才能根据这些外力情况设计出经济、有效、合理的构件尺寸，才能使各个构件及整个体系满足安全性、适用性和耐久性的功能要求。

进行受力分析前必须要明确对哪一个物体或构件进行受力分析，即要明确研究对象。为了分析研究对象的受力情况，就必须搞清楚研究对象与哪些物体有联系，受到哪些力的作用，以及哪些是主动力，哪些是约束反力。为此，需要将研究对象从体系中单独分离出来。被分离出来的研究对象称为脱离体。在脱离体上画出全部的作用力（包括主动力和约束反力），这样的图形称为受力图。受力图是对物体进行力学计算的依据，是本课程要求学生掌握的基本技能之一。

一、单个物体的受力图

画单个物体的受力图，首先明确研究对象，并解除研究对象所受到的全部约束而单独画出它的简图，即取出脱离体。然后在脱离体上画出主动力，并分析它所受的约束类型，从而画出相应的约束反力。

下面举例说明受力图的画法。

【例 1–1】 如图 1–17a 所示，请画出图示简支梁 AB 在外力 $\boldsymbol{F}$ 作用下的受力图。

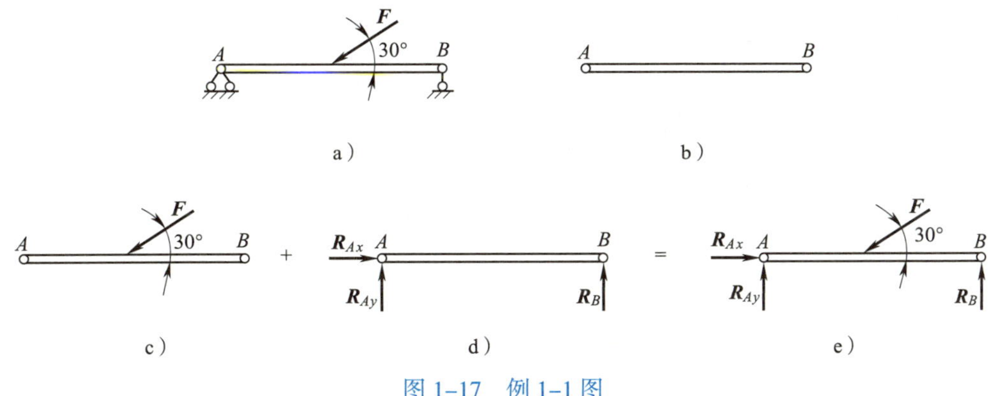

图 1-17　例 1-1 图

a）简支梁 *AB*　b）脱离体　c）主动力　d）约束力　e）受力图

解：

（1）确定梁 *AB* 为研究对象，作为脱离体单独画出，如图 1-17b 所示。

（2）对梁 *AB* 进行受力分析，先考虑主动力，即其所受到的外力 **F**；将外力 **F** 按已知条件表示在 *AB* 上，如图 1-17c 所示。再分析作用在 *AB* 上的约束反力；根据约束形式，其两端的约束反力可按图 1-17d 绘出。

（3）将图 1-17c 与图 1-17d 叠加，即为梁 *AB* 的受力图，如图 1-17e 所示。

【例 1-2】 如图 1-18a 所示，请画出图示不计自重的直杆 *A* 及承受重力 *G* 的圆球 *B* 的受力图。

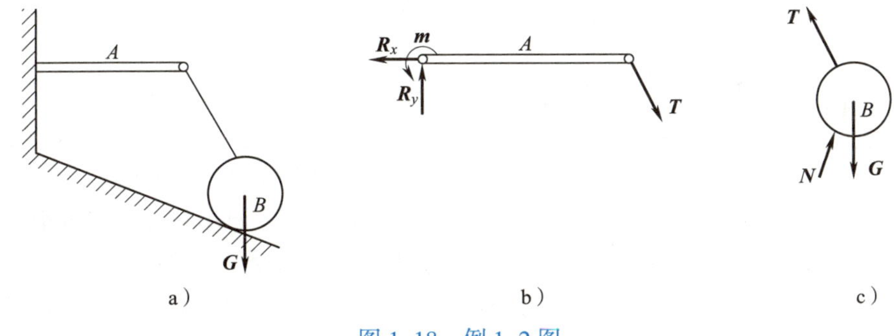

图 1-18　例 1-2 图

a）结构　b）直杆 *A* 的受力图　c）圆球 *B* 的受力图

解：

（1）先以直杆 *A* 作为研究对象，因不计自重，其固定端约束及绳索柔体约束的反力如图 1-18b 所示，即为其受力图。

（2）圆球 *B* 作为脱离体之后，其所受主动力为圆球之重力 **G**，在 **G** 作用下，其所受两个约束（柔体约束和光滑接触面约束）产生相应的约束反力 **T** 和 **N**。图 1-18c 即为圆球 *B* 的受力图。

【例 1-3】 重力为 **G** 的梯子 *AB* 放置在光滑的水平地面上并靠在铅直墙上，在 *D* 点用一根水平绳索与墙相连，如图 1-19a 所示。试画出梯子的受力图。

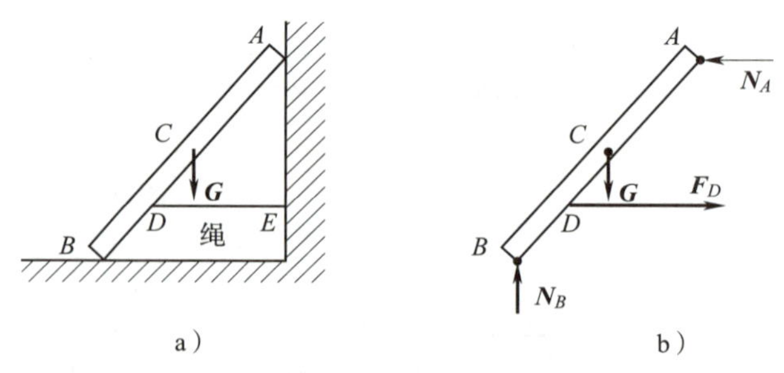

图 1–19　例 1–3 图

a）结构　b）梯子 AB 的受力图

解:

（1）将梯子从周围的物体中分离出来，作为研究对象画出其脱离体。

（2）画上主动力，即梯子的重力 $\boldsymbol{G}$ 作用于梯子的几何中心，方向铅垂向下。

（3）画出墙和地面对梯子的约束反力。根据光滑接触面约束的特点，A、B 处的约束反力 $\boldsymbol{N}_A$、$\boldsymbol{N}_B$ 分别与墙面、地面垂直并指向梯子；绳索的约束反力 $\boldsymbol{F}_D$ 应沿着绳索的方向离开梯子，为拉力。梯子的受力图如图 1–19b 所示。

通过以上各例的分析，可将画单个物体受力图的步骤归纳如下：

1. 明确研究对象，首先要明确画哪个物体的受力图，然后把与它相联系的一切约束（物体）去掉，并单独画出脱离体。

2. 根据已知条件，正确、不漏不缺地画出脱离体上的全部主动力。

3. 根据脱离体原来受到的约束类型，画出相应的约束反力。

※ 二、简单物体系统的受力图

在工程中，常常遇到由几个物体通过一定的约束联系在一起的系统，这种系统称为物体系统，简称物系，如工程中的组合结构、三铰拱结构等。物体系统的受力图画法与单个物体的受力图画法基本相同，区别在于所取的研究对象可能是整个物体系统，也可能是整个物体系统中的某一部分或某一物体。画系统的某一部分或某一物体的受力图时要注意其他物体与它们的连接处有相应的约束反力，要遵循作用力与反作用力公理；画系统整体的受力图时，要注意系统中各单个物体相互连接处的约束反力是内力，不需要画出来。

【例 1–4】 如图 1–20a 所示，组合梁受主动力 $\boldsymbol{F}$ 和均布荷载 $\boldsymbol{q}$ 作用。C 处为圆柱铰链连接，A 处为固定铰支座，B 和 D 处都是可动铰支座。若不计梁的自重，试画出梁 AC、CD 及整个梁 AD 的受力图。

解:

（1）取梁 CD 为研究对象。梁 CD 受主动力均布荷载的作用，D 处是可动铰支座，它的约束反力 $\boldsymbol{F}_D$ 垂直于支承面，指向假设；C 处为铰链约束，它的约束反力可用两个相互垂直的分力 $\boldsymbol{F}_C$ 和 $\boldsymbol{F}_{Cx}$（由于梁 CD 受的主动力是竖直方向的力，所以 $\boldsymbol{F}_{Cx}$ 不存在，受力图中没有画出来）来表示，指向假设。梁 CD 的受力图如图 1–20b 所示。

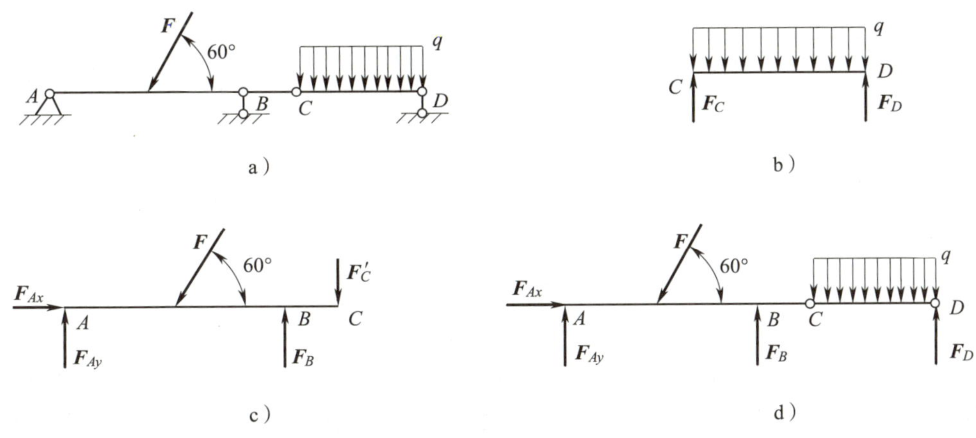

图 1-20　例 1-4 图

a）结构　b）梁 CD 的受力图　c）梁 AC 的受力图　d）梁 AD 的受力图

（2）取梁 AC 为研究对象。梁 AC 受主动力 $\boldsymbol{F}$ 的作用，A 处是固定铰支座，它的约束反力可用两个相互垂直的分力 $\boldsymbol{F}_{Ax}$ 和 $\boldsymbol{F}_{Ay}$ 来表示；B 处是可动铰支座，它的约束反力 $\boldsymbol{F}_B$ 垂直于支承面，指向假设；C 处为铰链约束，它的约束反力 $\boldsymbol{F}'_C$ 和作用在梁 CD 上的 $\boldsymbol{F}_C$ 是作用力与反作用力的关系，其指向不能再任意假设，只能与 $\boldsymbol{F}_C$ 指向相反。梁 AC 的受力图如图 1–20c 所示。

（3）取整个梁 AD 为研究对象。力 $\boldsymbol{F}$ 和均布荷载是主动力，此时铰链 C 是连接整个梁内部物体 AC 与 CD 的约束，它的约束反力对整个梁而言是内力，故在整个梁 AD 的受力图中不要画出来。A 处固定铰支座的约束反力 $\boldsymbol{F}_{Ax}$ 和 $\boldsymbol{F}_{Ay}$ 及 B、D 处可动铰支座的约束反力 $\boldsymbol{F}_B$ 与 $\boldsymbol{F}_D$ 指向都是假设的，并与图 1–20b 和图 1–20c 中所画的一致。梁 AD 的受力图如图 1–20d 所示。

【例 1–5】 三铰拱桥由左、右两拱铰接而成。设各拱自重不计，在拱 AC 上作用有荷载 $\boldsymbol{P}$。试分别画出拱 AC 和拱 BC 的受力图。

解：

（1）先分析受力比较简单的拱 BC。因为不考虑拱 BC 的自重，并且只有 B 、C 两处受到铰链约束，因此拱 BC 为二力构件。在铰链中心 B 、C 处分别受 $\boldsymbol{R}_B$ 、$\boldsymbol{R}_C$ 两力的作用，如图 1–21b 所示。

（2）取拱 AC 为研究对象。由于不考虑自重，因此主动力只有荷载 $\boldsymbol{P}$，拱在铰链 C 处受到约束反力 $\boldsymbol{R}'_C$ 的作用，根据作用力和反作用力公理，$\boldsymbol{R}'_C$ 与 $\boldsymbol{R}_C$ 大小相等、方向相反。拱在 A 处受到固定铰链支座给它的约束反力 $\boldsymbol{R}_A$ 的作用，由于拱 AC 在 $\boldsymbol{P}$、$\boldsymbol{R}'_C$ 和 $\boldsymbol{R}_A$ 三个力作用下保持平衡，根据三力平衡汇交定理，确定铰链 A 处约束反力 $\boldsymbol{R}_A$ 的方向。点 D 为力 $\boldsymbol{P}$ 和 $\boldsymbol{R}'_C$ 作用线的交点，当拱 AC 平衡时，反力 $\boldsymbol{R}_A$ 的作用线必通过点 D，指向假设。AC 部分受力图如图 1–21c 所示。

通过以上各例的分析，可将画物体系统受力图的要领归纳如下：

1. 画物体系统的受力图，与画单个物体的受力图步骤相同。

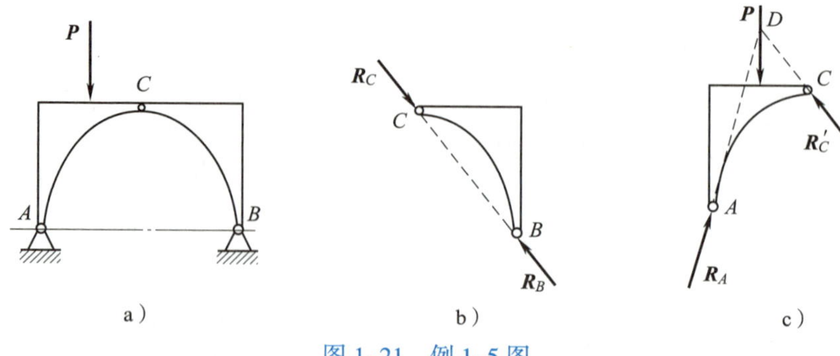

图 1-21　例 1-5 图

a）结构　b）*BC* 部分受力图　c）*AC* 部分受力图

2. 要注意两个物体连接处的约束反力的关系。当所取的研究对象是几个物体组成的系统时，物体之间连接处的约束反力是内力，不必画出。当两个相互连接的物体被拆开时，其连接处的约束反力是一对作用力与反作用力，要等值、反向、共线地分别画在两个物体上。

3. 若系统中有二力杆或二力构件时，应先画出它们的受力图，然后画其他物体的受力图。

※ 第五节　结构计算简图

一、结构计算简图的简化原则

建筑物（或者构筑物）在工程实际中的结构、构造以及作用在其上的荷载，往往是比较复杂的。如果完全严格地按照结构的实际情况进行力学分析和计算，会使问题非常复杂甚至无法求解。因此，在对实际结构进行力学分析和计算时，有必要采用简化的图形来代替实际的工程结构，这种简化了的图形称为**结构计算简图**。

由于在结构分析时，人们是以结构计算简图作为分析对象，因此，如果结构计算简图选取不合理，就会使结构的设计不合理，造成差错，严重的甚至造成工程事故。所以合理选取结构计算简图是一项十分重要的工作，必须引起足够的重视。一般来说，在选取结构计算简图时，应当遵循两个原则：一是正确地反映结构的主要受力情况，使计算的结果接近实际情况；二是忽略对结构受力情况影响不大的次要因素，以便于分析和计算。

选取结构计算简图时，一般从以下几个方面对结构加以简化。

1. 体系的简化

实际的工程结构，一般都是若干构件或杆件按照某种方式组成的空间结构。因此，首先要把这种空间形式的结构，根据其实际的受力情况简化为平面状态；而对于构件或杆件，由于它们的截面尺寸通常要比其长度小得多，因此，在结构计算简图中是用其纵向轴线（画成粗实线）来表示的。

2. 结点的简化

在结构中，杆件与杆件相互连接处称为结点。尽管各杆之间连接的形式是多种多样的，特别是材料不同会使得连接的方式有较大的差异，但是，在结构计算简图中，只简化为两种理想的连接方式，即铰结点和刚结点，或者两种结点的组合形式。

铰结点是指杆件与杆件之间用圆柱铰链约束的形式连接，连接后杆件之间可以绕结点中心自由地做相对转动而不能产生相对移动。在工程实际中，完全用理想铰来连接杆件的实例是非常少见的。但是，从结点的构造来分析，把它们近似地看成铰结点所造成的误差并不显著。如图 1–22a 所示的木屋架结点，一般认为各杆之间可以产生比较微小的转动，所以，其杆与杆之间的连接方式在结构计算简图中常简化成如图 1–22b 所示的铰结点；又如图 1–23a 所示的钢筋混凝土或木结构梁中经常采用的一种连接方式，在计算时也可以简化为铰结点，得到如图 1–23b 所示的结构计算简图。

刚结点是指构件之间采用焊接（如钢结构的连接）或者现浇（如钢筋混凝土梁与柱现浇在一起）的形式连接，构件之间相互连接后，在连接处的任何相对运动都受到限制，既不能产生相对移动，也不能产生相对转动，即使结构在荷载作用下发生了变形，在结点处各杆端之间的夹角仍然保持不变。如图 1–24a 所示，A 结点处各杆端之间的夹角保持不变，故可简化为刚结点。

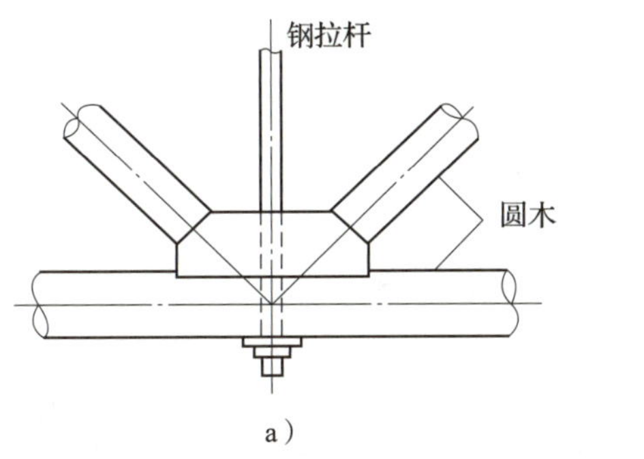

图 1–22　木屋架结点

a）结构　b）结构计算简图

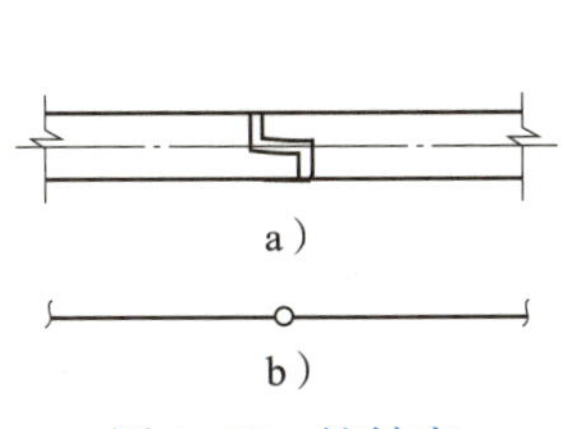

图 1–23　铰结点

a）结构　b）结构计算简图

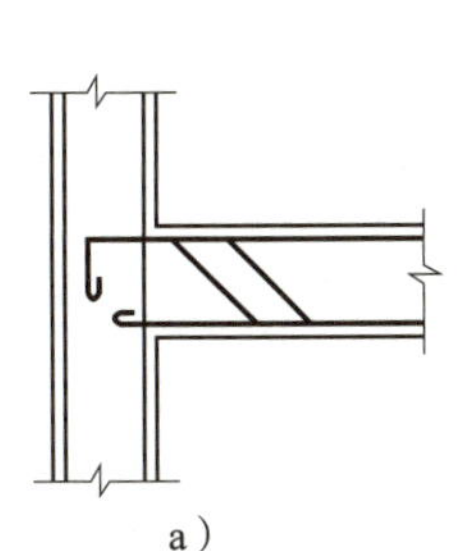

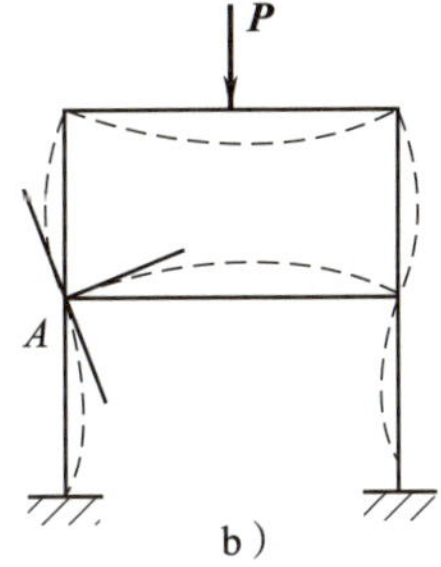

图 1–24　刚结点

a）结构　b）结构计算简图

3. 支座的简化

支座根据实际构造不同和约束的特点不同，通常简化为可动铰支座、固定铰支座和固定端支座三种类型。

4. 荷载的简化

荷载是作用在结构或构件上的主动力，其分类将在后面介绍。实际结构受到的荷载一般是作用在构件内各处的体荷载（如自重），以及作用在某一面积上的面荷载（如风压力）。在结构计算简图中，常把它们简化为作用在构件纵向轴线上的线荷载、集中力和集中力偶。

二、工程中几种常见的结构计算简图

1. 梁

梁是一种受弯构件，其轴线通常是直线，其结构计算简图如图 1–25 所示。

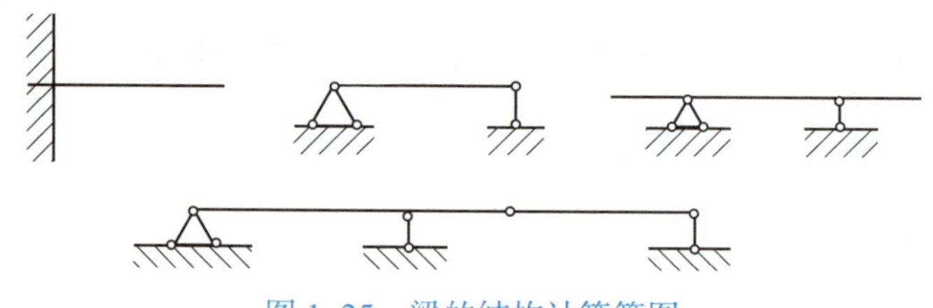

图 1–25　梁的结构计算简图

2. 拱

拱的轴线一般为曲线，它在竖向荷载作用下，支座不仅产生竖向支反力，还产生水平支反力。这种水平支反力将使拱内弯矩远小于跨度、荷载、支承情况相同的直梁的弯矩。如图 1–26 所示为三铰拱的结构计算简图。

3. 刚架

刚架是由梁和柱组成的，其连接点至少有一个为刚结点，刚架的结构计算简图如图 1–27 所示。刚结点的特点是当结构发生变形时，相交于该结点的各杆端之间的夹角始终保持不变。

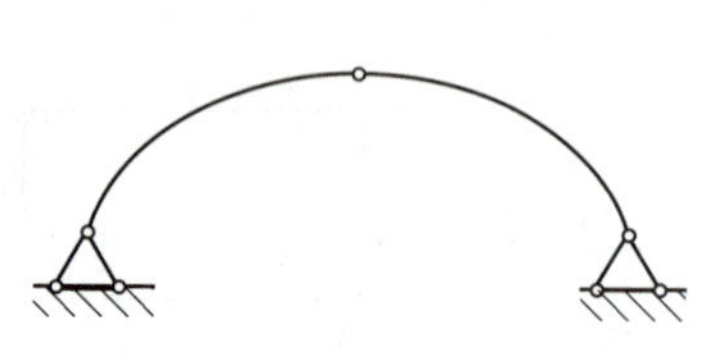

图 1–26　三铰拱的结构计算简图

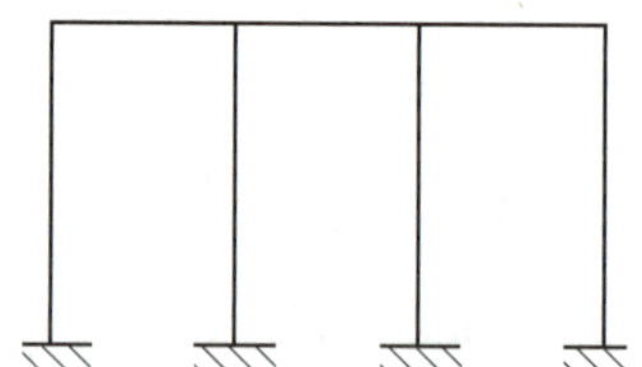

图 1–27　刚架的结构计算简图

4. 桁架

桁架是由若干杆件在两端用理想铰链连接而成的结构，其结构计算简图如图 1–28 所示。各杆的轴线一般都是直线，当只受到作用于结点的荷载时，各杆将只产生轴力，即桁架中各杆均是二力杆。

5. 混合结构

混合结构是部分由桁架杆、部分由梁或刚架组成的，其结构计算简图如图 1–29 所示。由于其中含有混合结点，因此有些杆只承受轴力，而另一些杆还同时承受弯矩和剪力。

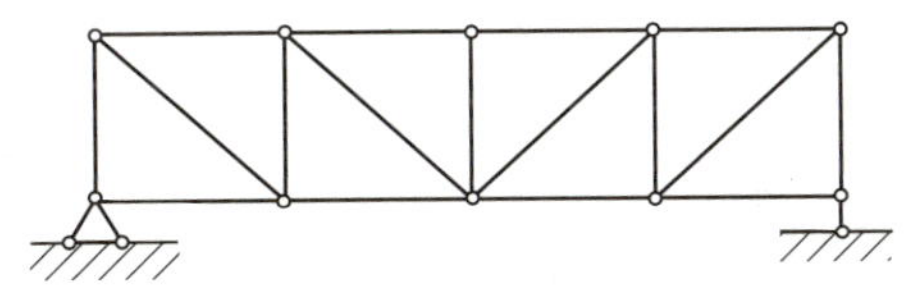

图 1–28　桁架的结构计算简图

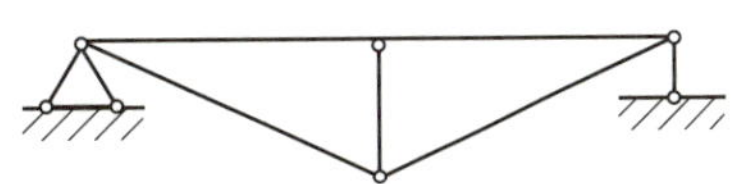

图 1–29　混合结构的结构计算简图

当然，梁、拱、刚架、桁架、混合结构又可分为静定结构和超静定结构。

三、结构计算简图的选取

如图 1–30a 所示为一装配式钢筋混凝土门式刚架，两个厂字形构件是预制的，将构件插入杯口基础后，四周缝隙用沥青麻刀填实，允许柱脚在杯口内有微小的转动。因此在结构计算简图中，柱脚 *A* 和 *B* 可设为铰支座，在中间结点 *C*，用合页式的铰将两个构件连接，至于结点 *D* 和 *E* 则可取为刚结点，这种结构称为三铰刚架，结构计算简图如图 1–30b 所示。

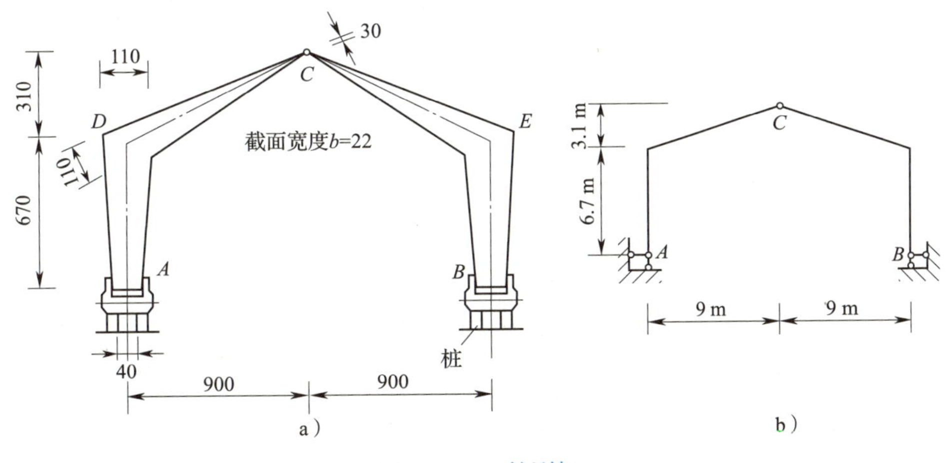

图 1–30　三铰刚架

a）结构　b）结构计算简图

如图 1–31a 所示为一钢筋混凝土单层工业厂房的结构示意图，它是由多个横向排架借助于屋面板吊车梁、柱间支撑等连接成一个空间结构体系。从其荷载传递情况来看，屋面荷载和吊车荷载等都主要通过屋面板和吊车梁等构件传递到一个个横向排架上，故在选取结构计算简图时，可以略去排架之间的纵向联系的作用，而把这样的空间结构简化为一系列的平面排架来分析，如图 1–31b 所示。当然，这种不考虑空间作用的简化方法具有一定的近似性，但在一般情况下，它反映了厂房结构的主要受力特征。在分析排架的屋顶桁架时，是否可以单独取出计算，取决于它与竖柱的连接构造方式。如果混凝土柱顶与桁架端部的连接构造系用预埋钢板在吊装就位后再焊接在一起的，则桁架端部与柱顶不能发生相对线位移，但仍能发生微小的转动。这时，可把柱与桁架的连接看作铰结点，在计算桁架的内力时，可单独取出并用铰支座代替相互连接的作用，其结构计算简图如图 1–31c 所示。在分析排架竖柱的内力时，为了简化计算，其结构计算简图如图 1–31d 所示。

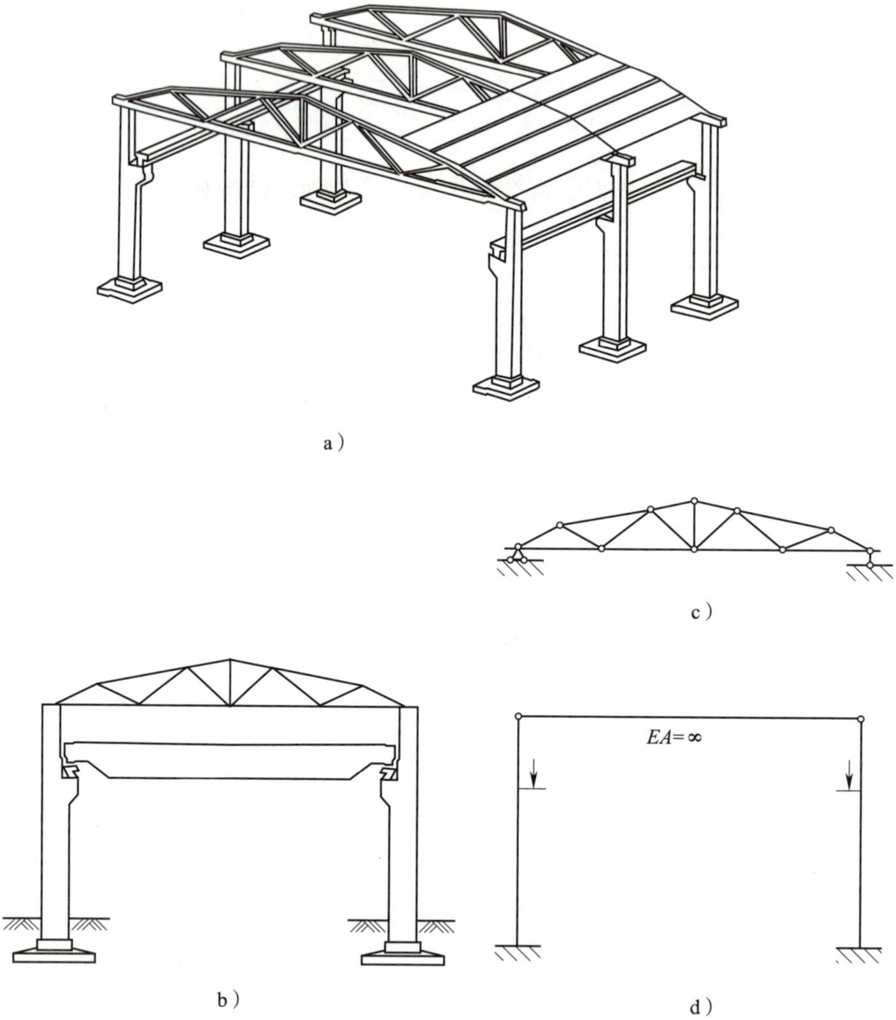

a）

c）

b）

$EA=\infty$

d）

图 1–31　钢筋混凝土单层工业厂房

a）结构　b）平面结构　c）屋架结构计算简图　d）梁柱结构计算简图

思考练习题

1. 什么是平衡？试举出一两个物体处于平衡状态的实例。

2. 设有两个力 $\boldsymbol{F}_1$ 和 $\boldsymbol{F}_2$，试说明下列两种情况所表示的意义有何不同。

（1）$\boldsymbol{F}_1=\boldsymbol{F}_2$　（2）$F_1=F_2$

3. 二力平衡公理和作用力与反作用公理有何不同？
4. 什么是二力杆？
5. 确定约束反力方向的原则是什么？光滑圆柱铰链约束有什么特点？
6. 简述画物体受力图的步骤。
7. 什么是结构计算简图？结构计算简图应从哪些方面进行简化？

第二章 平面力系的平衡

学习目标

能熟练计算力在直角坐标轴上的投影，能用平面汇交力系的平衡条件求约束反力，能熟练计算力矩，能理解力偶的性质并运用到实际计算中，能用平面一般力系平衡方程计算约束反力。

在工程实际中，平面力系极为常见，根据力系中各力作用线分布情况的不同，可将力系分为平面力系和空间力系两大类。力系中各力作用线均位于同一平面内时，该力系称为平面力系。平面力系又可分为平面汇交力系、平面平行力系和平面一般力系。本章主要讨论平面力系的平衡问题。

第一节 力的投影

一、力在直角坐标轴上的投影

如图 2–1 所示，设力 $\boldsymbol{F}$ 作用在物体上的 A 点，其大小和方向均已知，$\boldsymbol{F}$ 的大小用线段 AB 表示。在 $\boldsymbol{F}$ 作用平面内取直角坐标系 xOy。分别从 A 点和 B 点向 x 轴作垂线，得到垂足 a 点和 b 点，并在 x 轴上取得线段 ab。线段 ab 加上正号或负号称为力 $\boldsymbol{F}$ 在 x 轴上的投影，用 $\boldsymbol{F}_x$ 来表示。同理，分别从 A 点和 B 点向 y 轴作垂线，得到垂足 a' 和 b'，并在 y 轴上取得线段 $a'b'$。线段 $a'b'$ 加上正号或负号称为力 $\boldsymbol{F}$ 在 y 轴上的投影，用 $\boldsymbol{F}_y$ 来表示。

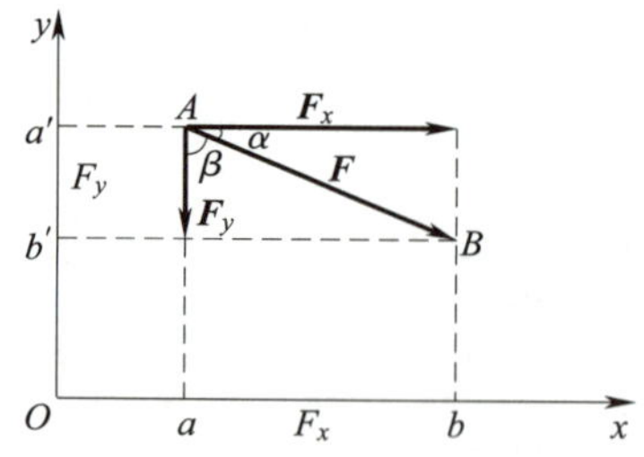

图 2–1　力在坐标轴上的投影

投影的正负号规定如下：从投影的起点 a 到终点 b 的指向与坐标轴 x 轴的正向一致时，该力在 x 轴上的投影取正号；从投影的起点 a 到终点 b 的指向与坐标轴 x 轴的正向相反时，该力在 x 轴上的投影取负号。在 y 轴上的投影正负规定与在 x 轴上的投影正负规定一致。图 2–1 中，力 $\boldsymbol{F}$ 在 x 轴的投影为正，在 y 轴上的投影为负。

一般情况下，若已知力 $\boldsymbol{F}$ 与 x 轴所夹的锐角为 α，则该力在 x、y 轴上的投影可用式（2–1）计算：

$$\begin{cases} F_x = \pm F\cos\alpha \\ F_y = \pm F\sin\alpha \end{cases} \qquad (2\text{–}1)$$

需要注意的是：

（1）当力与坐标轴垂直时，力在该轴上的投影为零。

（2）当力与坐标轴平行时，其投影大小的绝对值等于该力的大小，正负由力的指向来定。

（3）当力平行移动后，在坐标轴上的投影不变。

若将力 $\boldsymbol{F}$ 沿 x、y 轴分解，可得分力 $\boldsymbol{F}_x$、$\boldsymbol{F}_y$，如图 2–1 所示。应当注意，投影和分力是两个不同的概念，投影是代数量，分力是矢量。只有在直角坐标系中，分力 $\boldsymbol{F}_x$ 与 $\boldsymbol{F}_y$ 的大小才分别与投影 F_x、F_y 的绝对值相等。

知识卡片

知识点 1——三角函数

名称	定义	表达式	取值范围	关系
正弦	$\sin A=\dfrac{\angle A\text{ 的对边}}{\text{斜边}}$	$\sin A=\dfrac{a}{c}$	$0<\sin A<1$（$\angle A$ 为锐角）	$\sin A=\cos B$ $\cos A=\sin B$ $\sin^2 A+\cos^2 A=1$
余弦	$\cos A=\dfrac{\angle A\text{ 的邻边}}{\text{斜边}}$	$\cos A=\dfrac{b}{c}$	$0<\cos A<1$（$\angle A$ 为锐角）	
正切	$\tan A=\dfrac{\angle A\text{ 的对边}}{\angle A\text{ 的邻边}}$	$\tan A=\dfrac{a}{b}$	$\tan A>0$（$\angle A$ 为锐角）	$\tan A=\cot B$ $\cot A=\tan B$ $\tan A=\dfrac{1}{\cot A}$（倒数） $\tan A\cdot\cot A=1$
余切	$\cot A=\dfrac{\angle A\text{ 的邻边}}{\angle A\text{ 的对边}}$	$\cot A=\dfrac{b}{a}$	$\cot A>0$（$\angle A$ 为锐角）	

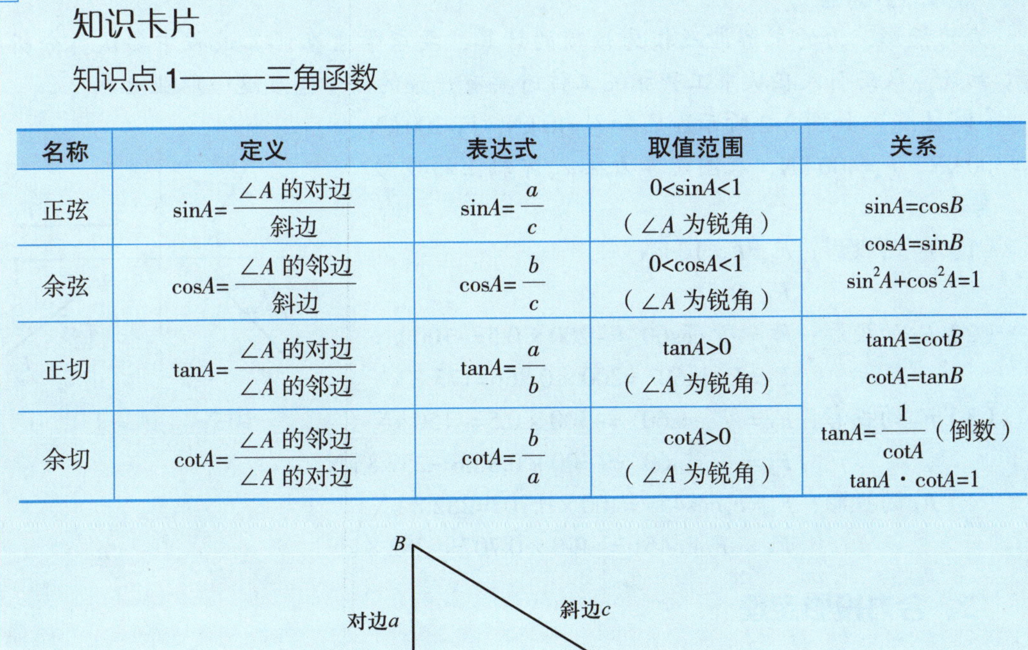

直角三角形

知识点 2———特殊角的三角函数值

三角函数	角				
	0°	30°	45°	60°	90°
	0	π/6	π/4	π/3	π/2
$\sin\alpha$	0	$\frac{1}{2}$	$\frac{\sqrt{2}}{2}$	$\frac{\sqrt{3}}{2}$	1
$\cos\alpha$	1	$\frac{\sqrt{3}}{2}$	$\frac{\sqrt{2}}{2}$	$\frac{1}{2}$	0
$\tan\alpha$	0	$\frac{\sqrt{3}}{3}$	1	$\sqrt{3}$	不存在
$\cot\alpha$	不存在	$\sqrt{3}$	1	$\frac{\sqrt{3}}{3}$	0

思政小课堂

力的投影、力的求解涉及较为烦琐的计算，要求学生在计算过程中要认真分析、耐心细致，从而引入在从事工程相关工作时要有严谨的科学态度这一职业素养。

【例 2-1】 如图 2-2 所示，已知 F_1=10 kN，F_2=200 kN，F_3=300 kN，F_4=400 kN，求图示各力在 x、y 轴上的投影。

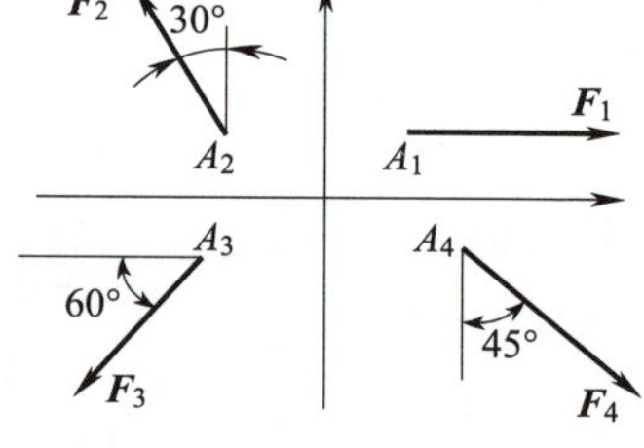

图 2-2　例 2-1 图

解：

（1）F_1 的投影：$F_{1x}=F_1=10$ kN

$F_{1y}=0$

（2）F_2 的投影：$F_{2x}=-F_2\cos60°=-200\times0.5=-100$ kN

$F_{2y}=F_2\sin60°=200\times0.866=173.2$ kN

（3）F_3 的投影：$F_{3x}=-F_3\cos60°=-300\times0.5=-150$ kN

$F_{3y}=-F_3\sin60°=-300\times0.866=-259.8$ kN

（4）F_4 的投影：$F_{4x}=F_4\cos45°=400\times0.707=282.8$ kN

$F_{4y}=-F_4\sin45°=-400\times0.707=-282.8$ kN

二、合力投影定理

合力投影定理建立了合力投影与分力投影之间的关系。

如图 2-3a 所示，设有一平面汇交力系，$\boldsymbol{F}_1$、$\boldsymbol{F}_2$、$\boldsymbol{F}_3$ 作用在物体的 O 点，其合力为 $\boldsymbol{R}$。

将各力都投影在 x 轴上，并且令 F_{1x}、F_{2x}、F_{3x} 和 R_x 分别表示各分力 $\boldsymbol{F}_1$、$\boldsymbol{F}_2$、$\boldsymbol{F}_3$ 和合力 $\boldsymbol{R}$ 在 x 轴上的投影，由图 2-3b 可见：

$$F_{1x}=ab，F_{2x}=bc，F_{3x}=-cd，R_x=ad$$

而
$$ad=ab+bc-cd$$

因此可得：
$$R_x=F_{1x}+F_{2x}+F_{3x}$$

这一关系可推广到任意一个汇交力系的情形，即：

$$\begin{aligned} R_x&=F_{1x}+F_{2x}+\cdots+F_{nx}=\sum F_x \\ R_y&=F_{1y}+F_{2y}+\cdots+F_{ny}=\sum F_y \end{aligned} \tag{2-2}$$

由此可见，**合力在任一轴上的投影，等于各分力在同一轴上投影的代数和，这就是合力投影定理。**

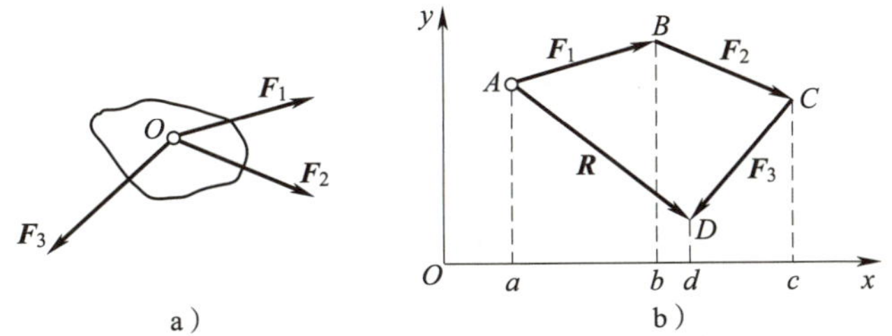

图 2-3　合力投影与分力投影间的关系

a）平面汇交力系　b）合力与分力的关系

第二节　平面汇交力系

当平面力系中的各力作用线均汇交于一点时，该力系即为**平面汇交力系**。本节将讨论平面汇交力系的合成及平衡分析。

思政小课堂

在讲授平面一般力系受力分析时，可引入具体工程案例，这些案例包括受力简单、传力合理的典型优秀建筑案例和建筑的某一结构设计不合理造成结构破坏的案例，通过正反两面案例让学生理解建筑受力事关建筑物承受荷载、传递荷载以及建筑使用年限、安全性等，以此培养学生脚踏实地的工匠精神。

一、平面汇交力系合成的解析法

如图 2-4a 所示平面汇交力系，选直角坐标系，先求出力系中各力在 x 轴和 y 轴上的投影，再根据合力投影定理求得合力 $\boldsymbol{R}$ 在 x、y 轴上的投影 R_x、R_y，合力 $\boldsymbol{R}$ 的大小和方向由下式确定：

$$\begin{aligned} R&=\sqrt{R_x^2+R_y^2}=\sqrt{(\sum F_x)^2+(\sum F_y)^2} \\ \tan\alpha&=\frac{|R_y|}{|R_x|}=\frac{|\sum F_y|}{|\sum F_x|} \end{aligned} \tag{2-3}$$

式中，α 为合力 $\boldsymbol{R}$ 与 x 轴所夹的锐角，$\boldsymbol{R}$ 在哪个象限由$\sum F_x$ 和$\sum F_y$ 的正负号来确定，具体如图 2–4b 所示。合力的作用线通过力系的汇交点 O。

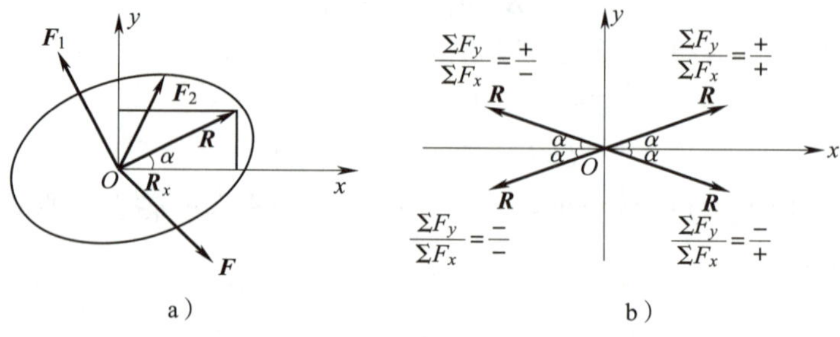

图 2–4　平面汇交力系合成

a）平面汇交力系　b）合力作用线确定

【例 2–2】 图 2–5 中的力组成一平面汇交力系，已知 F_1=10 kN，F_2=20 kN，F_3=30 kN，F_4=40 kN，试用解析法求该力系的合力。

解:

求出各分力在 x 轴和 y 轴上的投影，并按合力投影定理求出合力 $\boldsymbol{R}$ 在 x 轴和 y 轴上的投影 $\boldsymbol{R}_x$ 和 $\boldsymbol{R}_y$。

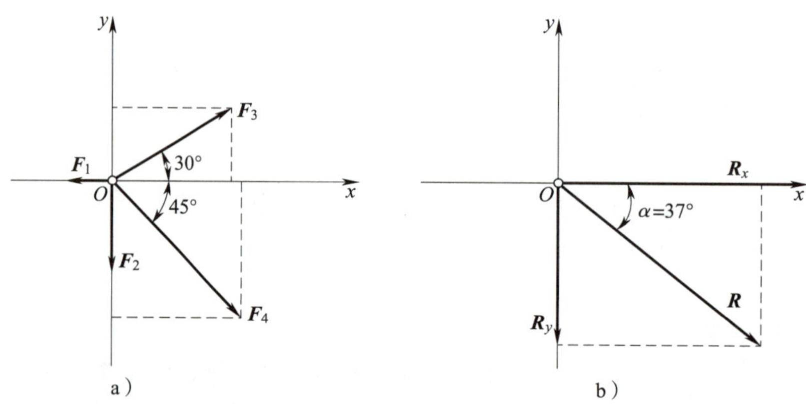

图 2–5　例 2–2 图

$$R_x==F_{1x}+F_{2x}+F_{3x}+F_{4x}=-F_1+0+F_3\cos30°+F_4\cos45°=-10+0+25.98+28.28$$
$$=44.26\text{ kN}$$

$$R_y==F_{1y}+F_{2y}+F_{3y}+F_{4y}=0-F_2+F_3\sin30°-F_4\sin45°=0-20+15-28.28$$
$$=-33.28\text{ kN}$$

按式（2–3）求合力 $\boldsymbol{R}$ 的大小和方向:

$$R=\sqrt{44.26^2+(-33.28)^2}=55.38\text{ kN}$$

$$\tan\alpha==\left|\frac{-33.28}{44.26}\right|=0.752$$

$$\alpha=\arctan0.752=37°$$

因 R_x 为正，R_y 为负，故合力 $\boldsymbol{R}$ 在第Ⅳ象限，夹角 α 如图 2-5b 所示。

对于平面汇交力系求合力的解题步骤可总结如下：

（1）分别求解出各个分力在 x 轴和 y 轴上的投影 F_{1x}、F_{1y}、F_{2x}、F_{2y} 等。

（2）利用合力投影定理求解出合力 $\boldsymbol{R}$ 在 x 轴和 y 轴上的投影 R_x 和 R_y。

$$R_x=F_{1x}+F_{2x}+\cdots+F_{nx}=\sum F_x,\quad R_y=F_{1y}+F_{2y}+\cdots+F_{ny}=\sum F_y$$

（3）利用汇交力系合成的解析法求解出合力的大小和方向。

$$R=\sqrt{R_x^2+R_y^2}=\sqrt{(\sum F_x)^2+(\sum F_y)^2}$$

$$\tan\alpha=\frac{|R_y|}{|R_x|}=\frac{|\sum F_y|}{|\sum F_x|}$$

二、平面汇交力系平衡的解析条件

对于平面汇交力系，若力系平衡，则该力系的合力为零；反之，若平面汇交力系的合力为零，则该力系就是平衡力系，即平面汇交力系平衡的充分必要条件是该力系的合力为零。

根据平面汇交力系合成的解析法，合力的解析表达式为：

$$\boldsymbol{R}=\sqrt{R_x^2+R_y^2}=\sqrt{\sum F_{ix}^2+\sum F_{iy}^2}$$

当平面汇交力系平衡时，该合力 $\boldsymbol{R}$ 应为零。此时，合力 $\boldsymbol{R}$ 在 x 轴和 y 轴上的投影 R_x 和 R_y 也全为零，可用下式表示：

$$\begin{cases}R_x=\sum F_x=0\\R_y=\sum F_y=0\end{cases}\tag{2-4}$$

式（2-4）称为平面汇交力系的平衡方程。

平面汇交力系平衡的解析条件是力系中的各分力在两个互相垂直的坐标轴上的投影的代数和都等于零。

应用这两个独立的平衡方程，可以求解平面汇交力系的两个未知量。

【例 2-3】如图 2-6a 所示为一静止小球，已知小球的重力 G 大小为 15 kN，绳索与 $\boldsymbol{G}$ 的夹角为 30°，楔块斜面光滑，与水平方向的夹角也为 30°，求小球上各约束反力的大小。

解：

（1）取小球作为研究对象进行受力分析，小球在重力 $\boldsymbol{G}$ 作用下，其所受两个约束（柔体约束和光滑接触面约束）产生相应的约束反力 $\boldsymbol{T}$ 和 $\boldsymbol{N}$（见图 2-6b）。$\boldsymbol{G}$、$\boldsymbol{T}$ 和 $\boldsymbol{N}$ 作用线在同一平面内且汇交于点 O，三力形成一平面汇交力系。由于小球静止，所以此力系为平衡力系。

（2）如图 2-6c 所示，在此平面汇交力系上建立一直角坐标系 xOy，利用力的可传性原理，将 $\boldsymbol{T}$ 和 $\boldsymbol{N}$ 的作用点均移至 O 点以方便求其在两个坐标轴上的投影，并求出各力在两个坐标轴上的投影。

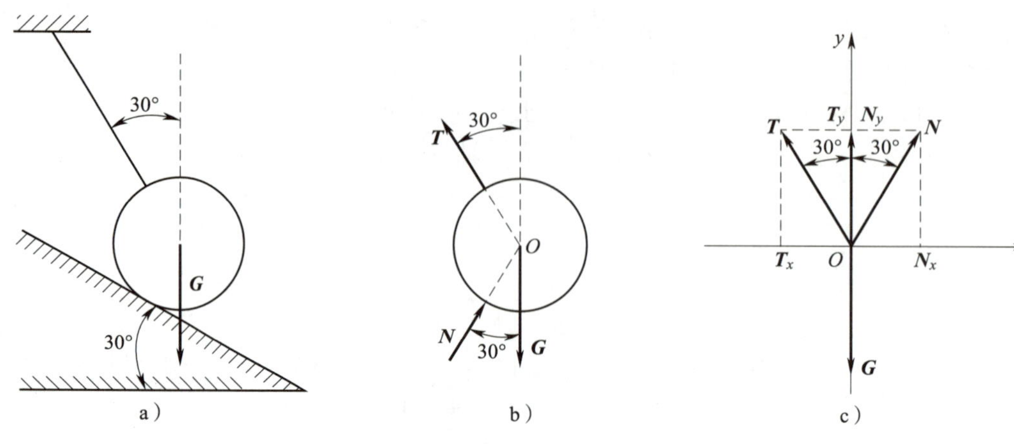

图 2-6　例 2-3 图

a）已知条件　b）受力分析　c）平面汇交力系平衡分析

G 的投影：

$$G_x=0，G_y=-G=-15\ \text{kN}$$

T 的投影：

$$T_x=-T\sin30°，T_y=T\cos30°$$

N 的投影：

$$N_x=N\sin30°，N_y=N\cos30°$$

（3）将上述投影表达式代入平衡方程，可得出下列方程：

$$\sum F_x=G_x+T_x+N_x=0-T\sin30°+N\sin30°=0$$

$$\sum F_y=G_y+T_y+N_y=-G+T\cos30°+N\cos30°=0$$

经过公式变换，可整理为：

$$T=N$$

$$(T+N)\cos30°=G$$

由此得：

$$T=N=\frac{G}{2\cos30°}=15\div2\cos30°=8.66\ \text{kN}$$

T 和 **N** 的方向如图 2-6c 所示。

【例 2-4】 如图 2-7a 所示三角支架中，已知物体的重量 G=10 kN，求杆 AC 和杆 BC 所受的力。

解：

（1）取铰 C 为研究对象。因杆 AC 和杆 BC 都是二力杆，所以两杆在 C 端的约束反力 $\boldsymbol{N}_{AC}$ 和 $\boldsymbol{N}_{BC}$ 的作用线都沿杆轴方向。现假设 $\boldsymbol{N}_{AC}$ 为拉力，$\boldsymbol{N}_{BC}$ 为压力，画受力图如图 2-7b 所示。

（2）选取直角坐标系如图 2-7b 所示。

（3）列平衡方程，求解未知力 N_{AC} 和 N_{BC}。

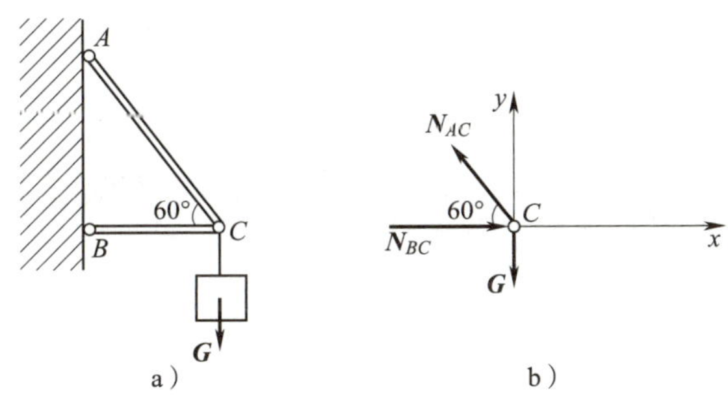

图 2–7　例 2–4 图

a）已知条件　b）受力图

$$\sum F_x=N_{BC}-N_{AC}\cos 60°=N_{BC}-N_{AC}\times 0.5=0 \quad (1)$$

$$\sum F_y=N_{AC}\sin 60°-G=N_{AC}\times 0.866-10=0 \quad (2)$$

由式（2）得：$N_{AC}=10\div 0.866=11.55$ kN（↖）

由式（1）得：$N_{BC}=N_{AC}\times 0.5=5.77$ kN（→）

因求出的结果均为正，说明受力图中两杆假设的指向与实际指向一致，即杆 *AC* 受拉，杆 *BC* 受压。

通过以上各例的分析，可以归纳出用解析法求解平面汇交力系平衡问题的步骤：

1. 选取适当的研究对象。

2. 分析研究对象的受力情况，画出其受力图，约束反力方向不能确定时应先假设。

3. 选取直角坐标系，最好使某一坐标轴与一个未知力垂直，以便简化计算。

4. 列平衡方程求解未知量。列平衡方程时注意各力投影的正负号，求出的未知力是正值时，表示该力的实际指向与受力图上所假设的指向相同；如果是负值，则表示该力的实际指向与受力图中所假设的指向相反。

第三节　力矩和力偶

一、力矩

力对物体的作用除了能使物体产生移动之外，还能使物体产生转动。如图 2–8 所示，用扳手拧螺钉时，在 *A* 点作用力 **F**，扳手便会绕着 *O* 点转动，用力越大，转动速度就越快；d_1 为 *O* 点到 **F** 的垂直距离，若将 **F** 移至距离 *O* 点 d_2 的位置 *B* 点上，其力虽然未变小，但转动速度减小了。此外，当力的大小和作用线均不变而指向相反方向时，扳手也将会向相反方向转动。

所以，力使物体产生转动的效果，除了与力的大小有关外，还与转动中心至力的作用线的垂直距离有关。把这一垂直距离称为**力臂**（见图 2–9），转动中心称为**力矩中心**。

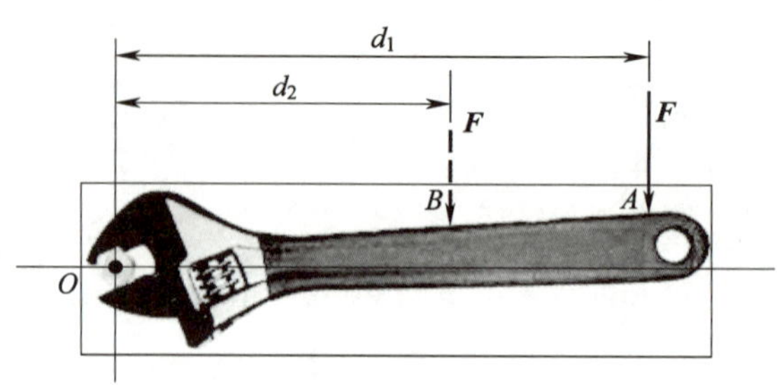

图 2-8　力矩

求解力的力臂大小步骤如下：

第一步，找出力矩中心。

第二步，延长力的作用线。

第三步，从力矩中心向力的作用线作垂线，垂线长度为力臂大小。

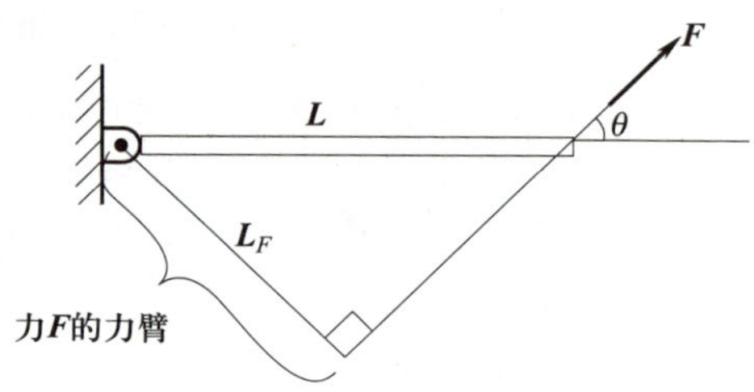

图 2-9　力臂

在平面一般力系中，力矩的定义为：力矩是一个代数量，它的绝对值等于力的大小与力臂的乘积，并且规定力使物体绕力矩中心逆时针方向转动时为正，顺时针方向转动时为负。

力 $\boldsymbol{F}$ 对 O 点的力矩用 $\boldsymbol{M}_O(\boldsymbol{F})$ 表示，计算公式为：

$$\boldsymbol{M}_O(\boldsymbol{F}) = \pm Fd \tag{2-5}$$

式中，d 为力臂。在国际单位制中，力矩的单位是 N·m（牛·米）或 kN·m（千牛·米）。

由力矩的定义可知，力矩具有如下性质：

1. 当力的大小等于零，或者力的作用线通过矩心（力臂等于零）时力矩等于零。

2. 当力沿作用线移动时，不会改变力对某点的力矩。这是因为力的大小、方向及力臂的大小均未改变。

【例 2-5】 如图 2-10 所示，若 $\boldsymbol{F}_1$ 和 $\boldsymbol{F}_2$ 的大小分别为 10 kN 和 30 kN，求 $\boldsymbol{M}_O(\boldsymbol{F}_1)$ 和 $\boldsymbol{M}_O(\boldsymbol{F}_2)$。

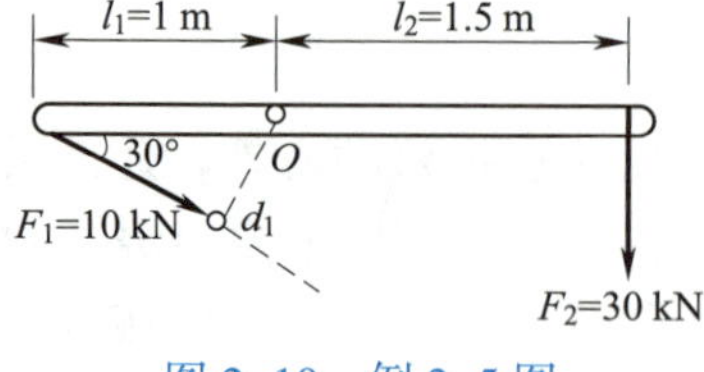

图 2-10　例 2-5 图

解：

由式（2-5）得：

$$\boldsymbol{M}_O(\boldsymbol{F}_1) = F_1d_1 = 10 \times 1 \times \sin 30° = 5\ \text{kN·m}$$

$$\boldsymbol{M}_O(\boldsymbol{F}_2) = -F_2d_2 = -30 \times 1.5 = -45\ \text{kN·m}$$

二、合力矩定理

平面汇交力系的合力对于平面内任意一点 O 的力矩等于各分力对于该点的力矩的代数和，这个定理称为合力矩定理，即：

$$M_O(R)=\sum M_O(F_i) \tag{2-6}$$

式中，R 为合力，F_i 为平面汇交力系合力 R 的分力。

这个定理同样适用于有合力的其他平面力系。

【例 2-6】 如图 2-11 所示，每 1 m 长挡土墙所受土压力的合力为 R，大小为 200 kN，求土压力使墙倾覆的力矩。

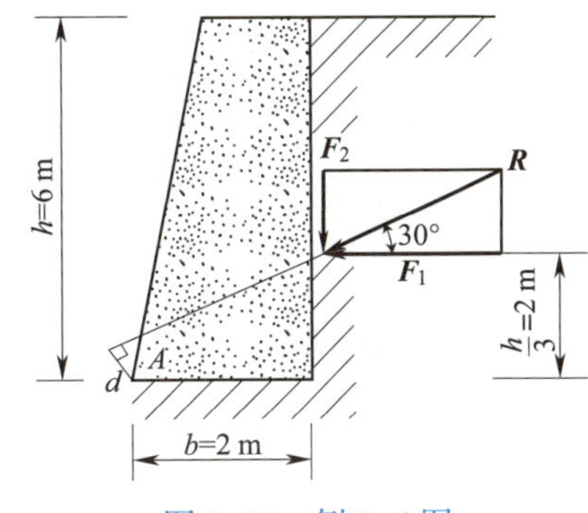

图 2-11　例 2-6 图

解：

土压力可使挡土墙绕 A 点倾覆，求 R 使墙倾覆的力矩，就是求它对 A 点的力矩。由于 R 的力臂求解较麻烦，可将其分解为两个分力 F_1 和 F_2，因为两个分力的力臂是已知的。

$$F_1=R\cos 30° =200\times 0.866=173.2\text{ kN}$$

$$F_2=R\sin 30° =200\times 0.5=100\text{ kN}$$

根据合力矩定理，合力 R 对 A 点之矩等于 F_1、F_2 对 A 点之矩的代数和，则：

$$M_A(R)=M_A(F_1)+M_A(F_2)=F_1\times h/3-F_2\times b=173.2\times 2-100\times 2=146.4\text{ kN}\cdot\text{m}$$

三、力偶

在生产实践和日常生活中，经常见到司机操纵方向盘（见图 2-12a）、木工钻孔（见图 2-12b）以及人们用两个手指开关自来水龙头或拧钢笔套等动作，这些动作分别在方向盘、木头、自来水龙头、钢笔套等物体上作用了大小相等、方向相反、作用线不重合的两个平行力。

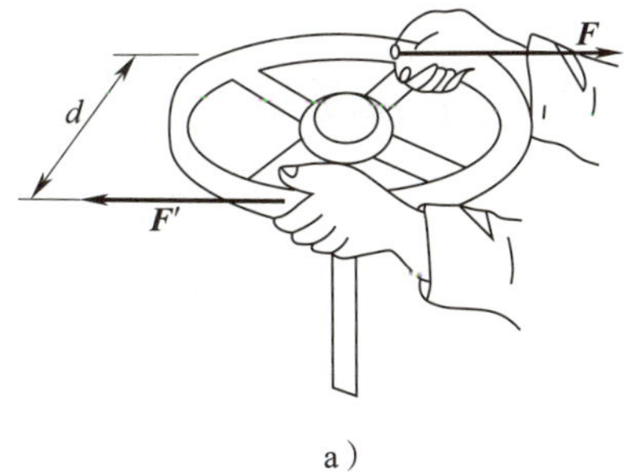

a)

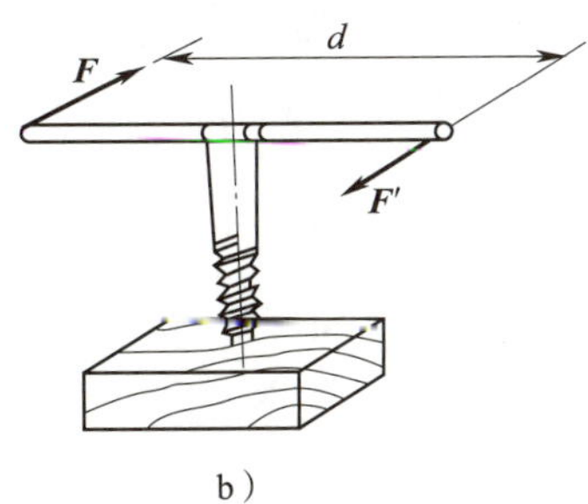

b)

图 2-12　力偶的作用

这种两个等值、反向的平行力不能合成为一个力，也不能平衡，这样的两个力只能使物体产生转动效应而不能使物体产生移动效应。所以在力学中，这种大小相等、方向相反、作用线不重合的两个平行力组成的力系称为**力偶**，用符号（F，F'）表示。

力偶的两个力作用线间的垂直距离 d 称为**力偶臂**，力偶的两个力所构成的平面称为**力偶作用面**，如图 2-13 所示。

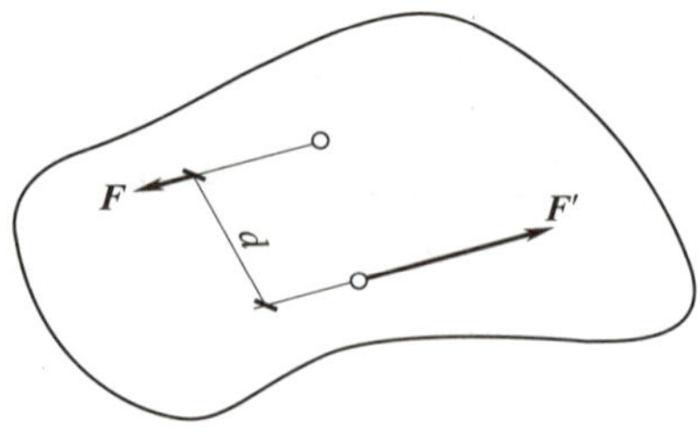

图 2-13　力偶（$\boldsymbol{F}$，$\boldsymbol{F'}$）

根据实践经验，人们发现力偶的转动效应不仅与力偶的大小有关，还与其作用方向以及力偶臂的大小有关。与力矩相同，在力偶和力偶臂的乘积前冠以正、负号作为力偶对物体产生转动效应的度量，称为**力偶矩**，用 M（F，F'）或 M 表示，即：

$$M(F, F')=M=\pm Fd \tag{2-7}$$

式中的正、负号规定同力矩规定，即使物体逆时针方向转动时，力偶矩为正；使物体顺时针方向转动时，力偶矩为负。力偶矩的单位也与力矩相同，为 N · m（牛 · 米）或 kN · m（千牛 · 米）。

四、力偶的性质

1. 力偶在任一轴上的投影等于零

设在一物体上作用一力偶（$\boldsymbol{F}$，$\boldsymbol{F'}$），并且该两力与 x 轴的夹角为 α，如图 2-14 所示。

由图 2-14 可得 $\sum F_x=F\cos\alpha-F'\cos\alpha=0$。这说明力偶在任一轴上的投影等于零。由于力偶在轴上的投影为零，所以力偶对物体只能产生转动效应，不会产生移动效应。一个力在一般情况下，对物体可产生移动和转动两种效应。

2. 力偶没有合力，不能用一个力来代替

力偶和力对物体的作用效应不同，说明力偶不能用一个力来代替，即力偶不能简化为一个力，因而力偶也不能与一个力平衡，力偶只能与力偶平衡。

3. 力偶对其作用面内任一点之矩都等于力偶矩，与矩心位置无关

力偶的作用是使物体产生转动效应，所以力偶对物体的转动效应可以用力偶的两个力对其作用面某一点的力矩的代数和来度量。如图 2-15 所示力偶（$\boldsymbol{F}$，$\boldsymbol{F'}$），力偶臂为 d，逆时针转向，其力偶矩为 $M=Fd$，在该力偶作用面内任选一点 O 为矩心，设矩心与 $\boldsymbol{F'}$ 的垂直距离为 x，则力偶对 O 点的力矩为：$M_O(F, F')=F(d+x)-F'_x=Fd=M$。这说明力偶对其作用面内任一点的矩恒等于力偶矩，而与矩心的位置无关。

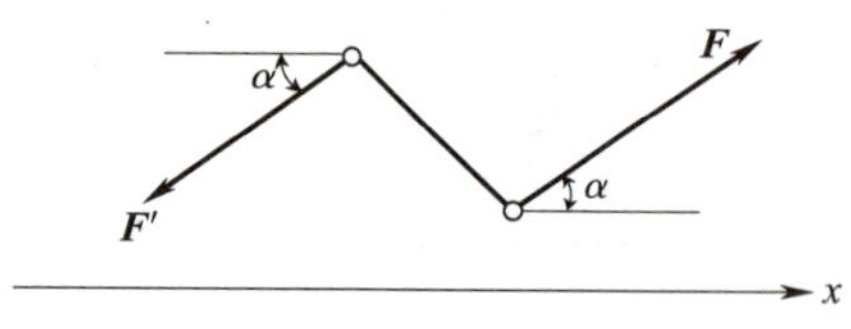

图 2-14　力偶的投影

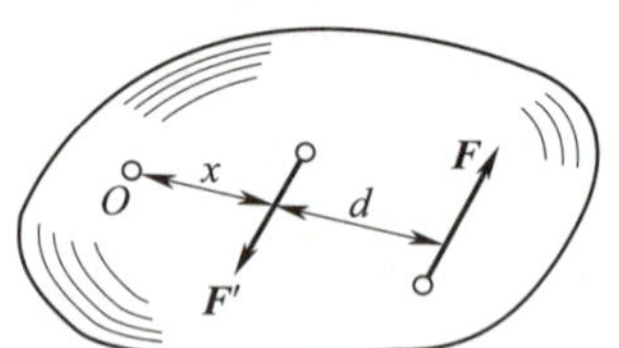

图 2-15　力偶对点的力矩计算

4. 力偶的等效性

同一平面内的两个力偶，如果它们的力偶矩大小相等、转向相同，则这两个力偶等效，称为力偶的等效性（证明从略）。

从以上性质还可得出**两个推论**：

（1）力偶可在其作用面内任意移转，而不会改变它对物体的转动效应。例如，作用在方向盘上的两个力偶只要它们的力偶矩大小相等、转向相同，即使作用位置不同，转动效应也是相同的。

（2）在保持力偶矩大小和转向不变的条件下，可以任意改变力偶中力的大小和力偶臂的长短，而不改变它对物体的转动效应。

由以上分析可知，力偶对于物体的转动效应完全取决于力偶矩的大小、力偶的转向及力偶作用面，即**力偶的三要素**。因此，在力学计算中，有时也用一个带箭头的弧线表示力偶，如图 2–16 所示，其中箭头表示力偶的转向，M 表示力偶矩的大小。

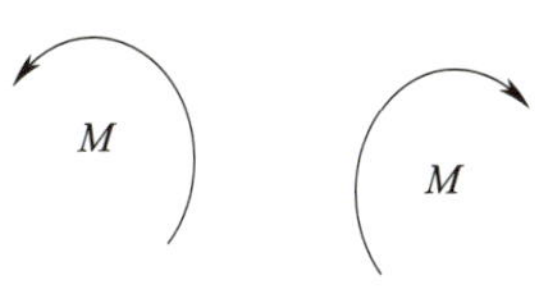

图 2–16　力偶的表示

第四节　平面一般力系

平面一般力系是指各力的作用线位于同一平面内但不全汇交于一点，也不全平行的力系。

平面一般力系是工程上最常见的力系，很多实际问题都可简化成平面一般力系问题来处理。例如，如图 2–17a 所示的三角形屋架，它的厚度比其他两个方向的尺寸小得多，这种结构称为平面结构，它承受屋面传来的竖向荷载 $\boldsymbol{F}_{\mathrm{P}}$，风荷载 $\boldsymbol{F}_{\mathrm{Q}}$ 以及两端支座的约束反力 $\boldsymbol{F}_{Ax}$、$\boldsymbol{F}_{Ay}$、$\boldsymbol{F}_{B}$ 作用，这些力组成平面一般力系，如图 2–17b 所示。

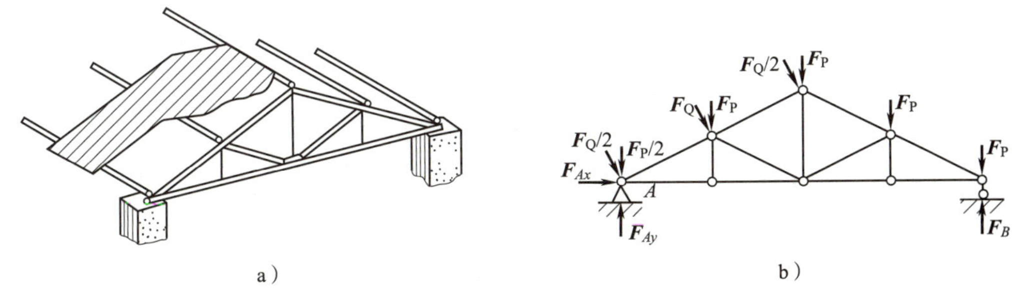

图 2–17　三角形屋架

a）三角形屋架　b）三角形屋架的结构计算简图

在工程中，有些结构构件所受的力本来不是平面力系，但这些结构（包括支撑和荷载）都对称于某一个平面。这时，作用在构件上的力系就可以简化为在这个对称面内的平面力系。如图 2–18a 所示的挡土墙，它的纵向较长，横截面相同，且长度相等的各段受力情况也相同，对其进行受力分析时，往往取 1 m 的堤段来考虑，它所受到的重力、土压力和地基反力也可简化到 1 m 长坝身的对称面上，从而组成平面力系，如图 2–18b 所示。

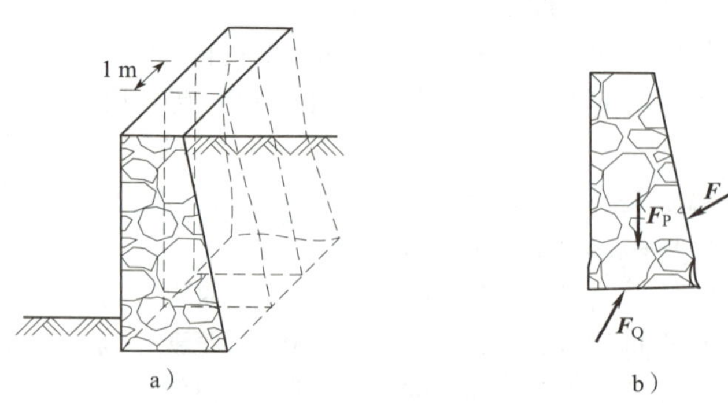

图 2-18　挡土墙

a）挡土墙　b）挡土墙的结构计算简图

一、力的平移定理

如图 2-19a 所示，在刚体 A 点上作用一力 $\boldsymbol{F}$，现将该力平移到刚体平面上的任意一点 O。先在 O 点添加一对平衡力 $\boldsymbol{F}'$ 和 $\boldsymbol{F}''$，且使这对平衡力的大小等于 $\boldsymbol{F}$，作用线平行于 $\boldsymbol{F}$ 作用线，如图 2-19b 所示。根据平衡力系的性质，添加平衡力系不会影响原力系的作用效应，因此图 2-19b 和图 2-19a 等效。因为 $\boldsymbol{F}$ 和 $\boldsymbol{F}''$ 大小相等、方向相反、作用线平行，所以 $\boldsymbol{F}$ 和 $\boldsymbol{F}''$ 便形成了一对力偶（$\boldsymbol{F}$，$\boldsymbol{F}'$），该力偶称为附加力偶。只要知道 O 点到 $\boldsymbol{F}$ 作用线的距离 d，就能求出该力偶矩的大小：

$$\boldsymbol{M}(\boldsymbol{F},\ \boldsymbol{F}')=Fd=\boldsymbol{M}_O(\boldsymbol{F}) \tag{2-8}$$

由上式可知，附加力偶矩的大小及方向与 $\boldsymbol{F}$ 对 O 点的力矩相同。这样，原作用于 A 点的力 $\boldsymbol{F}$ 就与作用于 O 点的力 $\boldsymbol{F}'$ 加上 $\boldsymbol{F}$ 对 O 点产生的力矩等效，如图 2-19c 所示。

由此可得**力的平移定理**：当作用在刚体上某点的力平行移动到该刚体上的任意一点 O 而不改变其作用效果时，必须同时附加一个力偶，其力偶矩等于原力对新作用点 O 的力矩。

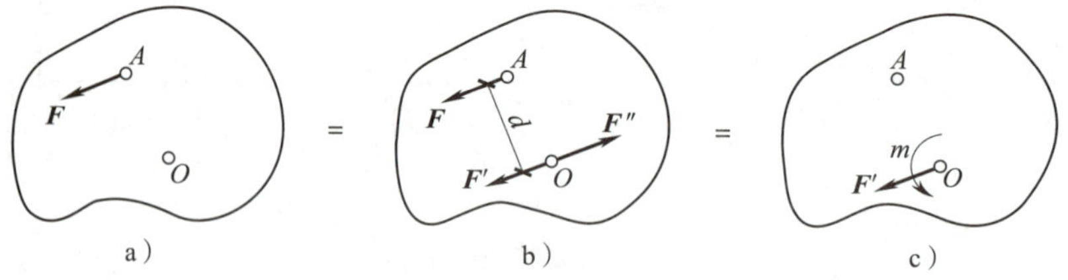

图 2-19　力的平移定理

a）力 $\boldsymbol{F}$ 作用在 A 点　b）在 O 点添加一对平衡力 $\boldsymbol{F}'$ 和 $\boldsymbol{F}''$　c）力平移到 O 点

力的平移定理是一般力系向一点简化的理论依据，也是分析力对物体作用效应的一个重要方法。如图 2-20a 所示的厂房柱受到吊车梁传来的荷载 $\boldsymbol{F}$ 的作用，为分析 $\boldsymbol{F}$ 的作用效应，可将力 $\boldsymbol{F}$ 平移到柱轴线的 O 点上，根据力的平移定理得一个力 $\boldsymbol{F}'$，同时还必须附加一个力偶，如图 2-20b 所示。力 $\boldsymbol{F}$ 经平移后，它对柱的变形效果就可以很明显地看出，力 $\boldsymbol{F}'$ 使柱轴向受压，力偶使柱弯曲。

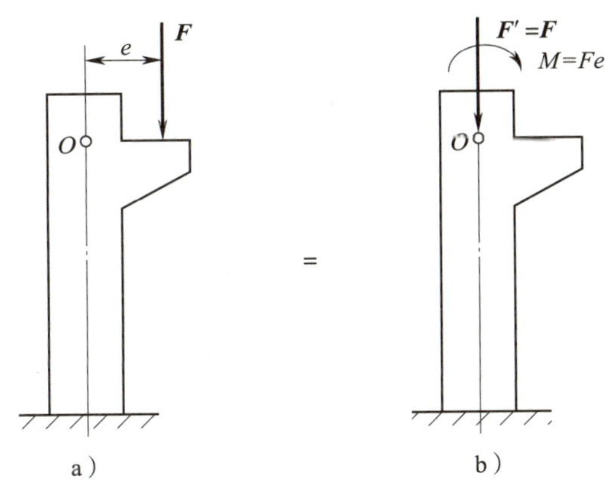

图 2–20　柱的受力平移

a）柱受力图　b）力平移到 O 点后的受力图

二、平面一般力系的平衡条件

平面一般力系向作用面内任一点 O 简化后，一般可以得到一个力和一个力偶，力称为主矢量，大小为 $F'=\sqrt{\sum F_x^2+\sum F_y^2}$。力偶称为主矩，大小为 $M_O=M_1+M_2+\cdots+M_n=M_O(F_1)+M_O(F_2)+\cdots+M_O(F_n)=\sum M_O(F_i)$。作用在刚体上的平面一般力系，当其主矢量 $\boldsymbol{F}'$ 和主矩 $\boldsymbol{M}_O$ 同为零时，刚体便处于平衡状态；反之，当刚体处于平衡状态时，作用在其上的平面一般力系的主矢量 $\boldsymbol{F}'$和主矩 $\boldsymbol{M}_O$ 必同时为零。因此，平面一般力系平衡的充分必要条件是：力系的主矢量 $\boldsymbol{F}'$和对任意一点的主矩 $\boldsymbol{M}_O$ 同时为零，即 $F'=0$，$M_O(F)=0$。

由此平衡条件可导出不同形式的平衡方程。

1. 平衡方程的基本形式

$$\begin{cases}\sum F_x=0\\ \sum F_y=0\\ \sum M_O(F_i)=0\end{cases} \tag{2-9}$$

式（2–9）称为平面一般力系平衡方程的基本形式，又称一矩式。$\sum F_x$ 和$\sum F_y$ 分别是力系中各力在两个直角坐标轴上的投影的代数和；$\sum M_O(F)$ 为各力对任意一点 O 的力矩的代数和。式（2–9）中前两式为投影平衡方程，第三式为力矩平衡方程，这三个方程彼此独立，用来求解平面一般力系的平衡问题时，最多只能求解三个未知量。在运用平衡方程解题的过程中，必须看清问题的具体条件，选择坐标系、矩心及平衡方程时都应注意尽量使每个方程只包含一个未知量，力求简化计算，达到事半功倍的效果。

【例 2–7】 如图 2–21a 所示，已知 $\boldsymbol{F}$ 的大小为 20 kN，梁自重不计，求简支梁 AB 两端的支座反力。

解：

取 AB 梁为研究对象，画受力图如图 2–21b 所示。简支梁 AB 所受的力组成了平面一般力系，根据平面一般力系平衡方程的基本形式列出平衡方程。

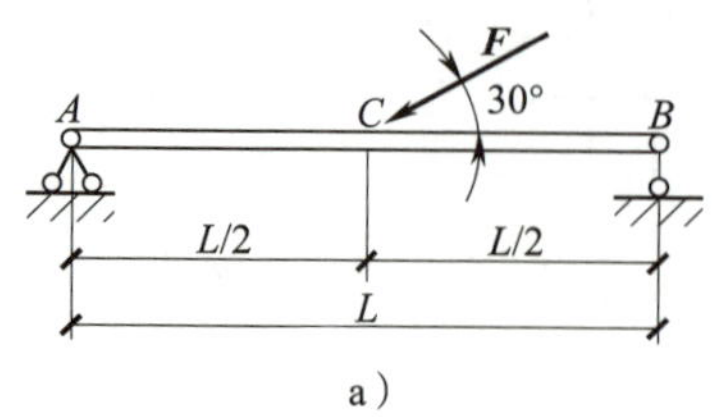

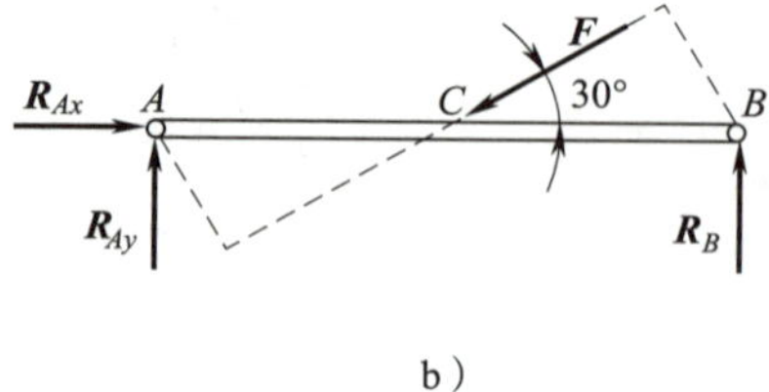

图 2–21　例 2–7 图

a）已知条件　b）受力分析

由$\sum F_x=0$得：

$$R_{Ax}-F\cos30°=0$$

$$R_{Ax}=F\cos30°=20\times0.866=17.32\text{ kN}（\rightarrow）$$

由$\sum M_A（F）=0$得：

$$-F\times\frac{L}{2}\sin30°+R_BL=0$$

$$R_B=F\times\frac{1}{2}\sin30°=5\text{ kN}（\uparrow）$$

由$\sum F_y=0$得：

$$R_{Ay}-F\sin30°+R_B=0$$

$$R_{Ay}=F\sin30°-R_B=5\text{ kN}（\uparrow）$$

支座反力得数为正，说明原假设的指向与实际受力方向一致；得数为负，说明原假设的指向与实际受力方向相反，最后可将各反力正确的指向表示在答案后的括号内。

【例 2–8】 悬臂刚架尺寸和受力如图 2–22a 所示，求支座 A 的约束反力。

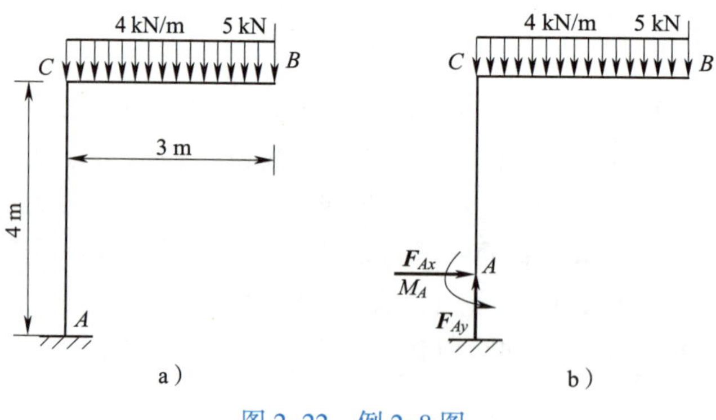

图 2–22　例 2–8 图

a）已知条件　b）受力图

解：

取刚架为研究对象，其受力图如图 2–22b 所示。根据平面一般力系平衡方程的基本形式列出平衡方程。

由$\sum F_x=0$得：

$$F_{Ax}=0$$

由$\sum F_y=0$得：

$$F_{Ay}-4\times3-5=0$$

$$F_{Ay}=4\times3+5=17\ \text{kN}\ (\uparrow)$$

由$\sum M_A(F)=0$得：

$$M_A-4\times3\times1.5-5\times3=0$$

$$M_A=4\times3\times1.5+5\times3=33\ \text{kN}\cdot\text{m}\ (\curvearrowleft)$$

通过以上各例的分析，可以归纳出用平衡方程求解约束反力的步骤：

（1）选取研究对象。根据题意分析已知量和未知量，选取适当的物体为研究对象。

（2）画出受力图。画出研究对象所受的主动力和约束反力。

（3）建立坐标系，找矩心，列平衡方程。为方便计算，坐标轴最好选择未知力垂直投影轴，矩心最好选择未知力的汇交点，力求在一个平衡方程中只包含一个未知量，以避免求解联立方程组。

（4）求解方程，得出未知力的大小，并判断方向。

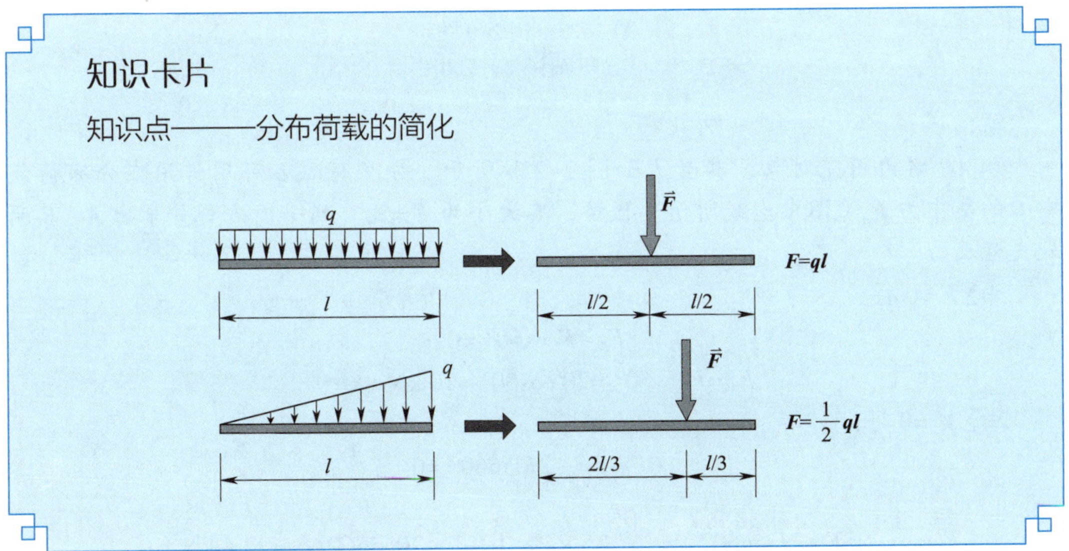

2. 平衡方程的其他形式

平面一般力系的平衡方程除了基本形式外，还有其他两种形式。

（1）二矩式（三个平衡方程中有两个力矩平衡方程）

$$\begin{cases}\sum F_x=0\\ \sum M_A(F)=0\\ \sum M_B(F)=0\end{cases}\tag{2-10}$$

式中，A、B两矩心连线不能与x轴垂直。

（2）三矩式（三个平衡方程均为力矩平衡方程）

$$\begin{cases}\sum M_A(F)=0\\ \sum M_B(F)=0\\ \sum M_C(F)=0\end{cases} \tag{2-11}$$

式中，A、B、C 三矩心不能共线。

平面一般力系共有三种不同形式的平衡方程，即式（2-9）~式（2-11），在解题时可以根据具体情况选取某一种形式。无论采用哪种形式，都只能写出三个独立的平衡方程，求解三个未知数。任何第四个方程都不是独立的，但可以利用这个方程来校核计算的结果。

※【例 2-9】 简支梁 AB 受力如图 2-23a 所示。已知 F=20 kN，q=10 kN/m，不计梁自重，求 A、B 两处的支座反力。

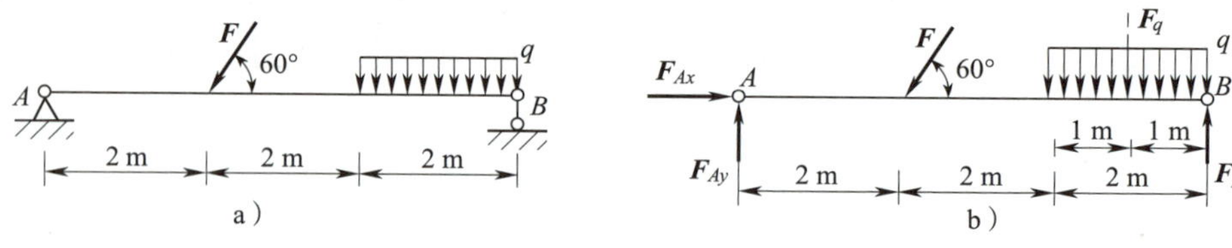

图 2-23　例 2-9 图

a）已知条件　b）受力图

解:

取 AB 梁为研究对象，其受力如图 2-23b 所示，分布荷载 $\boldsymbol{q}$ 可用作用在分布荷载中心的集中力 $\boldsymbol{F}_q$（图中虚线所示）代替，其大小为 $F_q=2q$。列平衡方程并求出 A、B 两处支座反力。

由 $\sum F_x=0$ 得：

$$F_{Ax}-F\cos60°=0$$

$$F_{Ax}=F\cos60°=20\cos60°=10\ \text{kN}\ (\rightarrow)$$

由 $\sum M_A=0$ 得：

$$6F_B-5F_q-2F\sin60°=0$$

$$F_B=\frac{1}{6}(5F_q+2F\sin60°)=\frac{1}{6}(5\times2\times10+2\times20\sin60°)=22.4\ \text{kN}\ (\uparrow)$$

由 $\sum M_B=0$ 得：

$$-6F_{Ay}+4F\sin60°+F_q=0$$

$$F_{Ay}=\frac{1}{6}(4F\sin60°+F_q)=\frac{1}{6}(4\times20\sin60°+2\times20)=14.9\ \text{kN}\ (\uparrow)$$

通过以上各例的分析，将应用平面一般力系平衡方程解题的步骤总结如下：

（1）选取研究对象。根据题意分析已知量和未知量，选取适当的物体为研究对象。

（2）画受力图。画出研究对象所受的主动力和约束反力。

（3）列出平衡方程求解。以解题便捷为标准，选取适当的平衡方程的形式、投影轴和矩心，通常应力求在一个平衡方程中只包含一个未知量，以避免求解联立方程组。

（4）解平衡方程，求出未知量。

（5）列出非独立的平衡方程以检查计算结果是否正确。

※ 三、物体系统的平衡

在实际工程中，经常遇到由几个物体通过一定的约束联系在一起组成的物体系统（简称物系）。当整个物体系统平衡时，组成该系统的每一个物体也必定平衡。

物体系统内部各物体之间约束产生的相互作用的约束反力称为系统的内力，画受力图时不要画出来，而物体系统以外的物体对该物体系统的约束产生的约束反力称为外力，画受力图时必须画出来。如图 2–24a 所示的三铰拱，是由 *AC* 与 *CB* 两部分用铰链 *C* 连接而成的物体系统。对整个三铰拱来说，如图 2–24b 所示，铰链 *C* 处的约束反力 F_{Cx}、F_{Cy} 和 F'_{Cx}、F'_{Cy} 是内力（图上未画出）；主动力如集中力 $\boldsymbol{F}_1$、$\boldsymbol{F}_2$ 以及 *A*、*B* 处的约束反力 F_{Ax}、F_{Ay}、F_{Bx}、F_{By} 则是外力。应当注意，所谓内力和外力是相对的，它们随着研究对象的不同而转化。如果取 *AC* 或 *CB* 为研究对象，如图 2–24c 和图 2–24d 所示，铰链 *C* 处的约束反力 F_{Cx}、F_{Cy} 和 F'_{Cx}、F'_{Cy} 就成为外力。

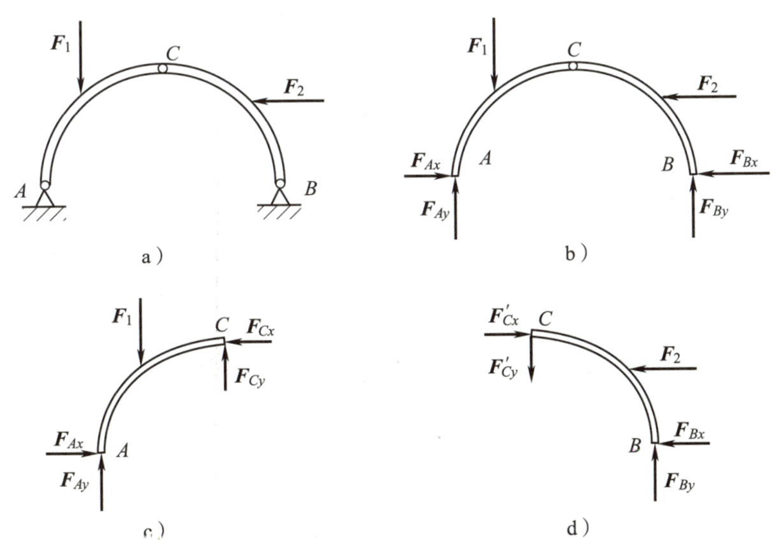

图 2–24　三铰拱

a）三铰拱　b）三铰拱整体受力图　c）*AC* 部分受力图　d）*CB* 部分受力图

求解物体系统的平衡问题，关键在于恰当地选取研究对象，往往需要通过几次选择，考察几个研究对象，才能求解出全部未知量。选取研究对象，一般有两种方法：

1. 先以整个物体系统为研究对象列出平衡方程，求得一部分未知量；然后取物体系统中的某一部分物体或单个物体为研究对象，列出另外的平衡方程，求解剩下的未知量，直至求出全部未知量。

2. 先取某一部分物体或单个物体为研究对象，再取其他部分物体或整体为研究对象，逐步列出平衡方程，求得所有未知量。

在选择研究对象和列平衡方程时，应使每一个平衡方程中的未知量个数尽量少，最好是一个方程只含有一个未知量，以免求解联立方程组。

下面举例说明物体系统平衡问题的解法。

【例 2-10】 多跨梁支承和荷载情况如图 2-25a 所示。已知 F=60 kN，梁自重不计，试求支座 A、B、D 的反力。

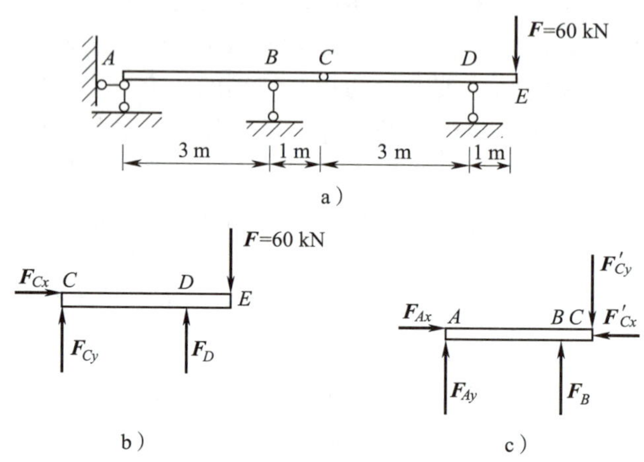

图 2-25 例 2-10 图

a）已知条件 b）CE 部分受力图 c）ABC 部分受力图

解：

多跨梁由两段 AC、CE 在 C 处用铰链连接并支承于三个支座上而构成。若取整个梁为研究对象，由受力分析可知，它在平面一般力系作用下平衡，有 $\boldsymbol{F}_{Ax}$、$\boldsymbol{F}_{Ay}$、$\boldsymbol{F}_B$、$\boldsymbol{F}_D$ 四个未知量，而独立的平衡方程只有三个，不能求解。因此需要将梁从铰 C 处拆开，可以分别考虑 CE 段和 ABC 段的平衡。梁 CE 段的受力图如图 2-25b 所示，只有三个未知量，应用平衡方程可求得 $\boldsymbol{F}_D$、$\boldsymbol{F}_{Cx}$、$\boldsymbol{F}_{Cy}$。再考虑 ABC 段的平衡，就可求出 $\boldsymbol{F}_{Ax}$、$\boldsymbol{F}_{Ay}$、$\boldsymbol{F}_B$。具体求法如下：

（1）取梁 CE 段为研究对象，受力如图 2-25b 所示。

由平衡方程 $\sum M_C=0$ 得：

$$F_D \times 3 - F \times 4 = 0$$

$$F_D = 80\ \text{kN}\ (\uparrow)$$

由 $\sum F_x=0$ 得：

$$F_{Cx}=0$$

由 $\sum F_y=0$ 得：

$$F_{Cy}+F_D-F=0$$

$$F_{Cy}=F-F_D=-20\ \text{kN}\ (\downarrow)$$

（2）取梁 ABC 段为研究对象，受力如图 2-25c 所示。由作用力和反作用力公理可知：

$$F'_{Cx}=F_{Cx}，\ F'_{Cy}=F_{Cy}$$

由平衡方程$\sum M_A=0$得：

$$F_B\times 3-F'_{Cy}\times 4=0$$

$$F_B=\frac{1}{3}F'_{Cy}\times 4=\frac{1}{3}\times（-20）\times 4=-26.67\ \mathrm{kN}（\downarrow）$$

由$\sum F_x=0$得：

$$F_{Ax}-F'_{Cx}=0$$
$$F_{Ax}=0$$

由$\sum F_y=0$得：

$$F_{Ay}+F_B-F'_{Cy}=0$$
$$F_{Ay}=F'_{Cy}-F_B=-20+26.67=6.67\ \mathrm{kN}（\uparrow）$$

对本题还可以先取梁 CD 段为研究对象，求解 F_{Cy} 和 F_D；再取整体为研究对象，求解 F_{Ax}、F_{Ay} 和 F_B。

1. 同一个力在两个互相平行的轴上的投影是否相等？两个力在非相互平行的两个坐标轴上的投影相等，这两个力是否一定相等？
2. 在什么情况下，力在一个轴上的投影绝对值等于力的大小？在什么情况下，力在一个轴上的投影等于零？
3. 力在直角坐标轴上的分力与投影有何不同？
4. 力矩和力偶有何异同？
5. 力偶在坐标轴上的投影如何计算？力偶对作用面内任一点的力矩如何计算？
6. 平面汇交力系的平衡方程是什么？可以用其求平面一般力系的未知力吗？
7. 平面一般力系平衡方程二矩式、三矩式的限制条件是什么？

第三章 构件的内力、强度和刚度计算

学习目标

能判断杆件的四种基本变形，能对轴向拉（压）杆进行内力和强度计算，了解压杆稳定性的概念，能计算梁的内力并画出内力图，能对梁进行强度计算，了解工程中常用静定结构组成及内力特征。

实际工程结构中，许多受力构件如桥梁、房屋的梁和柱等，其长度方向的尺寸远大于横向尺寸，这一类构件通常称为**杆件**，轴线是直线的杆件称为**直杆**。杆件在受力以后都将产生一定的变形。在土木工程中，常见杆件的变形分为轴向拉伸与压缩、剪切、扭转、弯曲四种基本形式。本章主要研究轴向拉伸与压缩变形及弯曲变形。

第一节 杆件的变形

杆件在不同受力情况下，会产生不同的变形，分为基本变形和组合变形。

思政小课堂

杆件在力的作用下发生变形，只要受到的荷载不超过杆件的强度，杆件就会一直默默工作，为建筑物提供支持。可由此与每个人成长中所受到的压力结合起来，教导学生要学会适当的扛压，从而养成坚韧不拔的性格。

一、杆件的四种基本变形

1. 轴向拉伸与压缩

当杆件受到大小相等、方向相反、作用线与杆件轴线重合的一对外力作用时，杆件将沿轴线方向产生伸长或缩短变形，这种变形称为**轴向拉伸与压缩**，如图 3–1 所示。

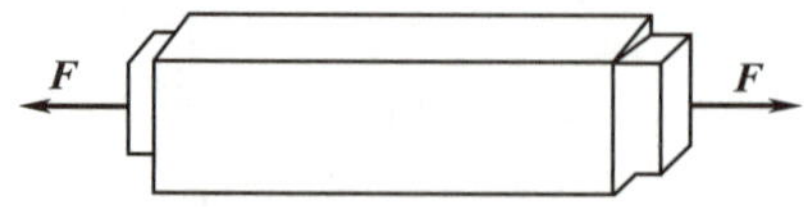

图 3–1　杆件轴向拉伸与压缩变形

工程中常见的桥梁桥墩和房屋柱子就是轴向拉伸与压缩的实例，如图 3–2 所示。

a）

b）

图 3–2　轴向拉伸与压缩的实例

a）桥梁桥墩　b）房屋柱子

2. 剪切

当杆件受到大小相等、方向相反、作用线与杆件轴线垂直且相距很近的一对外力作用时，杆件横截面将沿外力方向产生相对错动变形，这种变形称为**剪切**，如图 3–3 所示。

工程中常见的受拉钢板螺栓连接中的螺杆和焊接中的焊缝都是剪切变形的实例。

3. 扭转

当杆件受到大小相等、转向相反、作用面与杆件轴线垂直的一对力偶作用时，杆件横截面将绕轴线产生相对转动变形，这种变形称为**扭转**，如图 3–4 所示。

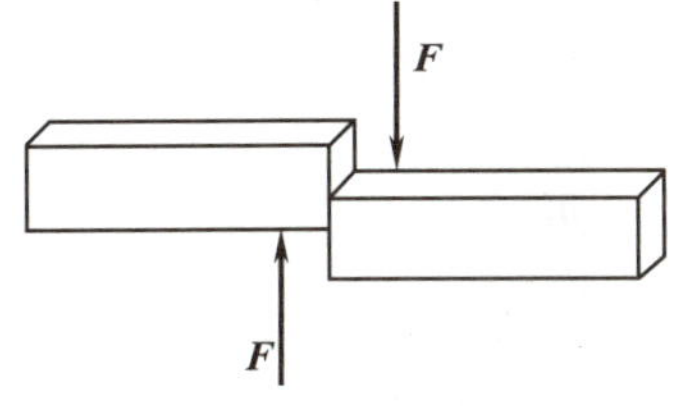

图 3–3　杆件剪切变形

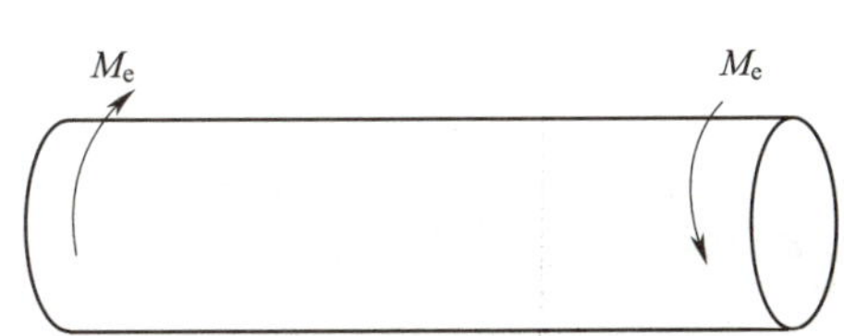

图 3–4　杆件扭转变形

工程中常见的搅拌器主轴是扭转变形的实例，如图 3–5 所示。

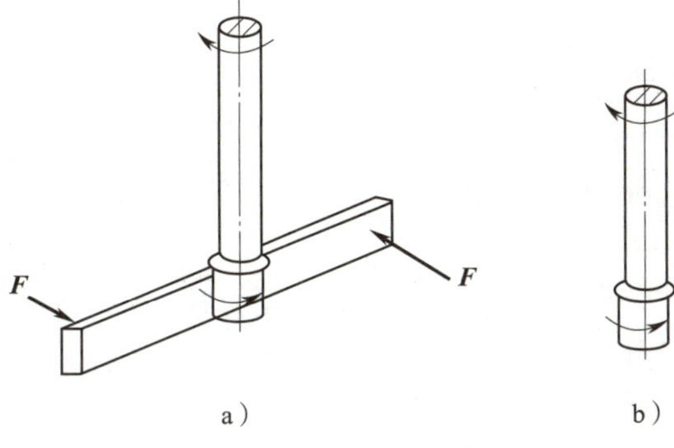

图 3–5　搅拌器主轴

a）搅拌器主轴受力图　b）搅拌器主轴的结构计算简图

4. 弯曲

当杆件受到与杆件轴线垂直的外力作用时，则杆件轴线由直线变为曲线，这种变形称为**弯曲**，如图 3–6 所示。

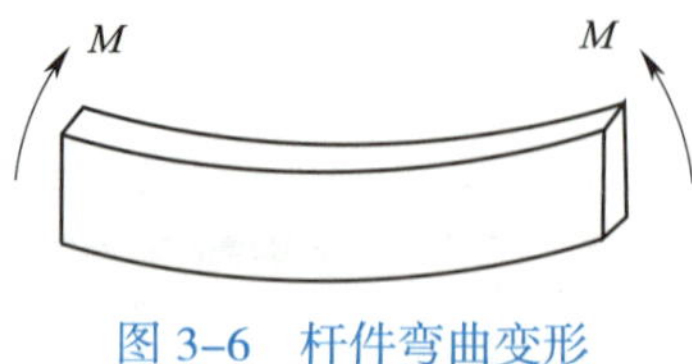

图 3–6　杆件弯曲变形

工程中常见的阳台挑梁的变形是弯曲变形的实例，如图 3–7 所示。

二、组合变形

土木工程中许多构件在多种荷载作用下同时产生两种或两种以上的基本变形，称为**组合变形**。

如图 3–8 所示，工业厂房中带牛腿的边柱，柱的牛腿以下部分，在柱的自重、屋架和吊车梁传来的荷载共同作用下，同时产生轴向压缩变形和弯曲变形，这种变形称为**偏心压缩**。

图 3–7　阳台挑梁

图 3–8　工业厂房中带牛腿的边柱

第二节　轴向拉（压）杆

土木工程中的构件都是由固体材料制成的，如钢材、木材、混凝土等。这些材料在外力作用下其几何形状会发生改变，称为变形。当构件长度方向的尺寸远大于其他两个方向的尺寸时，这种构件称为**杆件**。杆件的形状和尺寸可由横截面和轴线两个几何元素来描述。

外力沿杆件轴线方向作用的直杆称为**轴向受力杆**。轴向受力杆根据受力方向及对杆件变形的影响不同可分为轴向拉伸杆和轴向压缩杆。例如，屋架中的桁杆、雨棚的拉杆、悬索、轴向受力的柱及柱间支撑等，如图 3–9 所示。

常见的轴向受力杆大多是等截面直杆（也可以是变截面直杆）。若在杆件两端作用有一对离开端截面的力，则杆件处于轴向受拉状态，它将引起杆件伸长，同时截面尺

寸变小，如图 3–10a 所示；若在杆件两端作用有一对指向端截面的力，则杆件处于轴向受压状态，它将引起杆件缩短，同时截面尺寸增大，如图 3–10b 所示。

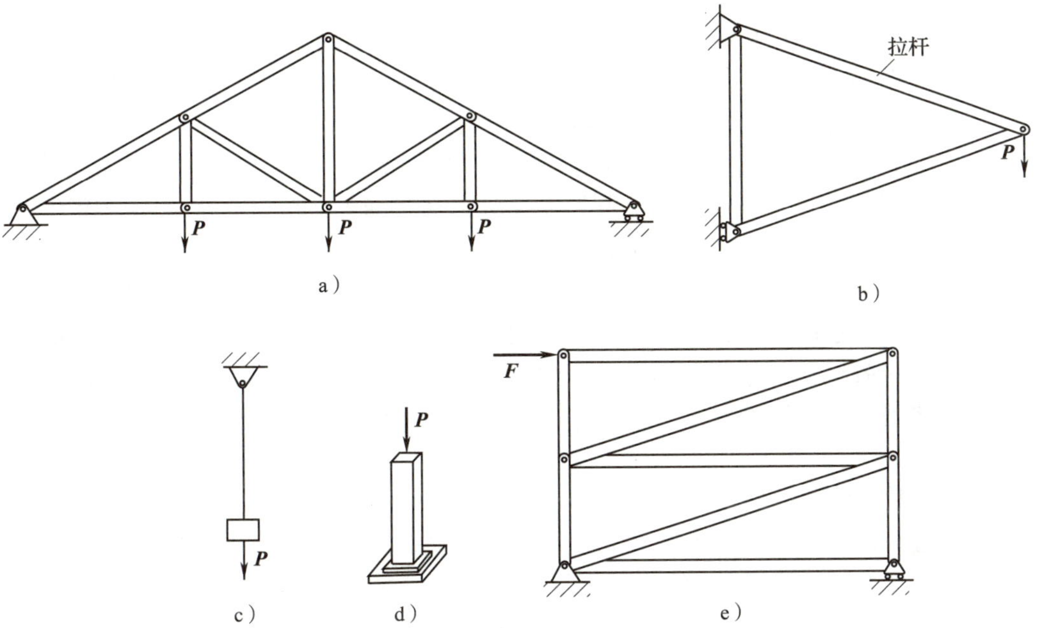

图 3–9　轴向受力杆

a）屋架中的桁杆　b）雨棚的拉杆　c）悬索
d）轴向受力的柱　e）柱间支撑

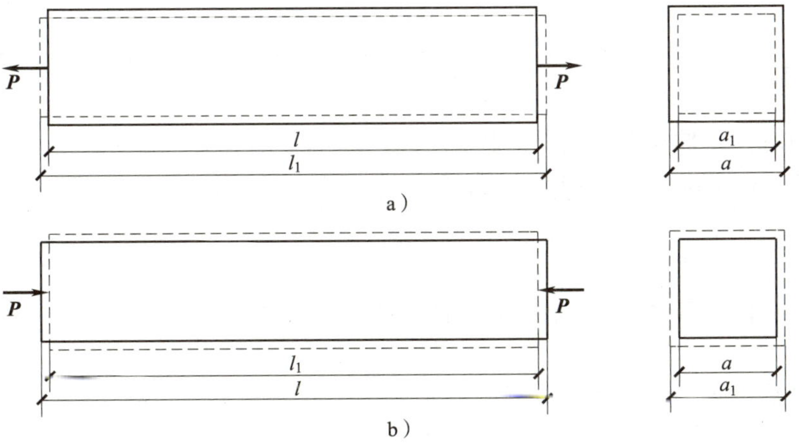

图 3–10　轴向拉伸杆和压缩杆的变形

a）拉伸杆　b）压缩杆

轴向拉伸杆与压缩杆的受力特点是：沿杆件轴线作用有一对大小相等、方向相反的外力（或其合力）；变形特点是：杆件沿轴线方向伸长或缩短。

轴向拉伸杆与压缩杆简称为轴向拉（压）杆，链杆都是轴向拉（压）杆。

一、轴向拉（压）杆横截面上的内力

1. 内力的概念

杆件受到外力作用后杆件内部相邻各质点间的相对位置就要发生变化，这种相对位置的变化会导致整个杆件产生变形。将这种由于外力作用而使杆件相邻两部分之间相互作用力产生的改变量称为附加内力，简称**内力**。

内力的大小与外力密切相关，随着外力的产生而产生，随着外力的消失而消失。

例如，用双手拉一根橡胶绳，首先会感觉到橡胶绳也在拉手。这是因为用手拉橡胶绳时，对橡胶绳施加了一对大小相等、方向相反的拉力，而这一对拉力对橡胶绳而言是作用在它上面的外力，这种外力的作用使橡胶绳任意相邻的两部分之间会产生内力，即橡胶绳拉手的力；其次，还会感觉到当手拉橡胶绳力越大时，橡胶绳拉手的力也越大，且橡胶绳伸长越多。但是内力的增大不是无限制的，当内力增大到某一限值时，构件将被拉断或压坏。为了保证构件不被破坏，必须先计算出杆件的内力。

思政小课堂

构件受到轴向拉（压）力的作用会发生拉伸与压缩，只要保证强度条件便不会发生破坏现象。从这一角度可以提醒学生在生活、学习中受到压力时要学会适当地放松和释放负面情绪，在紧张的学习中做到张弛有度。

2. 求内力的基本方法——截面法

计算杆件某一截面 m–m 上的内力时，可用一个“假想截面”，在该截面处将杆件切断分为两部分，取其中任一部分为研究对象，由于这部分也是处于平衡状态的，所以在被切断的截面上必须有力来代替另一部分对它的作用；根据这部分平衡条件求出杆件在该截面处的内力。这种计算内力的方法称为截面法，截面法是计算杆件内力的基本方法。

下面以轴向拉伸杆件为例介绍截面法求内力的基本方法和步骤。

如图 3–11 所示，杆件受到一对轴向拉力作用，计算杆件某一截面 m–m 上内力的步骤如下。

（1）截开

用一个“假想截面”，在该截面处将杆件切断为两部分。

（2）代替

取切开后的任一部分为研究对象，要使这部分与原来一样处于平衡状态，就必须在被切断的截面上用内力代替另一部分对它的作用。

（3）平衡

由于整体杆件原本处于平衡状态，所以被切断后的任一部分也应处于平衡状态，然后根据平衡条件建立方程，计算出该截面上的内力。由 $\sum F_x=0$ 得 $F_N=F$，方向向右。

若取右部分（见图 3–11c）为研究对象，由平衡条件可得轴力大小 $F'_N=F$，方向向左。可见 $\boldsymbol{F}_N$ 与 $\boldsymbol{F}'_N$ 构成作用力与反作用力的关系。

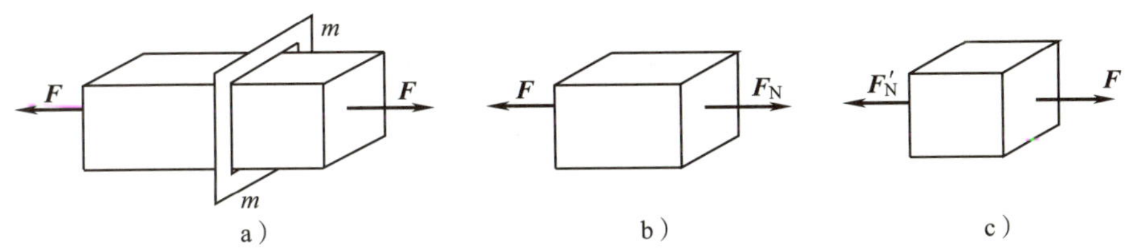

图 3-11　用截面法计算杆的内力

a）结构　b）m-m 截面左边杆的受力图　c）m-m 截面右边杆的受力图

二、轴向拉（压）杆的轴力

1. 轴力的概念

由图 3-11 可知，轴向拉（压）杆的内力作用线与杆件轴线重合。把与杆件轴线重合的内力称为**轴力**。轴力的正负号是根据杆件的变形情况规定的：当杆件受拉而伸长时，轴力背离截面为拉力，取正号；反之为压力，取负号。这样对于图中的杆件，无论取左或取右部分，所得的轴力结果相同（数值相等，正负号相同）。轴力的常用单位是 N（牛顿）或 kN（千牛）。

2. 计算轴力的方法

由截面法可总结出计算轴力的方法：轴向拉（压）杆任一横截面上的轴力，等于该截面一侧（左侧或右侧）所有轴向外力的代数和。并规定轴向外力的正负号：外力远离该截面取正号，指向该截面取负号，简记为离正指负，即：

$$F_N=\sum F_{背离}-\sum F_{指向}$$

若计算结果为正说明轴力是拉力，反之是压力。

3. 轴力图的绘制

描述各横截面轴力沿杆长方向变化的图形称为**轴力图**。轴力图是用平行于杆件轴线的坐标表示杆件横截面的位置，用垂直于杆件轴线的坐标表示横截面上轴力的大小，按一定的比例绘制出表示轴力与截面位置关系的图形。轴力为正时画在横坐标的上方；反之，画在横坐标的下方。

【例 3-1】 如图 3-12a 所示为阶梯状直杆的轴向受力情况，试计算轴力并绘制其轴力图。

解：

（1）计算杆件各段的轴力。

第一段：在第一段内任一处用“假想截面”1-1 将其切成两段，取左段（见图 3-12b）为研究对象，得 $F_{N1}=\sum F_{背离}-\sum F_{指向}=5-0=5$ kN（拉力）。

第二段：在第二段内任一处用“假想截面”2-2 将其切成两段，取左段（见图 3-12c）为研究对象，得 $F_{N2}=\sum F_{背离}-\sum F_{指向}=5+10=15$ kN（拉力）。

第三段：在第三段内任一处用“假想截面”3-3 将其切成两段，取右段（见图 3-12d）为研究对象，得 $F_{N3}=\sum F_{背离}-\sum F_{指向}=30-0=30$ kN（拉力）。

（2）绘制轴力图。按规定绘制轴力图，如图 3-12e 所示（通常可省略坐标系，写上 F_N 图即可）。

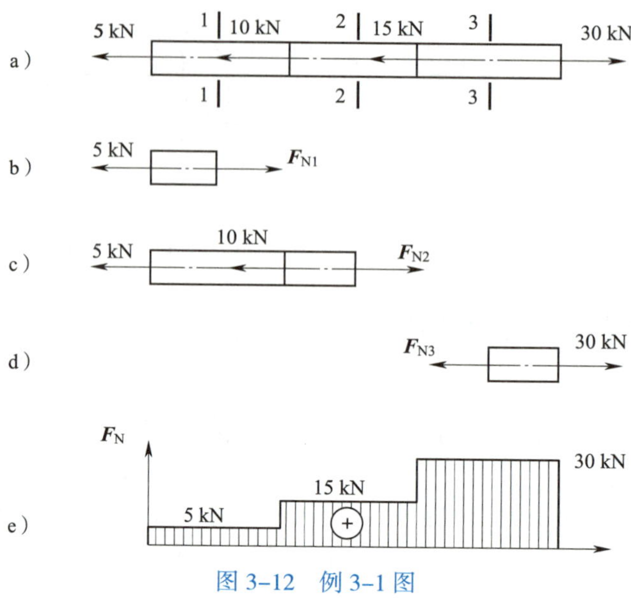

图 3–12　例 3–1 图

三、轴向拉（压）杆横截面上的应力

1. 应力的概念

取两根粗细不同但材质相同的杆件，用同样大小的力去拉它们，即受到同样大小的轴力，当拉力逐渐增大时，很明显，细杆更容易断裂，因为其截面上内力分布的密集程度较粗杆更大。解决这方面的问题，不仅需要知道构件可能沿哪个截面破坏，而且还要知道截面上的哪一点最危险。因此，常以单位面积上的内力集度来衡量构件受力的强弱程度，并把单位面积上的内力集度称为**应力**。

在国际单位制中，应力的单位是帕（Pa）或兆帕（MPa）。

$$1\ \text{Pa}=1\ \text{N/m}^2$$

$$1\ \text{MPa}=1\ \text{N/mm}^2=10^6\ \text{Pa}$$

2. 轴向拉（压）杆横截面上的正应力分布规律

取一根橡胶材质的等直杆（其他材质也可），在其侧表面均匀画上几条与轴线平行的纵线以及与轴线垂直的横线，如图 3–13a 所示。在杆件两端施加一对轴向拉力 $\boldsymbol{F}$ 和 $\boldsymbol{F}'$，拉伸后发现所有纵线的伸长都相等，仍保持为直线；所有横线仍保持为直线，并与纵线垂直，只是横线间距统一增大、纵线间距略有减小（见图 3–13b）。根据此现象，把杆件设想为由无数纵向纤维组成，根据各纤维的伸长量都相同，可知它们所受的力也相

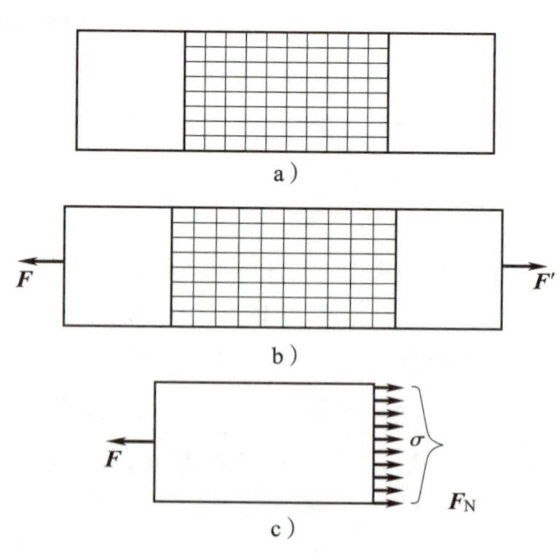

图 3–13　直杆轴向拉伸

a）在直杆侧表面画上纵、横线　b）在直杆两端沿轴线方向加外力　c）横截面上正应力的分布

等（见图 3–13c）。根据这种变形特征，可得出以下假设：直杆在轴向拉（压）时横截面仍保持为平面且与杆件的轴线垂直，此假设称为**平面假设**。根据这个平面假设可知，纤维上的内力是相等的，杆件轴向拉（压）时横截面上的内力分布是均匀的，或者说应力在横截面上是均匀分布的。由于内力垂直于杆件的横截面，故应力也垂直于杆件的横截面。把垂直于杆件横截面的应力称为**正应力**，用符号 σ 表示。

若所求应力横截面的面积为 A，横截面上的轴力为 $\boldsymbol{F}_{\mathrm{N}}$，通过上述试验分析，则该横截面上的应力计算式为：

$$\sigma=\frac{F_{\mathrm{N}}}{A} \tag{3-1}$$

当杆件受轴向压缩时，情况完全类似，只需将轴力连同负号一并代入式（3–1）计算即可。应力的正负号规定为：拉应力为正，压应力为负。

【例 3–2】 铰接三角形支架在点 B 承受一重力 W=20 kN，如图 3–14a 所示，杆 AB 为直径 d=25 mm 的钢制圆杆，杆 CB 为边长 a=80 mm 的正方形截面木杆。试计算杆 AB 和杆 CB 横截面上的正应力。

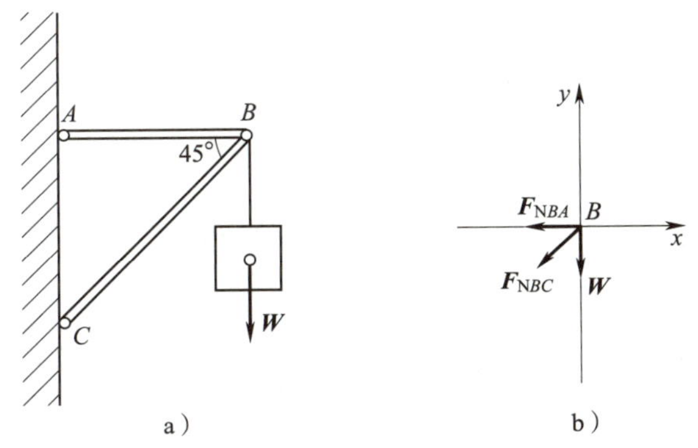

图 3–14　例 3–2 图

a）铰接三角形支架　b）结点 B 受力分析

解：

（1）计算各杆的轴力。如图 3–14b 所示，取结点 B 为研究对象，杆件轴力均假设为受拉（背离结点）。根据平面汇交力系的平衡条件计算如下。

由 $\sum F_y=0$ 得：

$$-F_{NBC}\sin45^\circ-W=0$$

$$F_{NBC}=-\frac{W}{\sin45^\circ}=-\frac{20}{0.707}=-28.3\ \mathrm{kN}（压力）$$

$\sum F_x=0$ 得：

$$-F_{NBC}\cos45^\circ-F_{NBA}=0$$

$$F_{NBA}=-F_{NBC}\cos45^\circ=-(-28.3)\times0.707=20\ \mathrm{kN}（拉力）$$

（2）计算各杆的正应力。

$$\sigma_{BA}=\frac{F_{NBA}}{A_{BA}}=\frac{20\times10^3}{\frac{\pi\times25^2}{4}}=40.8\text{ MPa}（拉应力）$$

$$\sigma_{BC}=\frac{F_{NBC}}{A_{BC}}=-\frac{28.3\times10^3}{80\times80}=-17.7\text{ MPa}（压应力）$$

【例 3-3】有一变截面杆，其受力情况、杆件长度和截面尺寸等如图 3-15 所示，试确定其最大工作正应力。

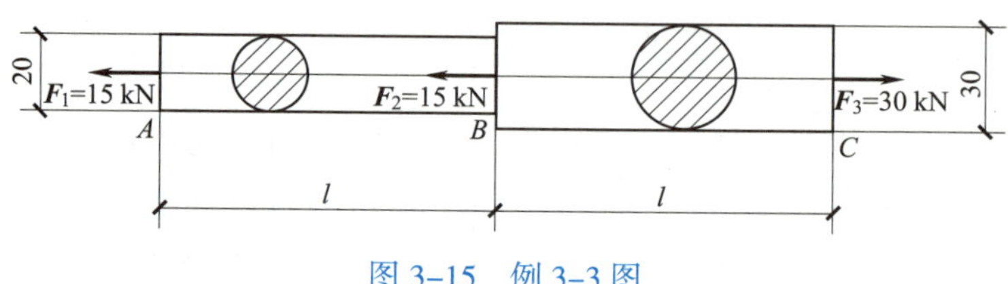

图 3-15　例 3-3 图

解：

（1）首先确定杆件各段轴力的大小。

AB 段：F_{NAB}=15 kN　BC 段：F_{NBC}=30 kN

（2）分别计算杆件 AB 段和 BC 段的应力。

AB 段截面的正应力：

$$\sigma_{AB}=\frac{F_{NAB}}{A_{AB}}=\frac{15\times1\,000\times4}{\pi\times20\times20}=47.8\text{ N/mm}^2=47.8\text{ MPa}$$

BC 段截面的正应力：

$$\sigma_{BC}=\frac{F_{NBC}}{A_{BC}}=\frac{30\times1\,000\times4}{\pi\times30\times30}=42.5\text{ N/mm}^2=42.5\text{ MPa}$$

（3）由图示数据可见，BC 段内力比 AB 段内力大，但由于 AB 段横截面面积比 BC 段更小，各截面的工作正应力需分别计算各段的应力后才能确定。现从计算结果看 AB 段的工作正应力比 BC 段的工作正应力更大，σ_{AB}=47.8 MPa>σ_{BC}=42.5 MPa。由此可以确定 AB 段截面为危险截面，最大应力为 47.8 MPa。

四、轴向拉（压）杆的强度计算

1. 许用应力与安全系数

在荷载作用下产生的实际应力称为**工作应力**，用 σ 表示，按式（3-1）计算的应力，它随着外力的变化而变化。任何一种材料，在外力作用下所能承受的应力总有一定的限度，超过这一限度，杆件就要被破坏。把材料所能承受的应力限度称为材料的**极限应力**，材料的极限应力一般由试验确定，用 σ_u 表示。

在设计构件时，有很多情况难以估计，同时，构件在使用时还要留有必要的安全储备。因此，构件的工作应力必须小于极限应力。土木工程中，常将极限应力 σ_u 除以一个大于 1 的安全系数 n 作为构件正常工作时所允许承受的最大应力，称为**许用应力**，

用［σ］表示，即［σ］$=\dfrac{\sigma_u}{n}$。安全系数 n 由国家的有关规定来确定。

2. 轴向拉（压）杆的强度条件及强度计算

为确保轴向拉（压）杆安全可靠地工作，不致因强度不足而破坏，要求杆横截面上的最大工作应力不得超过材料的许用应力，即：

$$\sigma=\frac{F_N}{A}\leqslant[\sigma] \tag{3-2}$$

式中，σ——杆件横截面上的正应力；

F_N——杆件横截面上的轴力；

A——杆件横截面面积；

［σ］——杆件材料的许用应力。

这就是轴向拉（压）杆的强度条件。

运用上述强度条件时，工作应力应取杆内最大的工作应力。对于受到几个轴向外力作用的等截面直杆，要选择轴力最大的截面进行计算；在变截面杆中，要对不同截面计算应力，并选择应力最大的截面进行强度计算。总之，要使杆件内可能产生的应力最大的截面满足强度条件。

最大工作应力所在的截面称为**危险截面**。杆件的破坏往往是从危险截面开始的。利用强度条件可以解决实际工程中有关构件强度的三类问题。

（1）强度校核

已知荷载大小、材料的许用应力和杆件的截面尺寸，即已知 F_N、［σ］、A，则可由强度条件判断杆件是否满足强度要求。由式（3–1）计算出工作应力 σ，若 $\sigma\leqslant$［σ］，则杆件满足强度要求，否则说明杆件的强度不满足要求。

（2）截面设计

已知荷载、材料的许用应力，即已知 F_N、［σ］，则可由式（3–2）计算出最小截面面积后，再根据实际情况确定截面形状和尺寸。

（3）确定许用荷载

已知杆件的截面面积和材料许用应力，即已知 A、［σ］，可由式（3–2）求得构件所能承受的最大轴力为：

$$[F_N]\leqslant A[\sigma]$$

再根据静力平衡条件确定许用荷载［F］、［q］。

【例 3–4】 一直杆受力情况如图 3–16a 所示。直杆的横截面面积 A=10 cm^2，材料的许用应力［σ］=160 MPa，试校核杆的强度。

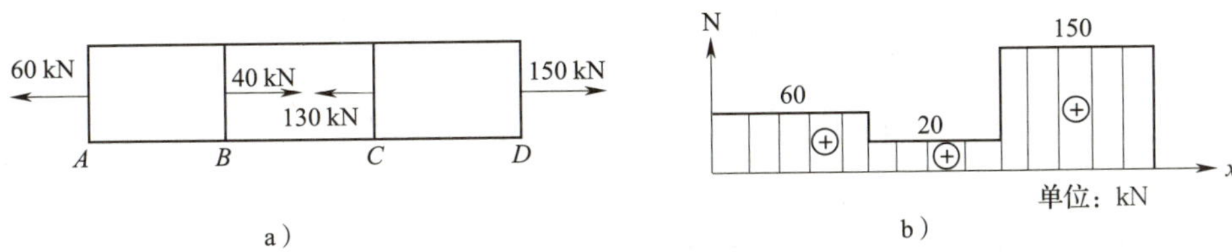

图 3–16　例 3–4 图

a）受力图　b）轴力图

解:

（1）首先绘出直杆的轴力图，如图 3-16b 所示。

（2）校核强度，由于是等直杆，产生最大内力的 *CD* 段的截面是危险截面，由强度条件得：

$$\sigma_{max}=\frac{F_N}{A}=\frac{150\times10^3}{10\times10^2}=150\ \text{MPa}<[\sigma]=160\ \text{MPa}$$

所以，满足强度条件。

【例 3-5】 如图 3-17a 所示，一台起重机用钢索匀速向上吊装 W=100 kN 的重物，钢索的许用应力 [σ] =170 MPa，求钢索直径为多少时既安全又经济？

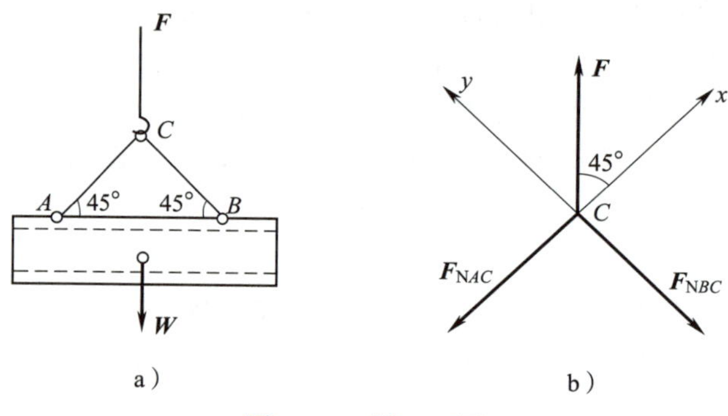

图 3-17　例 3-5 图

a）结构　b）结点 *C* 的受力图

解:

（1）求钢索 *AC*、*BC* 的轴力。取结点 *C* 为研究对象，钢索 *AC*、*BC* 的轴力分别用 F_{NAC}、F_{NBC} 表示，画出受力图并建立坐标系，如图 3-17b 所示。由整体平衡可知，$F=W$=100 kN。根据平面汇交力系的平衡条件计算如下。

由 $\sum F_x=0$ 得：

$$-F_{NAC}+F\cos45°=0$$

$$F_{NAC}=F\cos45°=100\times\frac{\sqrt{2}}{2}=70.7\ \text{kN}\ （拉）$$

由 $\sum F_y=0$ 得：

$$-F_{NBC}+F\sin45°=0$$

$$F_{NBC}=F\sin45°=100\times\frac{\sqrt{2}}{2}=70.7\ \text{kN}\ （拉）$$

（或由对称可知：$F_{NBC}=F_{NAC}$=70.7 kN）

（2）求钢索的直径。由强度条件 $\sigma=\frac{F_N}{A}\leqslant[\sigma]$ 得：

$$\sigma=\frac{F_N}{A}=\frac{F_N}{\frac{\pi d^2}{4}}=\frac{4F_N}{\pi d^2}\leqslant[\sigma]$$

$$d\geqslant\sqrt{\frac{4F_N}{\pi[\sigma]}}=\sqrt{\frac{4\times70.7\times10^3}{3.14\times170}}=23.02\ \text{mm}$$

取 d=24 mm。

※【例 3-6】 如图 3-18a 所示的铰接支架中，杆 AC 为圆形钢杆，直径 d=10 mm，许用应力［σ］=160 MPa，横梁 BC 受均匀分布荷载 q 作用。试根据正应力强度条件确定许用荷载［q］的值。

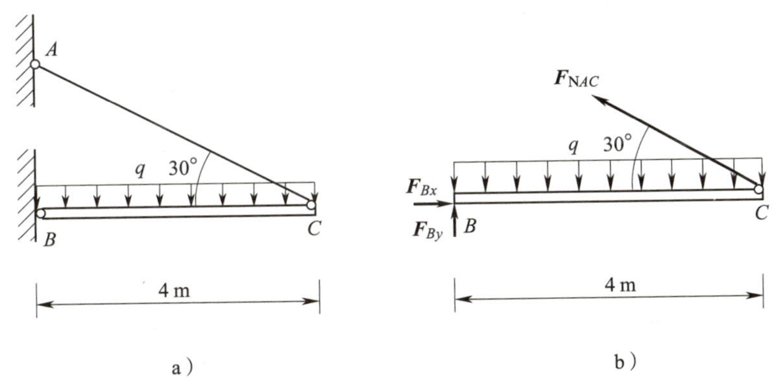

图 3-18　例 3-6 图

a）结构　b）BC 杆受力图

解：

（1）计算杆 AC 的轴力 F_{NAC}。取横梁 BC 为研究对象，其受力图如图 3-18b 所示，根据平面一般力系平衡方程计算如下。

由 $\sum M_B=0$ 得：

$$F_{NAC}\times4\times\sin30°-q\times4\times2=0$$

$$F_{NAC}=q\times4$$

（2）计算许用荷载［q］，由强度条件 $\sigma_{AC}\leqslant[\sigma]$ 得：

$$\sigma_{AC}=\frac{F_{NAC}}{A}=\frac{q\times4}{\frac{\pi d^2}{4}}=\frac{q\times16}{\pi d^2}\leqslant[\sigma]$$

$$q\leqslant\frac{\pi d^2[\sigma]}{16}=\frac{3.14\times10^2\times160}{16\times10^3}=3.14\ \text{N/mm}=3.14\ \text{kN/m}$$

取［q］=3.14 kN/m。

五、轴向拉（压）杆的变形

1. 弹性变形与塑性变形

杆件在外力作用下发生变形，撤除外力后，杆件的变形能完全消失，则称为**弹性变形**。用手拉弹簧，当拉力在一定范围之内时，放松弹簧，弹簧可恢复原来的形状，此变形为弹性变形。如当外力撤除后不能恢复到原来的形状，留有残余的变形，此残留下来的变形称为**塑性变形**。如手拉橡皮筋后放松时，发现橡皮筋被拉长了，这部分拉长不能恢复的变形就是塑性变形。

由图 3–10 可知，杆件在轴向拉力作用下产生伸长变形，设杆件原长 l，变形后长度为 l_1，则沿纵向的变形（习惯上称为纵向变形）Δl 为：

$$\Delta l=l_1-l$$

规定：伸长时取正，压缩时取负，其单位为 m 或 mm。

杆件的纵向变形量 Δl 只能表示杆件的总变形，不能说明杆件的变形程度，故用单位长度的变形量来描述杆件变形的程度，单位长度的变形称为**线应变**，用 ε 表示为：

$$\varepsilon=\frac{\Delta l}{l}$$

规定：拉伸时 ε 为正，反之为负，线应变无量纲。

轴向拉（压）杆在产生纵向变形的同时，横向也会产生变形 ε'。杆件伸长时，横向尺寸减小，ε' 为负值；杆件压缩时，横向尺寸增大，ε' 为正值。因此，轴向拉（压）杆的纵向线应变 ε 的符号与横向线应变 ε' 的符号总是相反的。

2. 胡克定律

试验表明，在弹性范围内，杆件的纵向变形与杆件所受的轴力及杆件长度成正比，与杆件的横截面面积成反比，这就是胡克定律。其表达式为：

$$\Delta l=\frac{F_N l}{EA} \tag{3–3}$$

若将 $\sigma=\frac{F_N}{A}$ 和 $\varepsilon=\frac{\Delta l}{l}$ 代入式（3–3）可得：

$$\sigma=E\varepsilon \tag{3–4}$$

式（3–4）是胡克定律的另一种表达形式。它表明，在弹性受力范围内，应力与应变成正比。

式（3–3）与式（3–4）中，E 称为材料的弹性模量，与材料的性质有关，由试验测定，它反映了某种材料抵抗变形的能力，在国际单位制中常用单位为 GPa。

※3. 泊松比

杆件在受力过程中，其应力不超过某一极限值（或其变形不超过弹性范围）时，其横向线应变 ε' 与纵向线应变 ε 之间存在一定的比例关系，即：

$$\varepsilon'=-\mu\varepsilon \tag{3–5}$$

式中，比例系数 μ 称为横向变形系数或泊松比、泊松系数，其值因材料而异，由试验确定。

弹性模量 E 和泊松比 μ 都是材料的弹性常数，其中泊松比 μ 是无量纲的量。几种常用工程材料的弹性模量和泊松比见表 3–1。

表 3–1　几种常用工程材料的弹性模量和泊松比

弹性常数	钢	铸铁	铝合金	铜	混凝土	木材（顺纹）	木材（横纹）
E/GPa	200 ~ 220	80 ~ 160	70 ~ 72	100 ~ 120	15 ~ 36	8 ~ 12	0.4 ~ 1
μ	0.24 ~ 0.30	0.23 ~ 0.27	0.26 ~ 0.33	0.33 ~ 0.35	0.16 ~ 0.18	—	—

【例 3–7】 如图 3–19 所示为一圆形变截面钢杆。各段受力大小及方向如图所示，各段横截面面积分别为 A_{AB}=250 mm²，A_{BC}=200 mm²，A_{CD}=150 mm²，各段长度分别为 L_{AB}=1 m，L_{BC}=1.5 m，L_{CD}=2 m，钢的弹性模量 E=200 GPa，试求该杆的总变形。

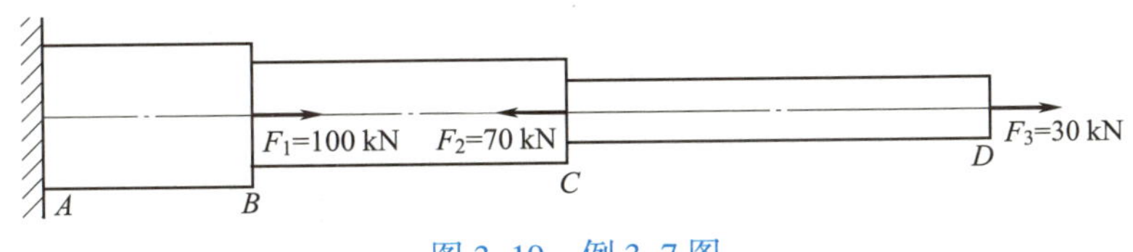

图 3–19　例 3–7 图

解:

杆 AB、BC 和 CD 各段横截面面积和轴力不同，应分别求出各段变形，然后求其总和。

（1）求轴力。根据计算轴力的方法得：

$$F_{NAB}=30-70+100=60\ \text{kN}\ （拉）$$

$$F_{NBC}=30-70=-40\ \text{kN}\ （压）$$

$$F_{NCD}=30\ \text{kN}\ （拉）$$

（2）求变形。

$$\Delta L_{AB}=\frac{F_N L_{AB}}{EA}=\frac{60\times 1\,000\times 1\,000}{200\times 1\,000\times 250}=1.2\ \text{mm}$$

$$\Delta L_{BC}=\frac{F_N L_{BC}}{EA}=\frac{-40\times 1\,000\times 1.5\times 1\,000}{200\times 1\,000\times 200}=-1.5\ \text{mm}$$

$$\Delta L_{CD}=\frac{F_N L_{CD}}{EA}=\frac{30\times 1\,000\times 2\times 1\,000}{200\times 1\,000\times 150}=2\ \text{mm}$$

$$\Delta L=\Delta L_{AB}+\Delta L_{BC}+\Delta L_{CD}=1.2-1.5+2=1.7\ \text{mm}$$

第三节 压杆稳定

一、压杆稳定的概念

压杆稳定问题在工程中很常见。所谓压杆稳定，就是指受压杆件保持其平衡状态的稳定性。为了说明压杆的失稳现象，可以做一个简单的试验。

如图 3–20 所示，取两根横截面面积相同而长度不同的直木条，横截面面积 $A=5\times30=150$（mm^2），两根木条的长度分别为 20 mm 和 1 000 mm。材料的压缩强度极限 σ=40 MPa，沿木条的轴向施加压力 $\boldsymbol{F}$。由试验可知，长度为 20 mm 的短木条，将其压坏所需压力 $F=\sigma A=40\times150=6\ 000$ N，如图 3–20a 所示，且在破坏前基本保持直线形状；但长度为 1 000 mm 的长木条在作用压力 F=30.8 N 时就产生了明显的弯曲，如图 3–20b 所示，若再增大压力，则杆件的弯曲变形会突然加大而发生折断，如图 3–20c 所示。

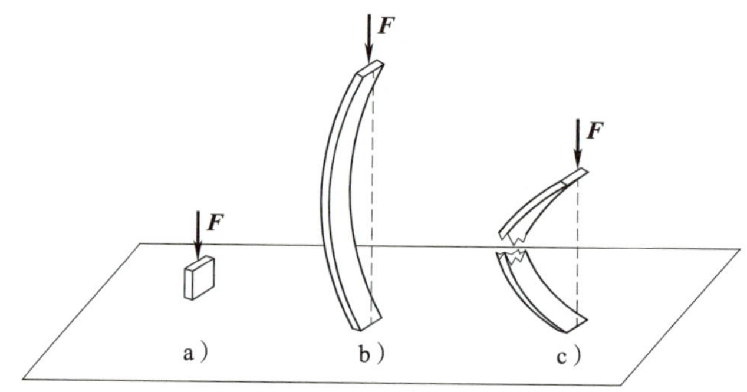

图 3–20　压杆的失稳现象

上述试验表明，受压细长直杆较之相同截面的短杆更容易被破坏，这种破坏也称为丧失工作能力，其原因不是强度不够，而是其轴线不能维持原有直线形状的平衡所致。这种在一定轴向压力作用下，细长直杆突然丧失其原有直线平衡状态的现象称为压杆丧失稳定性，简称**失稳**。同时可知，越是细长的压杆越容易失稳。

二、压杆平衡状态的三种情况

1. 如图 3–21a 所示，一等截面中心受压直杆，当压力 $\boldsymbol{F}$ 不太大时（小于某种界限值 $\boldsymbol{F}_{cr}$），对压杆施加一横向干扰力使其产生微弯，撤去横向干扰力后，压杆恢复到原来的直线状态，此时压杆的直线状态的平衡是稳定的，称为**稳定平衡状态**。

2. 如图 3–21b 所示，当压力 $\boldsymbol{F}$ 增大到某一界限值 $\boldsymbol{F}_{cr}$ 时，再对压杆施加一个横向干扰力使其产生微弯，撤去干扰力后，压杆维持干扰后的微弯曲状态不变，不再回到原来的直线位置，在新的微弯曲状态下维持新的平衡。此时压杆是**临界平衡状态**，从稳定平衡过渡到不稳定平衡的界限点。此时的轴向压力 $\boldsymbol{F}_{cr}$，称为**临界力**。

3. 如图 3–21c 所示，当压力 F 超过临界力 F_{cr} 时，压杆不能回到原来的直线位置，只能在一定弯曲变形下平衡，甚至折断，此时称压杆的原有直线状态的平衡是**不稳定平衡**。

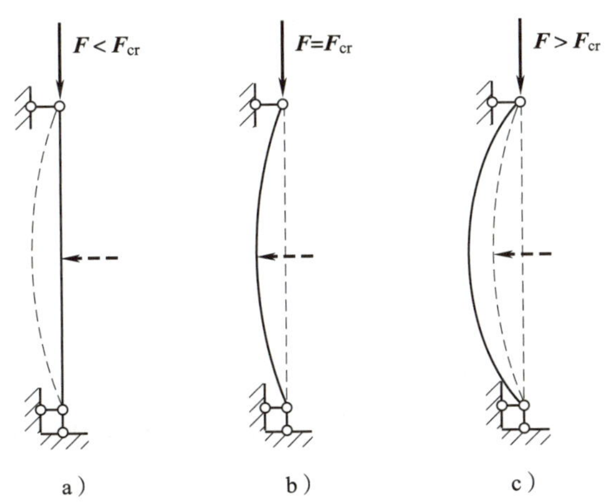

图 3–21　压杆平衡状态的三种情况

a）压杆稳定平衡状态　b）压杆临界平衡状态　c）压杆不稳定平衡状态

※ 三、压杆临界力

理论分析和试验证明，压杆临界力 F_{cr} 的大小不仅与压杆的长度、材料、截面面积有关，还与压杆端部的约束情况及截面形状有关。当材料处于弹性阶段时，细长压杆的临界力与其影响因素之间存在如下关系：

$$F_{cr}=\frac{\pi^2 EI}{(\mu l)^2} \tag{3-6}$$

式中，E——材料的弹性模量；

I——横截面惯性矩；

l——压杆的长度；

μ——与压杆两端支承有关的长度系数。

式（3–6）由学者欧拉（Euler）于 1744 年提出，故称为压杆临界力的**欧拉公式**。式中，EI 称为压杆的**抗弯刚度**，μl 称为压杆的**计算长度**。μ 的大小与压杆端部的约束有关，反映了杆件两端支承对临界力的影响。表 3–2 给出了四种常见杆端支承压杆的长度系数和计算长度。

表 3–2　四种常见杆端支承压杆的长度系数和计算长度

支承情况	两端铰支	一端固定 一端铰支	两端固定	一端固定 一端自由
μ 值	1.0	0.7	0.5	2

续表

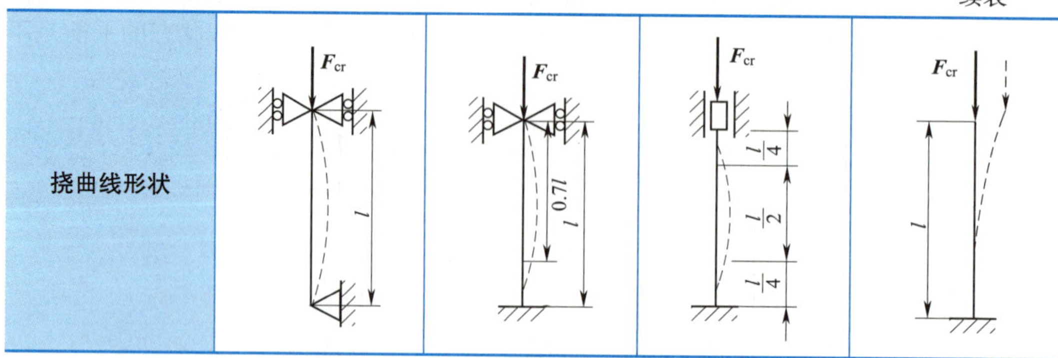

【例 3-8】 如图 3-22 所示，一端固定，另一端自由的细长压杆，其杆长 l=2 m，截面形状为矩形，b=20 mm、h=45 mm，惯性矩 $I_y=3\times10^4$ mm，$I_z=15.19\times10^4$ mm，材料的弹性模量 E=200 GPa。试计算该压杆的临界力。

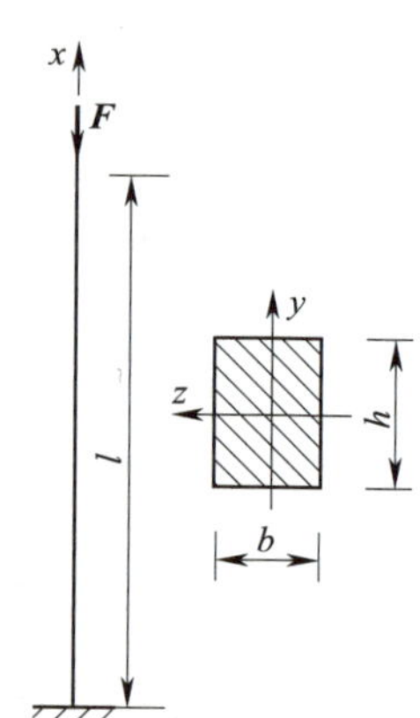

图 3-22　例 3-8 图

解:

（1）计算截面的最小惯性矩。由前述可知，该压杆必在弯曲刚度最小的 xy 平面内沿 y 轴方向失稳，故欧拉公式中的惯性矩应以最小惯性矩代入，即：

$$I_{min}=I_y=3\times10^4\ \text{mm}$$

（2）计算临界力。查表 3-2 得 μ=2，因此临界力为：

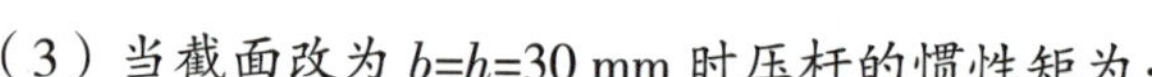

$$F_{cr}=\frac{\pi^2EI}{(\mu l)^2}=\frac{\pi^2\times200\times10^3\times3\times10^4}{(2\times2\times10^3)^2}=3\ 701\ \text{N}=3.70\ \text{kN}$$

（3）当截面改为 $b=h$=30 mm 时压杆的惯性矩为：

$$I_z=I_y=6.75\times10^4\ \text{mm}$$

代入欧拉公式，可得：

$$F_{cr}=\frac{\pi^2EI}{(\mu l)^2}=\frac{\pi^2\times200\times10^3\times6.75\times10^4}{(2\times2\times10^3)^2}=8\ 330\ \text{N}=8.33\ \text{kN}$$

从以上两种情况分析，其横截面面积相等，支承条件也相同，但是，计算得到的临界力后者大于前者。可见在材料用量相同的条件下，选择恰当的截面形式可以提高细长压杆的临界力。

※ 四、临界应力

压杆在临界力的作用下，处于从稳定平衡过渡到不稳定平衡的临界状态，假定此时压杆暂时保持直线状态，则其横截面上的平均正压力称为**临界应力**。若用 σ_{cr} 表示临界应力，用 A 表示压杆的横截面面积，则：

$$\sigma_{cr}=\frac{F_{cr}}{A}$$

将式（3–6）代入上式，得：

$$\sigma_{cr}=\frac{\pi^2 EI}{(\mu l)^2 A}$$

令 $i=\sqrt{\frac{I}{A}}$

式中，i——压杆横截面的惯性半径。

于是临界应力可写为：

$$\sigma_{cr}=\frac{\pi^2 E\cdot i^2}{(\mu l)^2}=\frac{\pi^2 E}{\left(\frac{\mu l}{i}\right)^2}$$

令 $\lambda=\frac{\mu l}{i}$，则：

$$\sigma_{cr}=\frac{\pi^2 E}{\lambda^2} \tag{3–7}$$

上式为计算压杆临界应力的欧拉公式，式中 λ 称为压杆的**柔度**（或称长细比）。柔度 λ 是一个无量纲的量，其大小与压杆的长度系数 μ、杆长 l 及惯性半径 i 有关。因为压杆的长度系数 μ 决定于压杆的支承情况，惯性半径 i 决定于截面的形状与尺寸，所以，柔度 λ 综合地反映了压杆的长度、截面的形状与尺寸以及支承情况对临界力的影响。从式（3–7）还可以看出，压杆的柔度值越大，则其临界应力越小，压杆就越容易失稳。

五、提高压杆稳定性的措施

要提高压杆的稳定性，关键在于提高压杆的临界力或临界应力，而压杆的临界力和临界应力，与压杆的长度、横截面形状及大小、支承条件以及压杆所用材料等有关。因此，可以从以下几个方面考虑。

1. 合理选择材料

欧拉公式说明，压杆的临界应力与材料的弹性模量成正比。所以选择弹性模量较高的材料就可以提高压杆的临界应力，也就提高了其稳定性。

2. 选择合理的截面形状

增大截面的惯性矩可以增大截面的惯性半径，降低压杆的柔度，从而可以提高压杆的稳定性。在压杆的横截面面积相同的条件下，应尽可能使材料远离截面形心轴，以取得较大的轴惯性矩，从这个角度出发，空心截面要比实心截面合理，如图 3–23 所示。在工程实际中，若压杆的截面是用两根槽钢组成的，则应采用如图 3–24 所示的布置方式，可以取得较大的惯性矩或惯性半径。

另外，由于压杆总是在柔度较大（临界力较小）的纵向平面内首先失稳，所以应注意尽可能使压杆在各个纵向平面内的柔度都相同，以充分发挥压杆的稳定承载力。

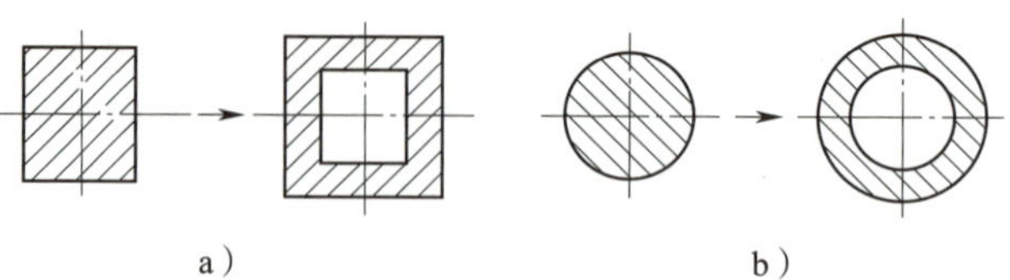

图 3-23　空心截面和实心截面

3. 改善约束条件、减小压杆长度

根据欧拉公式可知，压杆的临界力与其计算长度的平方成反比，而压杆的计算长度又与其约束条件有关。因此，改善约束条件，可以减小压杆的长度系数和计算长度，从而增大临界力。在相同条件下，从表 3-2 可知，自由支座最不利，铰支座次之，固定支座最有利。

减小压杆长度的另一方法是在压杆的中间增加支承，把一根变为两根甚至几根。

此外，在实际工程中，在可能的情况下可从结构方面采取相应的措施。例如，图 3-25a 中的托架在不影响结构使用的条件下，把结构改换成图 3-25b 所示结构，则杆 *AB* 由受压杆变为受拉杆，从而避免了压杆失稳的问题。

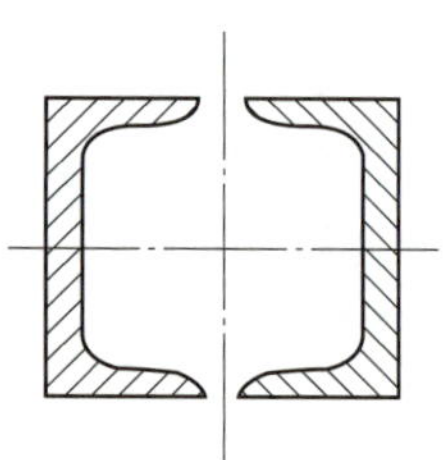
图 3-24　两根槽钢组成的压杆截面

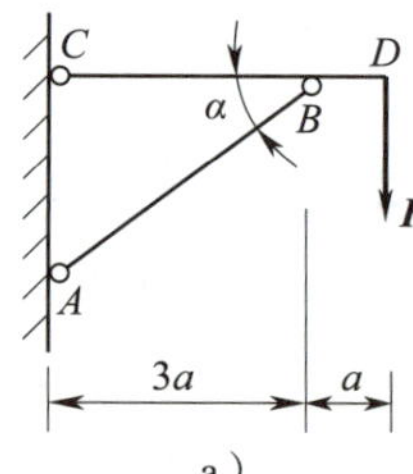

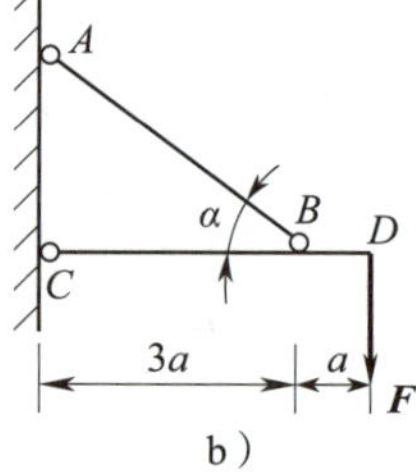

图 3-25　托架

第四节　梁的弯曲

一、弯曲变形和梁的类型

1. 弯曲变形

杆件受到与杆件轴线垂直的外力作用时，在这些外力作用下杆件轴线由直线变成曲线，这种变形称为弯曲变形，如图 3-26 所示。凡是以弯曲变形为主的杆件通常称为梁。

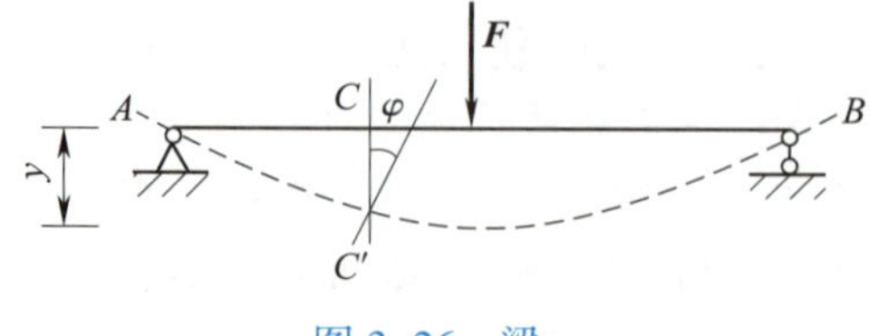

图 3-26　梁

梁是土木工程中应用极为广泛的一种构件，它占有特别重要的地位。如图 3–27 所示建筑中的楼板梁、图 3–28 所示的桥梁、图 3–29 所示的吊车梁和图 3–30 所示的阳台挑梁等都属于梁。

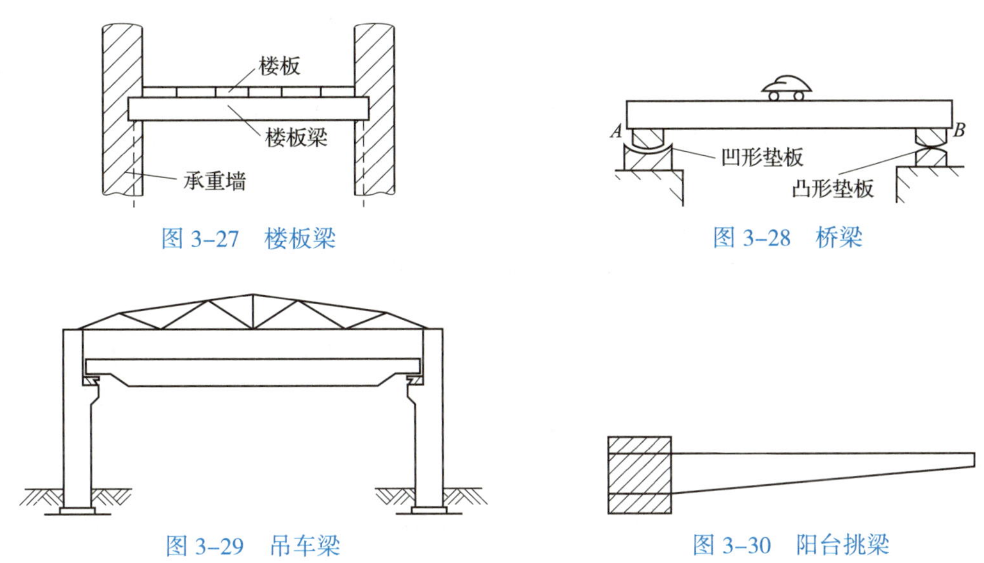

图 3–27　楼板梁

图 3–28　桥梁

图 3–29　吊车梁

图 3–30　阳台挑梁

2. 梁的类型

梁是土木工程中最常见的受弯构件之一。轴线是直线的梁称为直梁。工程中的结构很复杂，完全根据实际结构进行计算很困难，有时甚至不可能。工程中常将实际结构进行简化，用简化的图形来替代实际结构，这种图形称为**计算简图**。根据支座的约束情况，工程中常见的静定简单梁有简支梁、外伸梁和悬臂梁三种形式。

（1）简支梁

一端是固定铰支座，另一端是可动铰支座的梁称为简支梁，如图 3–31a 所示。

（2）外伸梁

外伸梁的支座同简支梁，但梁的一端或两端伸出支座之外，如图 3–31b 所示。

（3）悬臂梁

一端是固定端、另一端是自由端的梁称为悬臂梁，如图 3–31c 所示。

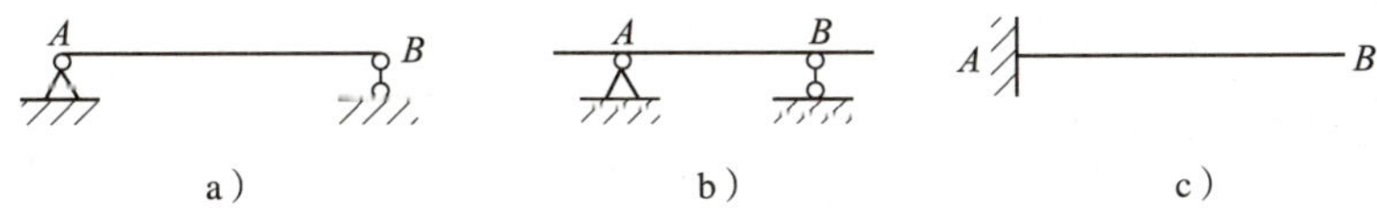

图 3–31　静定简单梁的三种形式

a）简支梁　b）外伸梁　c）悬臂梁

二、梁的内力

在求出梁的支座反力后，为了计算梁的应力，从而对梁进行强度计算，需要首先研究梁的内力。

1. 梁的内力——剪力和弯矩

研究梁内力的方法仍然是截面法。如图 3–32a 所示，用“假想截面”将该梁从要求内力的位置 1–1 处切开，使梁分成左、右两部分，由于梁原来处于平衡状态，所以被切开后的左、右两段梁也处于平衡状态。可任取一段作为研究对象。现取梁的左段为研究对象，在左段梁上有向上的支座反力 $\boldsymbol{F}_{Ay}$，$\boldsymbol{F}_{Ay}$ 有使梁段向上移动的可能，为了维持平衡，在 1–1 截面处必存在与 $\boldsymbol{F}_{Ay}$ 等值反向的力 $\boldsymbol{F}_{Q}$，同时 $\boldsymbol{F}_{Ay}$ 对 1–1 截面形心有一个顺时针方向的力矩 $\boldsymbol{F}_{Ay}\cdot x$。为了保证该段梁不发生转动，在 1–1 截面处必存在一个与 $\boldsymbol{F}_{Ay}\cdot x$ 等值且转向相反的内力偶矩 M。可见，在 1–1 截面处必然有两种内力，其一是与横截面相切的内力 $\boldsymbol{F}_{Q}$，称为剪力；其二是在纵向对称平面内的内力偶矩 M，称为弯矩。1–1 截面处剪力、弯矩可由左段梁的平衡条件求得。

2. 剪力和弯矩的正负

用截面法将梁假想截成两段后，在截开的截面上，梁的左段和右段的内力是作用力与反作用力关系，如图 3–32b 和图 3–32c 所示，它们总是大小相等、方向相反。但是对任一截面而言，不论研究左段还是右段，截面上的内力的正负号应该相同。

（1）剪力的正负号

截面上的剪力 $\boldsymbol{F}_{Q}$ 使所研究的分离体有顺时针方向转动趋势时规定为正号，是正剪力，如图 3–33a 所示；反之规定为负号，是负剪力，如图 3–33b 所示。

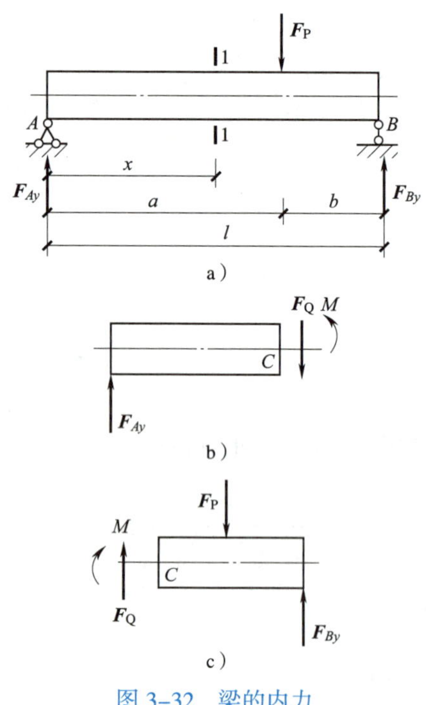

图 3–32 梁的内力

a）梁 b）1–1 截面左侧受力图
c）1–1 截面右侧受力图

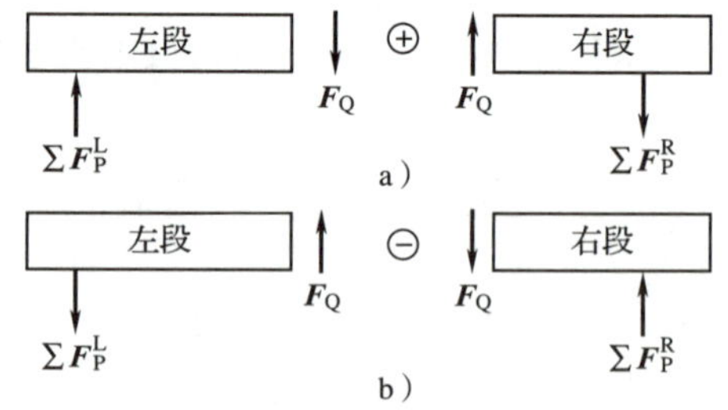

图 3–33 剪力的正负

a）正剪力 b）负剪力

（2）弯矩的正负号

截面上的弯矩使所研究的分离体产生向下凸变形（下部受拉、上部受压）时规定

为正号，是正弯矩，如图 3–34a 所示；产生向上凸变形（上部受拉、下部受压）时规定为负号，是负弯矩，如图 3–34b 所示。

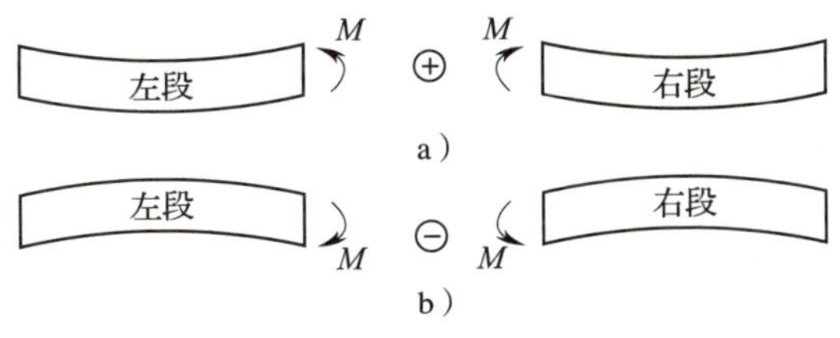

图 3–34　弯矩的正负

a）正弯矩　b）负弯矩

3. 用截面法计算梁指定截面的内力

计算方法如下：

（1）计算支座力。

（2）用“假想截面”将梁沿所要求内力处的截面截开。

（3）取该截面左段或右段为研究对象，并画出受力图。

（4）利用平面一般力系的平衡方程计算所要求截面处的内力。

【例 3–9】 试计算如图 3–32a 所示简支梁 1–1 截面处的剪力与弯矩，已知 F_p=15 kN，a=4 m，b=2 m，x=3 m。

解：

（1）计算支座力。

由 $\sum M_B=0$ 得：

$$-F_{Ay}\times 6+F_p\times 2=0$$

$$F_{Ay}=5\ \text{kN}\ (\uparrow)$$

由 $\sum F_y=0$ 得：

$$F_{Ay}+F_{By}-15=0$$

$$F_{By}=10\ \text{kN}\ (\uparrow)$$

（2）计算 1–1 截面处的内力。用“假想截面”将梁沿 1–1 截面截开，取左段为研究对象，画受力图如图 3–32b 所示，由 $\sum F_y=0$ 得：

$$F_{Ay}-F_Q=0$$

$$F_Q=F_{Ay}=5\ \text{kN}$$

取 1–1 截面形心 C 为矩心，由 $\sum M_C=0$，得：

$$-F_{Ay}\times 3+M=0$$

$$M=F_{Ay}\times 3=5\times 3=15\ \text{kN}\cdot\text{m}$$

取右段为研究对象，如图 3–32c 所示，由 $\sum F_y=0$ 得：

$$F_Q-F_P+F_{By}=0$$

$$F_Q=F_P-F_{By}=15-10=5\ \text{kN}$$

取 1–1 截面形心 C 为矩心，由 $\sum M_C=0$ 得：

$$-M-F_P\times 1+F_{By}\times 3=0$$

$$M=-F_P\times1+F_{By}\times3=-15\times1+10\times3=15\ \text{kN}\cdot\text{m}$$

由上可知，选取左段或右段为研究对象，1–1 截面处的内力数值和正负均相同。

4. 剪力和弯矩计算的规律

从截面法计算剪力和弯矩的过程可知：通过建立坐标投影平衡方程和力矩平衡方程分别计算剪力和弯矩，过程烦琐。在掌握截面法计算内力的基础上，可直接利用外力计算内力，其计算规律如下。

（1）用外力直接求截面上剪力的规律

梁内任一截面上的剪力 $\boldsymbol{F}_Q$，在数值上等于该截面一侧（左侧或右侧）梁段上所有外力在平行于横截面方向投影的代数和（由 $\sum F_y=0$ 的平衡方程移项而来）。用公式可表示为：

$$F_Q=\sum F^L \quad 或 \quad F_Q=\sum F^R$$

剪力的正负号：当取所求剪力截面左段梁为研究对象求剪力时，所有向上的外力取正号，向下的外力取负号。当取梁右段为研究对象求剪力时，正好相反。即**“左上右下剪力为正”**。由于力偶在任何坐标轴上的投影都等于零，因此作用在梁上的力偶对剪力没有影响。

（2）用外力直接求截面上弯矩的规律

梁内任一截面上的弯矩等于该截面一侧（左侧或右侧）所有外力对该截面形心取力矩的代数和（由 $\sum M_C=0$ 的平衡方程移项而来）。用公式可表示为：

$$M=\sum M_C(\boldsymbol{F}^L) \quad 或 \quad M=\sum M_C(\boldsymbol{F}^R)$$

根据对弯矩正负号的规定可知，在左侧梁段上的外力（包括外力偶）对截面形心的力矩为顺时针时，在截面上产生正弯矩，为逆时针时在截面上产生负弯矩。在右侧梁段上的外力（包括外力偶）对截面形心的力矩为逆时针时，在截面上产生正弯矩，为顺时针时在截面上产生负弯矩。即**“左顺右逆正，反之负”**。

弯矩的正负号：当取所求弯矩截面左段梁为研究对象求弯矩时，所有外力对该截面形心求力矩时顺时针方向取正号，逆时针方向取负号。当取梁右段为研究对象求弯矩时，正好相反。即**“左顺右逆弯矩为正”**。

【例 3–10】 如图 3–35a 所示悬臂梁，已知 $q=3$ kN/m，$F=5$ kN，试计算距固定端 A 为 1 m 处横截面上的内力。

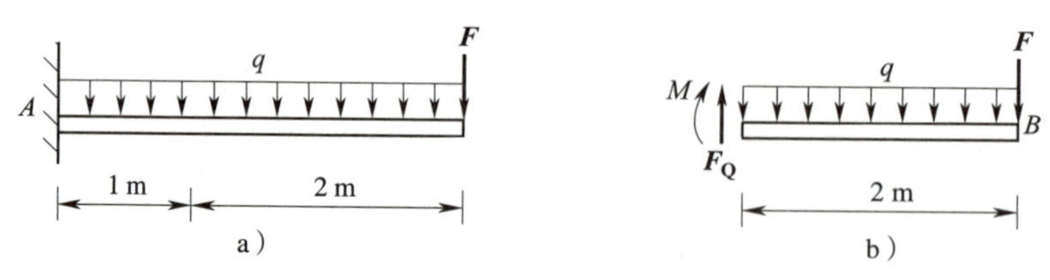

图 3–35 例 3–10 图

a）悬臂梁 b）受力图

解：

取所求内力所在截面右侧为研究对象，可省去求固定端 A 处的支座反力，利用计算剪力和弯矩的规律，可求得：

$$F_Q = q \times 2 + F = 3 \times 2 + 5 = 11 \text{ kN}$$
$$M = -q \times 2 \times 1 - F \times 2 = -3 \times 2 \times 1 - 5 \times 2 = -16 \text{ kN} \cdot \text{m}$$

三、梁的内力图——剪力图与弯矩图

1. 剪力图和弯矩图的概念

在土木工程中，直观表明剪力和弯矩沿梁轴线的变化情况，明确剪力和弯矩的最大值及其所在横截面的位置，有助于施工人员理解图纸的设计意图，从而采取正确的施工方法。用平行于梁轴的横坐标表示梁横截面的位置，用垂直于梁轴的纵坐标表示相应横截面上的剪力或弯矩，按一定比例绘制出来，这种形象地表示剪力和弯矩沿梁轴线变化情况的图形，分别称为**剪力图和弯矩图**，即梁的**内力图**。

在绘制梁的内力图时，正剪力画在横坐标轴的上方，负剪力画在横坐标轴的下方（画剪力图时要求标出正负号），弯矩图画在受拉侧（正弯矩画在横坐标轴的下方，负弯矩画在横坐标轴的上方，由于弯矩图画在梁的受拉侧，故弯矩图的正负号不必标出）。将弯矩图画在梁轴线受拉侧的目的之一，是便于判别钢筋混凝土梁中受拉钢筋的配置位置，即钢筋混凝土梁中受力钢筋基本上配置在梁的受拉一侧。

2. 梁内力图的规律

（1）简支梁在简单荷载作用下的内力图

绘制梁的内力图的基本方法是：先建立剪力方程和弯矩方程，再根据剪力和弯矩的函数关系，采用描点法得到相应的剪力图和弯矩图。表 3–3 是应用这种方法绘制出的简支梁在简单荷载作用下的内力图。

表 3–3　　简支梁在简单荷载作用下的内力图

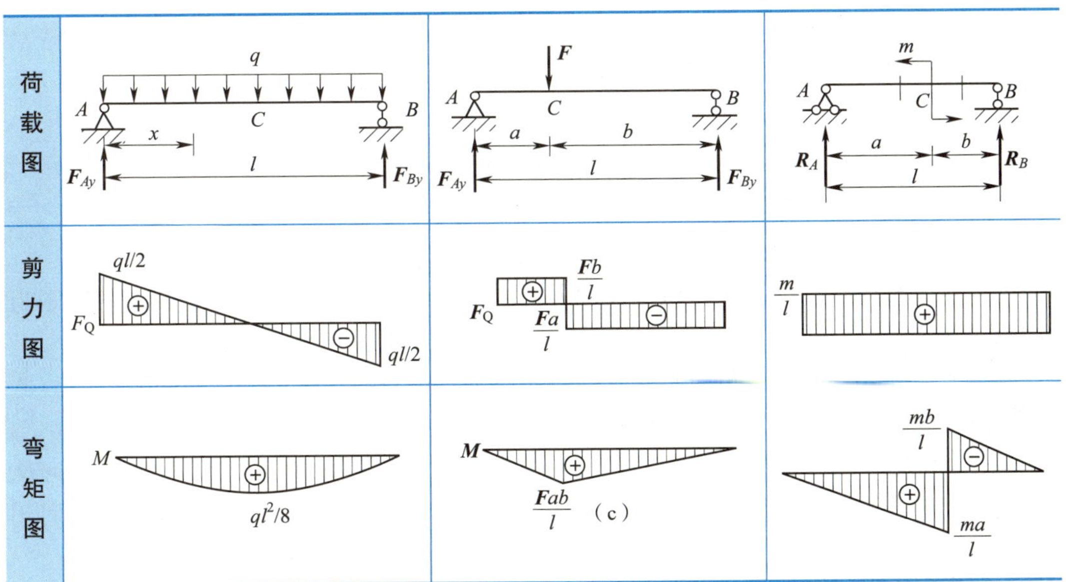

（2）直梁在各种荷载作用下内力图的特征

直梁在各种荷载作用下内力图的特征见表 3–4。

表 3–4　　直梁在各种荷载作用下内力图的特征

梁上荷载情况	剪力图	弯矩图
无荷载分布 $q(x)=0$	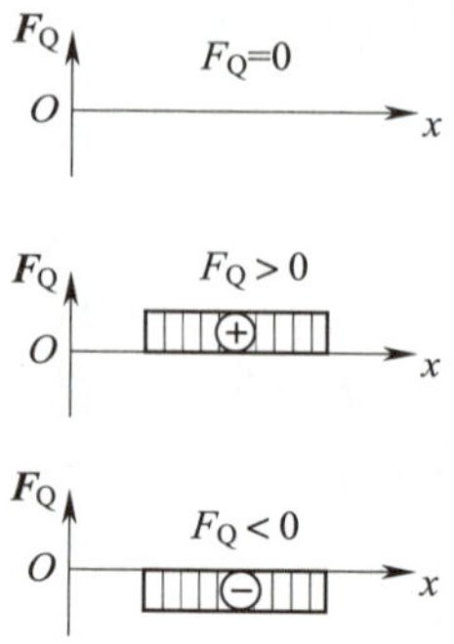 F_Q O x $F_Q=0$ F_Q O x $F_Q>0$ ⊕ F_Q O x $F_Q<0$ ⊖	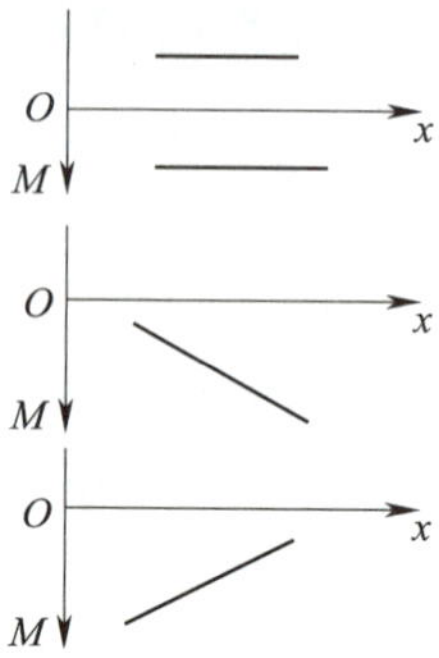 O x M O x M O x M
均布荷载向上 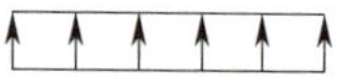	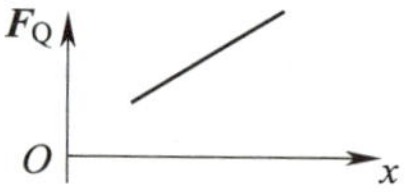 F_Q O x	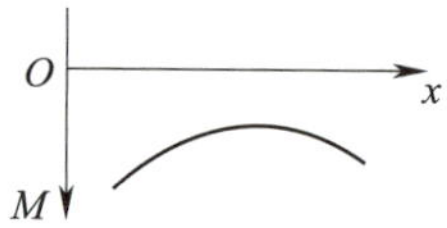 O x M
均布荷载向下 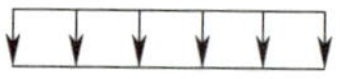	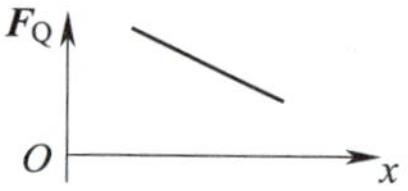 F_Q O x	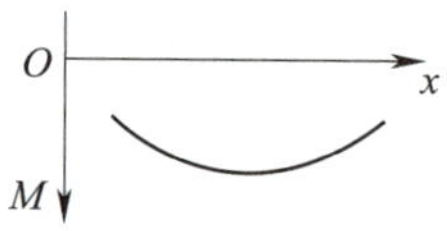 O x M
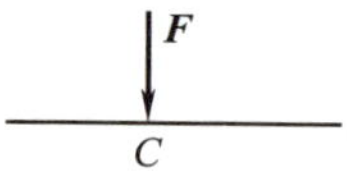 F C	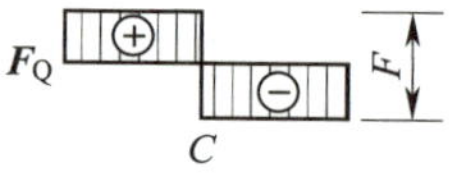 F_Q ⊕ ⊖ C F	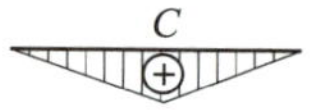 C ⊕
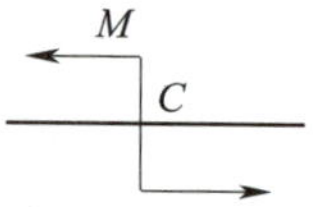 M C	C 截面剪力无变化	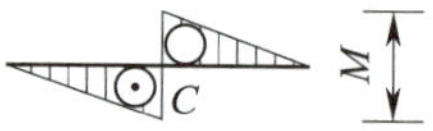 C M
剪力为零的截面，弯矩有极值		

综合分析表 3–3 及表 3–4 的关系，可以归纳总结出梁内力图的规律如下：

1）在均布荷载区段。均布荷载作用方向向下时，剪力图为下倾斜直线，弯矩图为向下凸的抛物线。

2）无荷载区段。剪力图为零线时，弯矩图为水平直线；剪力图为水平直线时，弯矩图为斜直线。

3）集中力作用处。剪力图突变，突变的绝对值等于集中力的大小，突变的方向从左到右画图时顺着集中力箭头方向突变；弯矩图折成尖角，尖角方向与集中力方向相同。

4）集中力偶作用处。剪力图无变化；弯矩图突变，突变的绝对值等于力偶矩的大小，突变的方向与力偶转向一致。

5）剪力为零的截面，弯矩有极值。

3. 梁内力图的绘制

梁内力图的绘制方法很多，下面主要介绍用规律法绘制梁内力图的步骤。

（1）求支座反力（悬臂梁可不求）。

（2）确定控制截面，将梁进行分段。即梁的起、止截面，均布荷载的起、止截面，集中力（包括中间的支座反力）及集中力偶作用截面作为梁的控制截面，相邻的两控制截面间为一段。

（3）分析各段梁内力图的大致形状。由各段梁上的荷载情况，根据表 3–4 确定其对应的剪力图和弯矩图的形状。

（4）求控制截面的剪力值、弯矩值（剪力图为水平线时，只需计算一个控制截面剪力值；剪力图、弯矩图为斜直线时，只需计算两个控制截面相应内力值；弯矩图为抛物线时，需计算三个控制截面弯矩值，即两端点和剪力为零点的弯矩值）。

（5）连线绘制剪力图和弯矩图。

（6）检查校对。

【例 3–11】 简支梁受集中力作用，如图 3–36a 所示，试画梁的剪力图和弯矩图。

解：

（1）计算支座反力。由梁整体平衡 $\sum M_A=0$ 和 $\sum M_B=0$ 得：

$$F_{Ay}=\frac{Fb}{l}$$

$$F_{By}=\frac{Fa}{l}$$

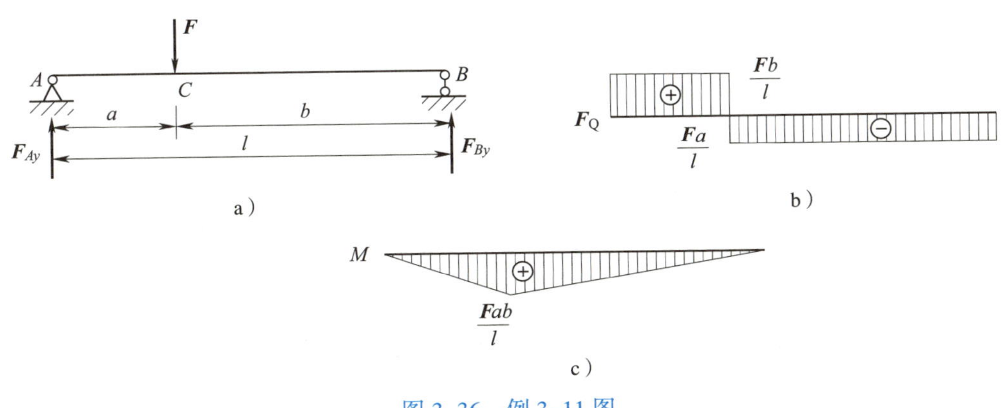

图 3–36　例 3–11 图

a）梁受力图　b）剪力图　c）弯矩图

（2）根据梁的受力情况控制截面有 A、C、B 三处，梁分为 AC、CB 两段。

（3）分析各段梁内力图的大致形状。因为两段梁上均无荷载，所以两段梁上的剪力图均为水平线，弯矩图均为斜直线。

（4）计算控制截面内力值。

AC 段：剪力为 $F_{QA右}=F_{Ay}=\dfrac{Fb}{l}$

弯矩为 $M_A=0$

$$M_{C左}=F_{Ay}a=\frac{Fab}{l}$$

CB 段：剪力为 $F_{QB左}=F_{By}=-\frac{Fa}{l}$

弯矩为 $M_B=0$

$$M_{C右}=F_{By}b=\frac{Fab}{l}$$

（5）根据各段剪力图、弯矩图大致形状及控制截面内力值画剪力图和弯矩图，如图 3–36b、c 所示。

【例 3–12】 一简支梁受力如图 3–37a 所示，已知 q=20 kN/m，l=2 m，试画梁的剪力图和弯矩图。

解：

（1）求支座反力。由平衡方程 $\sum M_B=0$ 和 $\sum M_A=0$ 得：

$$F_{Ay}=F_{By}=\frac{ql}{2}\quad（由对称性也可求得）$$

（2）根据梁上的受力情况控制截面有 *A*、*B* 两处，梁分为 *AB* 一段。

（3）分析各段剪力图大致形状，计算控制截面剪力，画剪力图。

AB 段：段内有向下的均布荷载，F_Q 图为右下斜直线，其控制截面的剪力为 $F_{QA右}=\frac{ql}{2}$

$$F_{QB左}=-\frac{ql}{2}$$

画出剪力图如图 3–37b 所示。

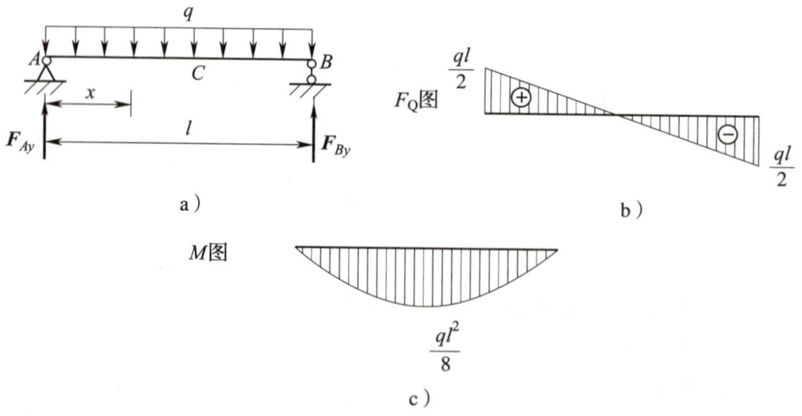

图 3–37 例 3–12 图

a）梁的荷载图 b）剪力图 c）弯矩图

（4）分析各段弯矩图大致形状，计算控制截面弯矩，画弯矩图。

AB 段：段内有向下均布荷载，*M* 图为下凸抛物线，确定该段三个截面处的弯矩值，就可确定抛物线的大致形状。

$$M_A=0$$

$$M_{AB中}=F_{Ay}\times\frac{1}{2}-q\times\frac{1}{2}\times\frac{1}{4}=\frac{ql^2}{8}$$

$$M_B=0$$

以上两例用规律法说明作内力图的过程。熟练掌握后，可以方便直接作图。

四、梁的正应力及其强度条件

1. 梁的正应力

（1）梁横截面上正应力分布

为了解正应力在横截面上的分布情况，可先观察梁的变形，取一弹性较好的矩形截面梁，在其表面画上一系列与轴线平行的纵向线及与轴线垂直的横向线，然后在梁的两端施加一对力偶矩为 *M* 的外力偶，使梁发生纯弯曲变形，如图 3-38 所示，这时可观察到下列现象：各横向线仍为直线，只倾斜了一个角度；各纵向线变成曲线，上部纵向线缩短，下部纵向线伸长。

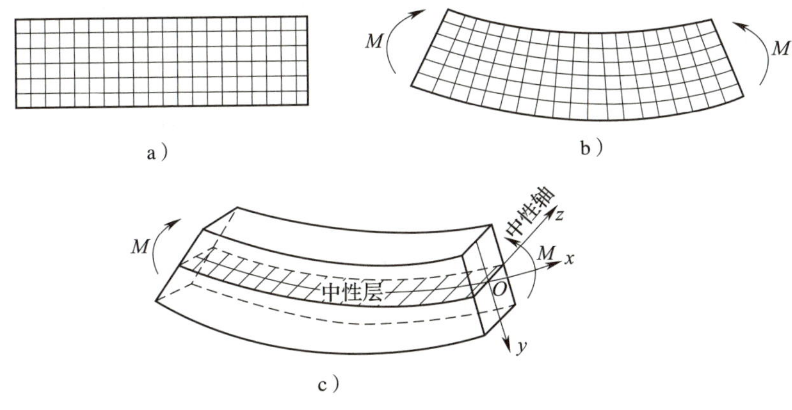

图 3-38 梁的纯弯曲变形

根据上面所观察到的现象，推测梁的内部变形，可作出如下的假设和推断：

1）平面假设。各横向线代表横截面，变形前后都是直线，表明横截面变形后仍保持平面，且仍垂直于弯曲后的梁轴线。

2）单向受力假设。将梁看成由无数纵向纤维组成，各纵向纤维只受到轴向拉伸或压缩，不存在相互挤压。

从上部各层纤维缩短到下部各层纤维伸长的连续变化中，必有一层纤维既不缩短也不伸长，这层纤维称为中性层，中性层与横截面的交线称为**中性轴**，如图 3-38c 所示。中性轴将梁横截面分为受压和受拉两个区域。由两个假设可知，正应力沿截面高度也是线性分布的，离中性轴距离相同的纤维变形相同，应力也相同。

正应力的分布规律是中性轴处正应力为零，上、下边缘处正应力最大，如图 3–39 所示。

（2）梁的最大正应力计算

梁横截面上最大正应力发生在梁横截面上、下边缘处，与弯矩成正比，与抗弯截面系数 W_z 成反比。梁内最大弯矩 M_{max} 所在的截面称为**危险截面**，该截面距中性轴上、下最远边缘处有最大的拉应力和最大的拉压力，最大的拉应力和拉压力所在的点称为**危险点**。梁的最大应力计算公式为：

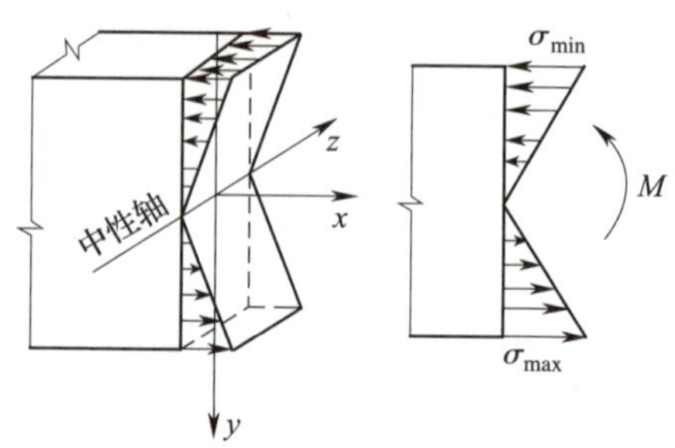

图 3–39　梁横截面上的正应力分布

$$\sigma_{max}=\frac{M_{max}}{W_z} \tag{3-8}$$

式中，W_z 为抗弯截面系数，它是衡量截面抗弯能力的一个几何量。如图 3–40 所示矩形截面的 $W_z=\frac{1}{6}bh^2$，圆形截面的 $W_z=\frac{\pi d^3}{32}$，而空心圆截面的抗弯截面系数则为 $W_z=\frac{\pi D^3}{32}(1-\alpha^4)$，式中 $\alpha=d/D$，代表内、外径的比值。抗弯截面系数的单位是 m^3 或 mm^3。在截面面积相同的情况下，截面的面积分布离中性轴（z 轴）越远，其抗弯截面系数 W_z 就越大，截面的抗弯能力就越好。

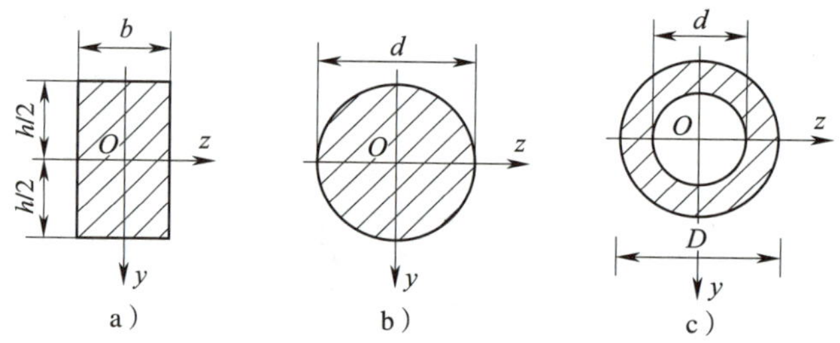

图 3–40　不同截面的抗弯截面系数

a）矩形截面　b）圆形截面　c）空心圆截面

【例 3–13】　如图 3–41a 所示，矩形截面简支梁受到均布荷载作用，已知截面尺寸 $b\times h$=200 mm × 400 mm，跨度 l=6 m，q=4 kN/m，试计算梁上的最大正应力。

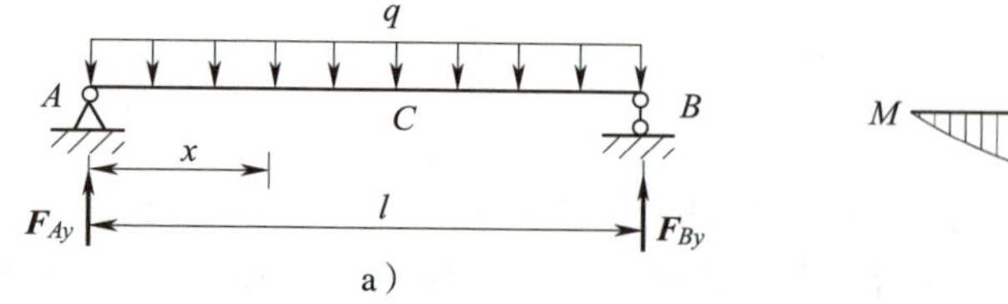

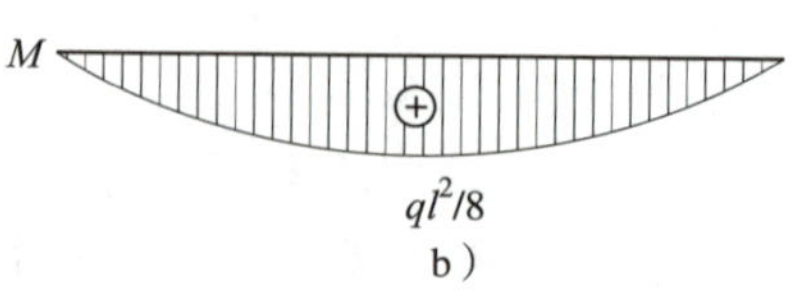

图 3–41　例 3–13 图

a）梁的受力图　b）弯矩图

分析：

计算最大正应力的思路为：

（1）绘制弯矩图，找出 M_{max}。

（2）按公式计算 W_z。

（3）按式（3–8）计算最大正应力。计算过程中，必须注意各量单位统一的问题（一般情况下，若 M_{max} 单位采用 N·mm，W_z 单位采用 mm^3，则 σ_{max} 单位采用 MPa）。

解：

（1）绘制 M 图（见图 3–41b）。M_{max} 发生在跨中截面，并有：

$$M_{max}=\frac{1}{8}ql^2=\frac{1}{8}\times 4\ \text{kN/m}\times(6\ \text{m})^2=18\ \text{kN}\cdot\text{m}$$

（2）计算 W_z。

$$W_z=\frac{1}{6}bh^2=\frac{1}{6}\times 200\ \text{mm}\times(400\ \text{mm})^2=5.33\times 10^6\ \text{mm}^3$$

（3）计算 σ_{max}。

$$\sigma_{max}=\frac{M_{max}}{W_z}=\frac{18\times 10^6\ \text{N}\cdot\text{mm}}{5.33\times 10^6\ \text{mm}}=3.38\ \text{MPa}$$

2. 梁的正应力强度条件

（1）正应力强度条件

为保证梁的安全工作，梁内的最大正应力不得超过材料的许用应力，这就是梁的强度条件。材料的抗拉、抗压能力相同时，正应力强度条件可表达为：

$$\sigma_{max}=\frac{M_{max}}{W_z}\leqslant[\sigma] \tag{3–9}$$

当材料的抗拉与抗压能力不同时，常将梁的截面做成上、下与中性轴不对称的截面。例如铸铁梁抗压强度高、抗拉强度低，常做成倒 T 形截面，如图 3–42a 所示，受拉区的面积较大以弥补材料的抗拉强度不足，受压区面积较小以充分发挥材料的抗压强度，其正应力分布规律如图 3–42b 所示，应同时满足抗拉和抗压强度条件的要求。

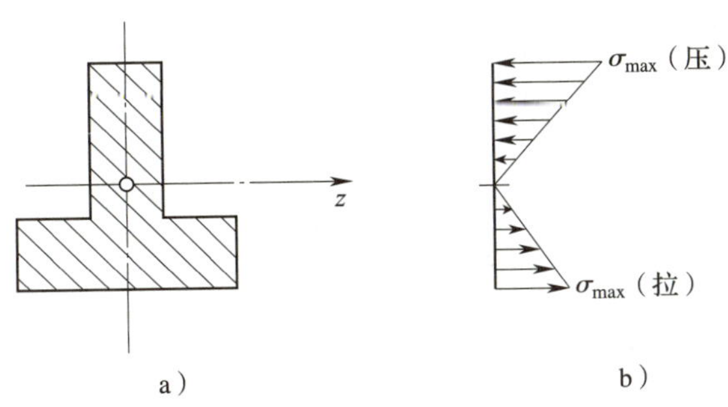

图 3–42　倒 T 形梁的正应力分布规律

a）倒 T 形梁　b）正应力分布规律

（2）正应力强度条件的应用

根据正应力强度条件可解决工程中有关强度方面的三类问题。

1）校核强度。已知梁的横截面形状和尺寸、材料及所受荷载，校核梁是否满足正应力强度条件。

$$\sigma_{max}=\frac{M_{max}}{W_z}\leqslant[\sigma]$$

2）设计截面。已知梁的荷载和所用材料，可根据强度条件，先计算出所需的最小抗弯截面系数，然后根据梁的截面形状，由 W_z 值确定截面的具体尺寸。

$$W_z\geqslant\frac{M_{max}}{[\sigma]}$$

3）确定许用荷载。已知梁的材料、横截面形状和尺寸，根据强度条件先算出梁所能承受的最大弯矩，即：

$$M_{max}\leqslant W_z\times[\sigma]$$

然后由 M_{max} 与荷载的关系，算出梁所能承受的最大荷载。

【例 3–14】 如图 3–43 所示，桥式起重机的大梁采用矩形截面钢梁制成。已知梁跨 l=12 m，当钢梁、电动葫芦及钢丝绳的自重均不计时，若该起重机的最大起重荷载 F=40 kN，矩形截面尺寸为 $b\times h$=120 mm × 240 mm，钢梁的许用应力［σ］=160 MPa，试校核大梁的强度。

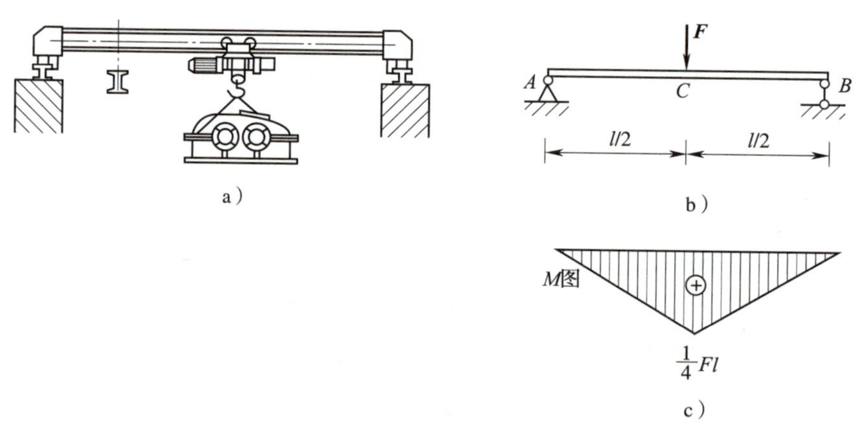

图 3–43 例 3–14 图

a）钢梁 b）计算简图 c）弯矩图

分析：根据题意可将钢梁简化为简支梁。当最大起重荷载 **F** 作用于简支梁跨中截面 C 处（见图 3–43b）时，梁的弯矩达到最大值。

解：

（1）绘制弯矩图（见图 3–43c）。

$$M_{max}=\frac{1}{4}Fl=\frac{1}{4}\times40\times12=120\ \text{kN}\cdot\text{m}$$

（2）计算 W_z。

$$W_z=\frac{1}{6}bh^2=\frac{1}{6}\times 120\ \text{mm}\times(240\ \text{mm})^2=1\ 152\times 10^3\ \text{mm}^3$$

（3）校核强度。

$$\sigma_{\max}=\frac{M_{\max}}{W_z}=\frac{120\times 10^6\ \text{N}\cdot\text{mm}}{1\ 152\times 10^3\ \text{mm}^3}=104.2\ \text{MPa}<[\sigma]$$

经校核该大梁满足强度要求。

3. 提高梁抗弯强度的措施

在梁的弯曲中，控制梁强度的主要因素是梁的最大正应力，梁的正应力强度条件 $\sigma_{\max}=\frac{M_{\max}}{W}\leqslant[\sigma]$ 为设计梁的主要依据，由这个条件可看出，对于一定长度的梁，在承受一定荷载的情况下，应设法适当地安排梁所受的力，使梁最大的弯矩绝对值降低，同时选用合理的截面形状和尺寸，使抗弯截面模量 W 值增大，以使设计出的梁满足节约材料和安全适用的要求。

（1）合理布置梁的受力情况

在工程实际容许的情况下，提高梁强度的重要措施是合理安排梁的支座和加荷方式。例如，图 3-44a 所示简支梁承受均布载荷 q 作用，如果将梁两端的铰支座各向内移动 0.2 l，如图 3-44b 所示，则后者的最大弯矩仅为前者的 1/5。

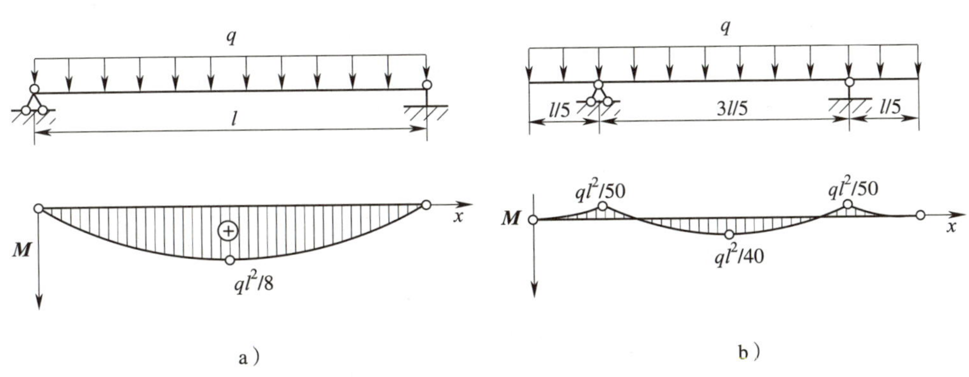

图 3-44　简支梁和外伸梁的弯矩图

a）简支梁及弯矩图　b）外伸梁及弯矩图

如图 3-45a 所示简支梁 AB，在跨度中点承受集中荷载 $\boldsymbol{F}_P$ 作用，如果在梁的中部设置一长为 $l/2$ 的辅助梁 CD，如图 3-45b 所示，这时，梁 AB 内的最大弯矩将减小一半。

上述实例说明，合理安排支座和加荷方式，将显著减小梁内的最大弯矩。

（2）选用合理的截面形状

从弯曲强度考虑，比较合理的截面形状是使用较小的截面面积却能获得较大抗弯截面系数的截面。截面形状和放置位置不同，W_z/A 比值不同，因此，可用比值 W_z/A 来衡量截面的合理性和经济性，比值越大，所采用的截面就越经济合理。

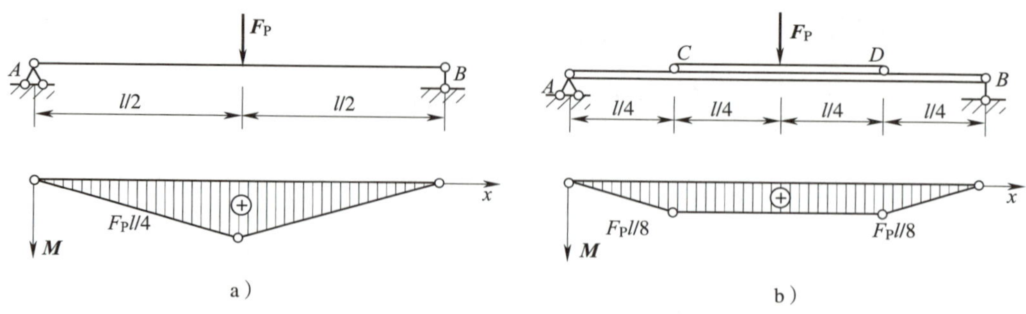

图 3–45 简支梁和加辅助梁后的简支梁

a）简支梁 *AB* b）加辅助梁 *CD* 后的简支梁

现以跨中受集中力作用的简支梁为例，将其截面形状分为圆形、矩形和工字形三种情况作一粗略比较。设三种梁的面积 *A*、跨度和材料都相同，容许正应力为 170 MPa，其抗弯截面系数 W_z 和最大承载力比较见表 3–5。

表 3–5 几种常见截面形状的 W_z 和最大承载力比较

截面形状	尺寸	W_z	最大承载力
圆形	d=87.4 mm A=60 cm²	$\frac{\pi d^3}{32}=65.5\times10^3\ \text{mm}^3$	44.5 kN
矩形	b=60 mm h=100 mm A=60 cm²	$\frac{bh^2}{6}=100\times10^3\ \text{mm}^3$	68.0 kN
工字形	A=61.05 cm²	$534\times10^3\ \text{mm}^3$	383 kN

从表中可以看出，矩形截面比圆形截面好，工字形截面比矩形截面好。

从正应力分布规律分析，正应力沿截面高度线性分布，当离中性轴最远各点处的正应力达到许用应力值时，中性轴附近各点处的正应力仍很小。因此，在离中性轴较远的位置，配置较多的材料，可提高材料的应用率。

根据上述原则，对于抗拉与抗压强度相同的塑性材料梁，宜采用对中性轴对称的截面，如工字形截面等；而对于抗拉强度低于抗压强度的脆性材料梁，则最好采用中性轴偏于受拉一侧的截面，如 T 形和槽形截面等。

实际工程中同时考虑构造要求和施工方便，梁的截面常采用矩形、工字形、箱形和 T 形。

（3）采用变截面梁

一般情况下，梁内不同横截面的弯矩不同。在按最大弯矩所设计的等截面梁中，除最大弯矩所在截面外，其余截面的材料强度均未得到充分利用。因此，在工程实际中，常根据弯矩沿梁轴线的变化情况，将梁也相应设计成变截面。横截面沿梁轴线变化的梁，称为**变截面梁**。如图 3–46a 所示的悬臂梁，就是根据各截面上弯矩的不同而采用的变截面梁。如果将变截面梁设计为使每个横截面上最大正应力都等于材料的许用应力值，这种梁称为**等强度梁**。显然，这种梁的材料消耗最少、质量最轻，是

最合理的。但实际上，由于加工制造等因素，一般只能近似地做到等强度的要求，如图 3–46b 所示鱼腹梁就是很接近等强度要求的形式。

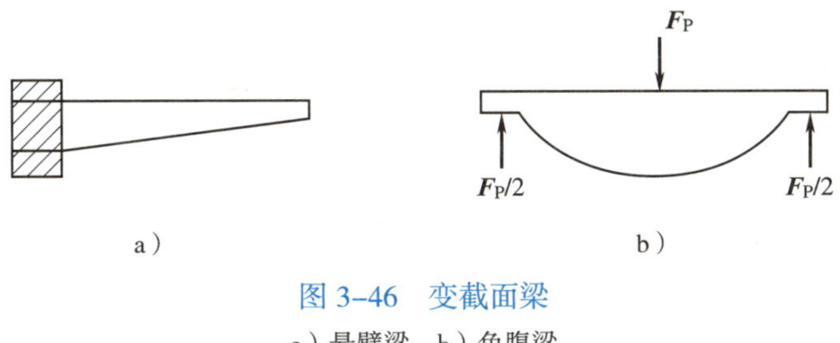

图 3–46 变截面梁

a）悬臂梁 b）鱼腹梁

五、梁的刚度

构件在外力作用下抵抗变形的能力称为**刚度**。工程中所用的构件不仅要满足强度要求，还要满足刚度要求。

1. 梁的变形

在荷载作用下，梁的轴线由直线变成曲线。在平面弯曲的情况下，弯曲后的梁轴线是一条位于 x—y 平面内的连续、光滑的曲线，称为**挠度线**。观察梁在平面弯曲时的变形，梁内各截面在 x—y 平面内同时发生两种位移：线位移和角位移。

如图 3–47 所示，梁轴线上任意一点沿 y 轴方向的线位移 CC' 称为该截面的挠度，用 y 表示，以向下为正。由于横截面形心沿 x 轴方向的线位移很小，可忽略不计。梁内任意截面绕中性轴转动的角位移称为该截面的**转角**，用 θ 表示，并以顺时针转动为正，单位是弧度。

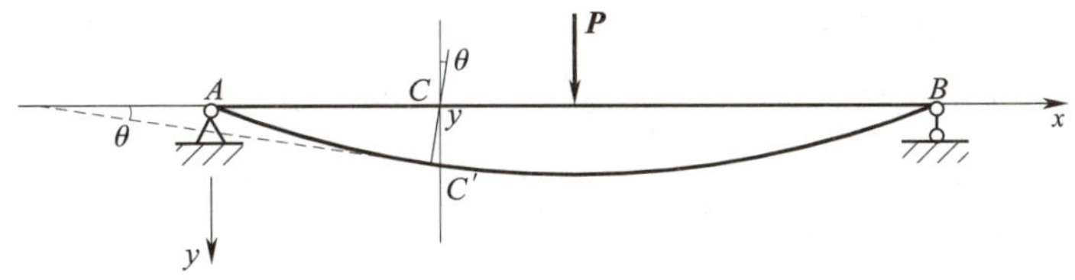

图 3–47 梁的变形

一般来说，梁的挠度和转角与荷载之间存在着一定的比例关系，而且与梁的截面形状、材料、跨度等都有着密切关系。工程中计算梁变形的方法很多，但都比较复杂，这里直接给出常见梁在简单荷载作用下的最大挠度和转角公式，见表 3–6。

表 3–6 常见梁在简单荷载作用下的最大挠度和转角公式

梁及荷载类型	最大转角	最大挠度
F_P A B l	$\theta_B=\dfrac{F_P l^2}{2EI}$	$y_{max}=\dfrac{F_P l^3}{3EI}$

续表

梁及荷载类型	最大转角	最大挠度
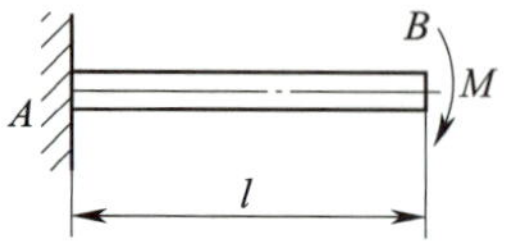	$\theta_B=\dfrac{Ml}{EI}$	$y_{max}=\dfrac{Ml^2}{2EI}$
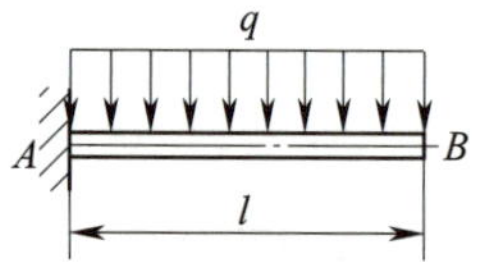	$\theta_B=\dfrac{ql^3}{6EI}$	$y_{max}=\dfrac{ql^4}{8EI}$
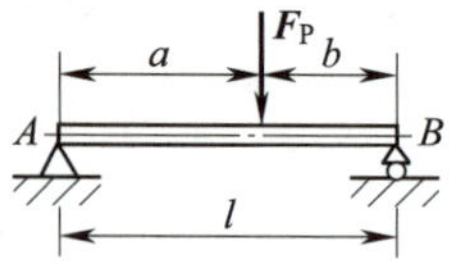	$a=b=\dfrac{l}{2}$时， $\theta_A=-\theta_B=\dfrac{F_P l^2}{16EI}$	$a=b=\dfrac{l}{2}$时， $y_{max}=\dfrac{F_P l^3}{48EI}$
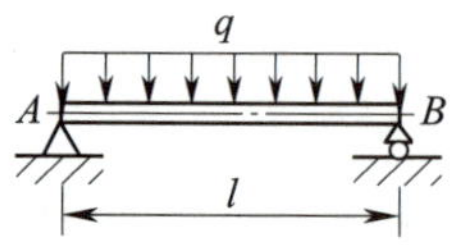	$\theta_A=-\theta_B=\dfrac{ql^3}{24EI}$	$y_{max}=\dfrac{5ql^4}{384EI}$

2. 梁的刚度条件

梁的位移过大，则不能正常工作。例如桥梁的挠度过大，车辆通过时将发生很大的振动，必须将位移限制在工程允许的范围内。梁的刚度条件为：

$$\frac{y_{max}}{l}\leqslant\left[\frac{y}{l}\right]$$

应当指出，对于一般土木工程中的构件，强度要求如能满足，刚度条件一般也能满足。因此，在设计工作中，刚度要求比起强度要求来，常处于次要地位。但是，当正常工作条件对构件的位移限制很严，或按强度条件所选用的构件截面过于单薄时，刚度条件也可能起控制作用。

1. 轴向拉（压）杆的受力特点是什么？变形特点是什么？
2. 什么是计算轴向拉（压）杆的规律法？
3. 轴向拉（压）杆横截面上存在什么应力？如何分布？计算公式是什么？
4. 轴向压杆在什么情况下只考虑强度校核？什么情况下考虑稳定性校核？

5. 什么是中性层和中性轴？

6. 梁的内力是什么？其正负号如何规定？

7. 梁横截面上的正应力如何分布？同一截面最大正应力在哪里？中性轴上正应力是多少？

8. 梁上最大正应力在哪里？

9. 提高梁的弯曲强度有哪些措施？

10. 什么是梁的挠度？

第四章 建筑结构

学习目标

了解建筑结构的概念和种类；掌握建筑结构设计的基本原理，包括建筑结构的功能要求、极限状态、荷载、荷载效应和结构抗力等。

无论是简单的多层建筑，还是功能复杂的高层建筑，能否建成并承受各种风吹雨打，关键在于是否有可靠的骨架支撑，也就是建筑结构的支撑。结构的使命在于承受建筑上各种各样力的作用（如自重、风荷载、雪荷载、地震等），是建筑物的重要组成部分。

第一节 建筑结构概述

一、建筑结构的概念

建筑是供人们生产、生活和进行其他活动的房屋或场所。各类建筑都离不开梁、板、墙、柱、基础等构件，它们相互连接形成建筑的骨架。建筑结构是由这些结构构件按一定要求组成的能承受各种作用、保证建筑安全及正常使用的骨架体系，如图 4-1 所示。

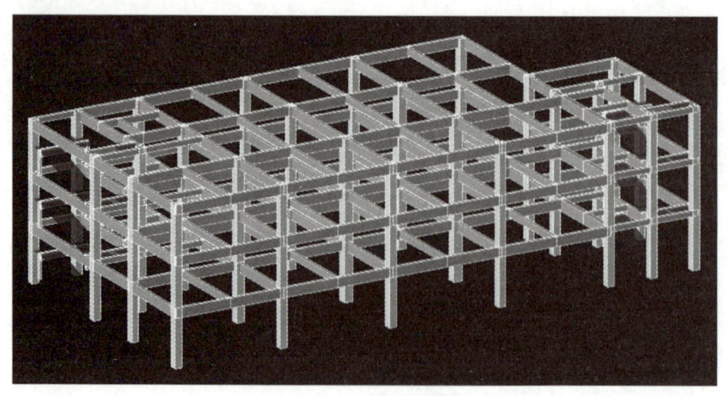

图 4-1 建筑结构骨架

二、建筑结构的分类

根据结构构件所用材料的不同，建筑结构可分为混凝土结构、砌体结构、钢结构和木结构四种类型，见表 4–1。

表 4–1　建筑结构的类型、特点及应用

建筑结构类型	主要材料	主要优点	主要缺点	主要适用建筑
混凝土结构	混凝土、钢筋	强度高、耐久性好、耐火性能好；现浇施工时整体性好	自重大、抗裂性能差；现浇施工时模板消耗多、施工周期长	钢筋混凝土结构在土木工程中的应用范围很广，各类民用建筑（如办公楼、酒店、教学楼等）和工业厂房都可采用混凝土结构
砌体结构	块材、砂浆	耐久性、耐火性好；保温、隔热、隔声效果好；取材方便、造价低廉；施工简单	自重大、强度较低；整体性差、抗震性差；施工速度慢，不能适应建筑工业化的要求	房屋层数较少的低层建筑或房屋的围护结构
钢结构	钢板、型钢	强度高、自重小、材料塑性和韧性好；便于工业化生产	易腐蚀，维护成本高；耐火性差	大跨度建筑（如屋架、网架结构）、高层及超高层建筑、重型工业厂房、承受动力荷载的结构及塔桅
木结构	木材、木材制成品及连接件	材料自重小，制作简单	易燃、易蛀、易腐蚀；结构变形大	主要在林区和农村少量应用，轻型木结构在发达地区用于建造高档别墅

思政小课堂

在讲述四大建筑结构类型的同时融入我国建筑发展历史的介绍，带领学生领略我国辉煌的建筑成就和灿烂的建筑文化，并结合当今建筑绿色、节能和环保的要求，对学生提出新的课题和新的挑战。

三、结构的功能要求

结构在规定的设计使用年限内应具有足够的可靠度。对于普通房屋和构筑物，其使用年限应不少于 50 年；对于纪念性建筑和特别重要的建筑结构，规定的使用年限应不少于 100 年；对于临时性结构，考虑的使用年限为 5 年。

结构在规定的设计使用年限内应满足以下三方面的功能要求。

1. 安全性

结构在正常设计、正常施工和正常使用和维护下，能承受可能出现的各种作用。在设计规定的偶然事件发生时及发生后，仍能保持必需的整体稳定性。

思政小课堂

安全性是结构设计必须满足的基本功能要求，在此结合工程实际，引入丰富的工程案例，让学生了解结构设计的重要意义并建立起作为工程人应具备的责任意识、职业道德和操守。

2. 适用性

结构正常使用时应具有良好的工作性能，如具有足够的刚度，避免过大变形而影响正常使用。

3. 耐久性

结构在正常维护下应具有足够的耐久性能，如在结构设计使用期内，不因钢筋锈蚀而影响结构构件受力性能。

安全性、适用性和耐久性统称为结构的可靠性。若结构能满足功能要求，则称结构可靠或有效；若结构不能满足功能要求，则称结构不可靠或失效。

四、结构的安全等级

进行建筑结构设计时，应根据结构破坏可能产生的后果（危及人的生命、造成经济损失、产生社会影响等）而采用不同的安全等级。不同的安全等级应有不同的可靠度，反映到具体的工程结构中就是指不同的结构重要性系数。建筑结构安全等级的划分应符合表 4–2 的要求。

表 4–2　建筑结构安全等级的划分

安全等级	破坏后果	建筑物类型
一级	很严重	重要房屋
二级	严重	一般房屋
三级	不严重	次要房屋

建筑物中各类结构构件的安全等级应与整个结构的安全等级相同。可对其中部分结构构件的安全等级进行调整，但不得低于三级。

五、结构的极限状态

结构的全部或部分超过某一特定状态就不能满足设计规定的某一功能要求，此特定状态称为该功能的极限状态。极限状态就是指结构濒于失效的一种状态，可分为以下两类。

1. 承载能力极限状态

承载能力极限状态对应于结构或结构构件达到最大承载能力、出现疲劳破坏、发生不适于继续承载的变形或因结构局部破坏而引发连续倒塌。

当结构或结构构件出现下列状态之一时，即认为超过了承载能力极限状态：

（1）整个结构或结构构件的一部分作为刚体失去平衡（如倾覆等）。

（2）结构构件或连接因材料强度不足而被破坏，或因过度变形而不适于继续承载。

（3）结构转变为机动体系。

（4）结构或结构构件丧失稳定（如压屈等）。

（5）结构因局部破坏发生连续倒塌。

（6）地基丧失承载力而破坏。

（7）结构或结构构件发生疲劳破坏。

2. 正常使用极限状态

正常使用极限状态对应于结构或结构构件达到正常使用或耐久性能的某项规定限值。

当结构或结构构件出现下列状态之一时，应认为超过了正常使用极限状态：

（1）影响外观、使用舒适性或结构使用功能的变形（如吊车梁过大变形影响吊车的正常行驶）。

（2）造成人员不舒适或结构使用功能受限的振动（如由于机器振动而导致结构振幅超过正常使用的限定值）。

（3）影响外观、耐久性或结构使用功能的局部损坏（如裂缝过宽导致混凝土构件中钢筋锈蚀）。

对房屋结构构件进行设计时需要同时考虑承载能力极限状态和正常使用极限状态。

第二节　荷载、荷载效应及结构抗力

建筑结构在施工和使用期间要承受各种作用。结构上的作用是指施加在结构上的集中荷载或分布荷载（包括永久荷载、可变荷载等），以及引起结构外加变形或约束变形（如基础沉降、温度变化、焊接等作用）的原因。前者是以力的形式直接施加在结构上的荷载，称为直接作用；后者不是直接以力的形式出现，称为间接作用。

一、荷载

1. 荷载的分类

结构上的荷载按时间的变异可分为永久荷载、可变荷载和偶然荷载三类。

（1）永久荷载

在结构使用期间，其值不随时间变化，或其变化与平均值相比可以忽略不计，或其变化值是单调的并能趋于限值，如结构自重、土压力、预应力等。

（2）可变荷载

在结构使用期间，其值随时间变化，且其变化与平均值相比不可以忽略不计，如楼面活荷载、屋面积灰荷载、吊车荷载、风荷载、雪荷载等。

（3）偶然荷载

在结构使用期间不一定出现，而一旦出现，其值很大且持续时间很短，如爆炸力、撞击力等。

在同一构件上可能同时存在上述三类荷载，但对某一构件来说，不同种类的荷载有时会产生相互抵消作用，有时又可能相互叠加，如图 4–2 所示。设计时应根据实际情况选用相应的数值。

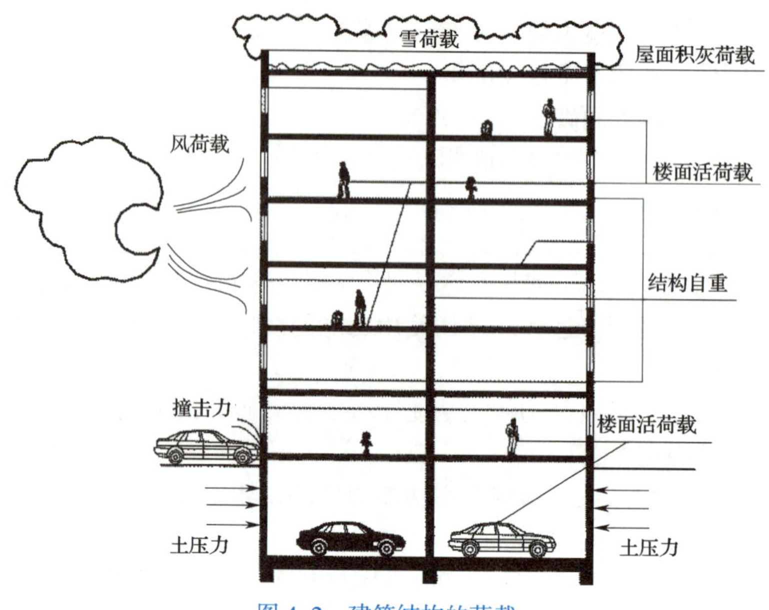

图 4-2　建筑结构的荷载

2. 荷载代表值

按照不同极限状态下的设计要求，给出了荷载的各种代表值。荷载代表值包括标准值、组合值、频遇值和准永久值。

（1）标准值

荷载标准值是荷载的基本代表值，为设计基准期内最大荷载统计分布的特征值。

标准值按建筑尺寸与材料自重来确定，如厚度为 100 mm 的钢筋混凝土楼板，混凝土的自重为 25 kN/m^3，则 1 m 宽板带的永久荷载标准值为 $0.1\times1.0\times25=2.5$ kN/m^2。

（2）组合值

若结构上同时作用有两种及两种以上的可变荷载时，荷载同时达到最大值的可能性小，因此采用荷载组合值。荷载组合值为可变荷载标准值乘以对应的组合值系数，即：

$$\text{荷载组合值}=Q_k\psi_c \tag{4-1}$$

式中，ψ_c——可变荷载组合系数，按表 4-3 采用；

Q_k——可变荷载标准值。

（3）频遇值

对可变荷载，在设计基准期内，其超越的总时间为规定的较小比率或超越频率为规定频率的荷载值。荷载频遇值为可变荷载标准值乘以对应的频遇值系数，即：

$$\text{荷载频遇值}=Q_k\psi_f \tag{4-2}$$

式中，ψ_f——可变荷载频遇值系数，按表 4-3 采用；

Q_k——可变荷载标准值。

（4）准永久值

对可变荷载，在设计基准期内，其超越的总时间约为设计基准期一半的荷载值。荷载准永久值为可变荷载标准值乘以对应的准永久值系数，即：

$$荷载准永久值=Q_k\psi_q \tag{4-3}$$

式中，ψ_q——可变荷载准永久值系数，按表 4–3 采用；

Q_k——可变荷载标准值。

表 4–3 民用建筑楼面均布荷载标准值及其组合值、频遇值和准永久值系数

项次	类别			标准值 /（kN/m^2）	组合值系数 ψ_c	频遇值系数 ψ_f	准永久值系数 ψ_q
1	（1）住宅、宿舍、旅馆、办公楼、医院病房、托儿所、幼儿园			2.0	0.7	0.5	0.4
1	（2）试验室、阅览室、会议室、医院门诊室			2.0	0.7	0.6	0.5
2	教室、食堂、餐厅、一般资料档案室			2.5	0.7	0.6	0.5
3	（1）礼堂、剧场、影院、有固定座位的看台			3.0	0.7	0.5	0.3
3	（2）公共洗衣房			3.0	0.7	0.6	0.5
4	（1）商店、展览厅、车站、港口、机场大厅及其旅客等候室			3.5	0.7	0.6	0.5
4	（2）无固定座位的看台			3.5	0.7	0.5	0.3
5	（1）健身房、演出舞台			4.0	0.7	0.6	0.5
5	（2）运动场、舞厅			4.0	0.7	0.6	0.3
6	（1）书库、档案库、贮藏室			5.0	0.9	0.9	0.8
6	（2）密集柜书库			12.0	0.9	0.9	0.8
7	通风机房、电梯机房			7.0	0.9	0.9	0.8
8	汽车通道及客车停车库	（1）单向板楼盖（板跨不小于 2 m）和双向板楼盖（板跨不小于 3 m×3 m）	客车	4.0	0.7	0.7	0.6
8	汽车通道及客车停车库	（1）单向板楼盖（板跨不小于 2 m）和双向板楼盖（板跨不小于 3 m×3 m）	消防车	35.0	0.7	0.5	0.0
8	汽车通道及客车停车库	（2）双向板楼盖（板跨不小于 6 m×6 m）和无梁楼盖（柱网不小于 6 m×6 m）	客车	2.5	0.7	0.7	0.6
8	汽车通道及客车停车库	（2）双向板楼盖（板跨不小于 6 m×6 m）和无梁楼盖（柱网不小于 6 m×6 m）	消防车	20.0	0.7	0.5	0.0
9	厨房	（1）餐厅		4.0	0.7	0.7	0.7
9	厨房	（2）其他		2.0	0.7	0.6	0.5
10	浴室、卫生间、盥洗室			2.5	0.7	0.6	0.5
11	走廊、门厅	（1）宿舍、旅馆、医院病房、托儿所、幼儿园、住宅		2.0	0.7	0.5	0.4
11	走廊、门厅	（2）办公楼、餐厅、医院门诊部		2.5	0.7	0.6	0.5
11	走廊、门厅	（3）教学楼及其他可能出现人员密集的情况		3.5	0.7	0.5	0.3
12	楼梯	（1）多层住宅		2.0	0.7	0.5	0.4
12	楼梯	（2）其他		3.5	0.7	0.5	0.3
13	阳台	（1）可能出现人员密集的情况		3.5	0.7	0.6	0.5
13	阳台	（2）其他		2.5	0.7	0.6	0.5

二、荷载效应与结构抗力

荷载效应是指建筑结构在使用或施工期间由各种荷载作用而产生的内力或变形，如弯矩、剪力、轴力、扭矩、沉降、裂缝等。

结构抗力是指建筑结构抵抗各种荷载效应的能力，如结构构件的承载力、刚度、抗裂性等。结构构件所采用的材料类型、强度、构件截面几何特性（如截面高度、截面宽度、惯性矩等）和计算模型等将影响结构抗力。

按照极限状态进行设计，通过比较荷载效应和结构抗力的大小关系，判别结构所处的状态：

当荷载效应 > 结构抗力时，结构失效。

当荷载效应 = 结构抗力时，结构处于极限状态。

当荷载效应 < 结构抗力时，结构可靠。

三、极限状态下的实用设计表达式

1. 承载能力极限状态设计表达式

$$\gamma_0 S_d \leqslant R_d \tag{4-4}$$

式中，γ_0——结构重要性系数；

S_d——荷载组合的效应设计值；

R_d——结构抗力设计值。

2. 正常使用极限状态设计表达式

$$S_d \leqslant C \tag{4-5}$$

式中，S_d——荷载组合的效应设计值；

C——结构或结构构件达到正常使用要求的规定限值，如变形、裂缝等的限值。

思政小课堂

结构构件上荷载的计算应当严格遵照结构设计规范取值，不能抱有近似、差不多的马虎态度。引导学生重视结构荷载计算与房屋安全性之间的重要联系，培养学生严谨的工作作风和精益求精的工匠精神。

思考练习题

1. 什么是建筑结构？按材料来分，有哪几类常见的建筑结构？每种结构对应的优缺点和应用范围如何？
2. 什么是结构功能的极限状态？分为几类？
3. 荷载分为哪几类？针对每一类请具体举例说明。

第五章 钢筋混凝土结构

学习目标

熟悉钢筋混凝土结构材料的性能；熟悉受弯构件、受压构件、受拉构件和受扭构件的基本概念和构造要求，能够对受弯构件和受压构件进行简单的设计计算；能处理和控制结构中构件的开裂和变形问题；了解预应力构件的基本概念、预应力的施加方法和预应力的损失问题；了解常见楼梯的形式及对应的构造要求。

混凝土结构与砌体结构、钢结构和木结构相比具有明显的优点，在房屋建筑工程、桥梁工程、高耸结构和水利工程中都得到了广泛应用，现已成为建筑中占主导地位的结构。混凝土结构包括素混凝土结构、钢筋混凝土结构、预应力混凝土结构和各种其他形式的加筋混凝土结构。本章主要介绍钢筋混凝土结构。

第一节 材料的力学性能

一、钢筋

1. 钢筋的种类

混凝土结构用钢须具有较高的强度和良好的塑性，便于加工和焊接，同时与混凝土间能形成较强的黏结力。

钢材的种类繁多，按外形可分为光圆钢筋和变形钢筋两类，变形钢筋又有螺纹钢筋、人字纹钢筋和月牙纹钢筋之别，如图 5-1 所示；按结构中是否施加预应力可分为普通钢筋和预应力钢筋；按加工工艺可分为热轧钢筋、冷加工钢筋、钢丝和钢绞线；按强度和塑性特征可分为有屈服点钢筋和无屈服点钢筋等。

在混凝土结构中，一般构件所采用的普通钢筋主要为热轧钢筋。热轧钢筋是经过热轧成型并自然冷却的成品钢筋，具体包括以下几种。

热轧光圆钢筋（HPB 系列）：这种钢筋延性、可焊性、机械连接性能好，强度较低。其中的 HPB300 钢筋通常作为构件的箍筋和构造钢筋。

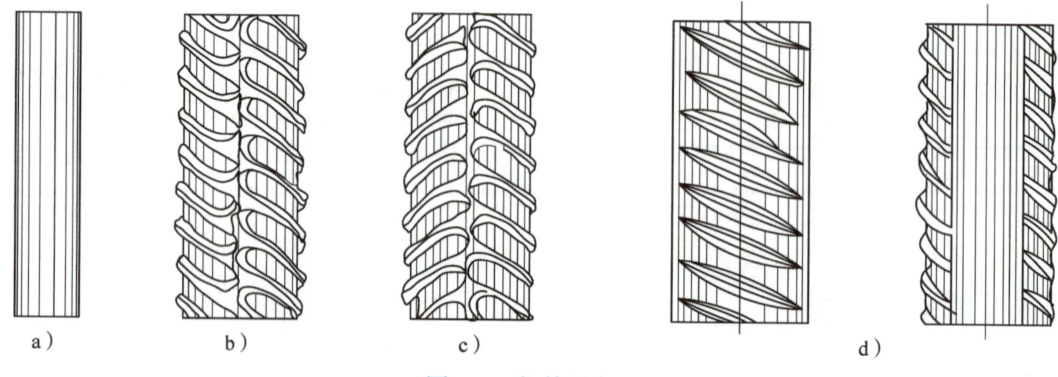

图 5–1　钢筋的类型

a）光圆钢筋　b）螺纹钢筋　c）人字纹钢筋　d）月牙纹钢筋

热轧变形钢筋（HRB 系列）和细晶粒热轧变形钢筋（HRBF 系列）：这种钢筋延性、可焊性、机械连接性能好，强度较高。HRB400、HRBF400、HRB500 和 HRBF500 钢筋在钢筋混凝土结构构件中被广泛使用，既可作为受力钢筋（如纵向受力钢筋和箍筋），也可作为构造钢筋（如架立筋和分布筋）。

余热处理钢筋（RRB 系列）：由热轧钢筋经过高温淬水而成，其延性、可焊性、机械连接性能较差而强度较高，适用于对变形和加工性能要求不高的构件。

2. 钢筋的力学性质

钢筋具有强度和塑性等力学性质，如图 5–2 所示为有屈服点钢筋和无屈服点钢筋的应力—应变曲线，其中具体钢筋的强度设计值见表 5–1。

由图 5–2a 可知，这类钢筋具有明显的屈服点，$O \sim A$ 范围是完全弹性变形，进入 B 点后直至 C 点基本上是塑性变形，此阶段应力几乎不变，过 C 点到 D 点的部分应力略有提高，但应变急剧增加，最后破坏；由图 5–2b 可知，这类钢筋极限强度很高，但相应的应变不是很大。工程中应根据这两类钢筋的不同特性合理选择和应用。

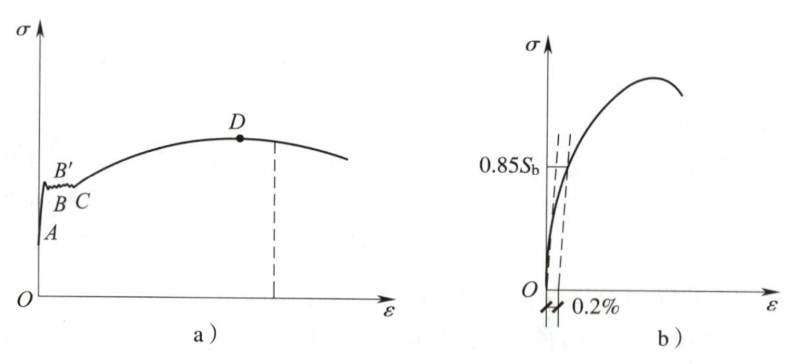

图 5–2　钢筋的应力—应变曲线

a）有屈服点钢筋　b）无屈服点钢筋

表 5-1　具体钢筋强度设计值　N/mm^2

牌号	符号	抗拉强度设计值	抗压强度设计值
HPB300	Φ	270	270
HRB400 HRBF400 RRB400	Φ $Φ^F$ $Φ^R$	360	360
HRB500 HRBF500	Φ $Φ^F$	435	410

二、混凝土

1. 混凝土的强度

（1）立方体抗压强度

混凝土是由水泥、砂、石和水按一定比例配合而成的。《混凝土结构设计规范》（GB 50010—2010）（以下简称《混规》）规定，混凝土强度等级按立方体抗压强度标准值确定。立方体抗压强度标准值是指按照标准方法制作养护的边长为 150 mm 的立方体试件（见图 5-3），在 28d 龄期用标准试验方法测得的具有 95% 保证率的抗压强度。混凝土的强度等级划分为 C20、C25、C30、C35、C40、C45、C50、C55、C60、C65、C70、C75、C80，其中 C 代表混凝土，数字代表混凝土的立方体抗压强度，单位为 N/mm^2。

素混凝土结构的混凝土强度等级不应低于 C20，钢筋混凝土结构构件的混凝土强度等级不应低于 C25。采用 500 N/mm^2 及以上等级的钢筋混凝土结构构件，混凝土强度等级不应低于 C30。

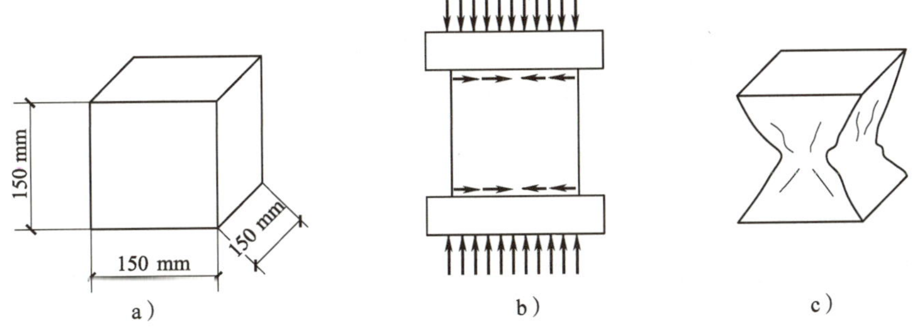

图 5-3　标准立方体混凝土强度试验

a）标准立方体试块　b）试压时承压面有摩擦力　c）破坏后的情形

（2）轴心抗压强度

在实际工程中受压构件往往不是立方体而是棱柱体，试验时用棱柱体则能更好地反映混凝土受压构件的实际情况。

规定以 150 mm × 150 mm × 300 mm 的棱柱体（见图 5-4）作为混凝土轴心抗压强

度试验的标准试件，其制作要求与立方体试件相同。试验表明，棱柱体试件的抗压强度比立方体试件的抗压强度低，试件的高度与截面边长之比（在一定范围内）越大，强度越低。一般认为试件的高宽比为 2 ~ 4 时比较符合实际情况。混凝土轴心抗压强度设计值用符号 f_c 表示。

（3）轴心抗拉强度

在研究混凝土的抗裂能力时要用到混凝土轴心抗拉强度和劈裂抗拉强度。混凝土抗拉强度的指标现多通过圆柱体或立方体试件（见图 5–5）做劈裂抗拉试验确定。试验表明，劈裂抗拉强度略大于轴心抗拉强度。另外，混凝土抗拉强度比抗压强度低很多，只有抗压强度的 1/18 ~ 1/8。混凝土轴心抗拉强度设计值用符号 f_t 表示。

混凝土轴心抗压、抗拉强度设计值见表 5–2。

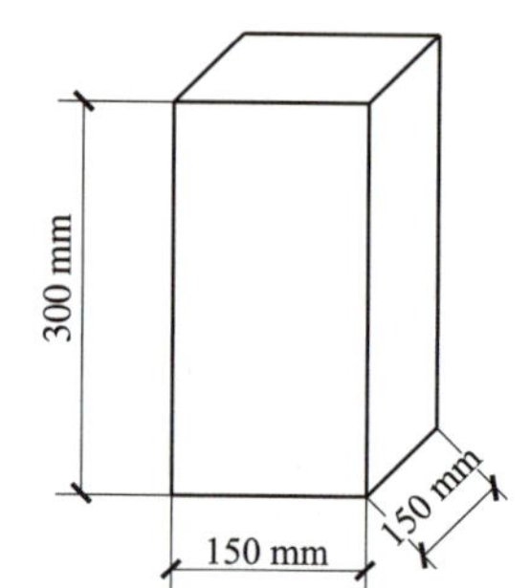

图 5–4　轴心抗压强度标准试件

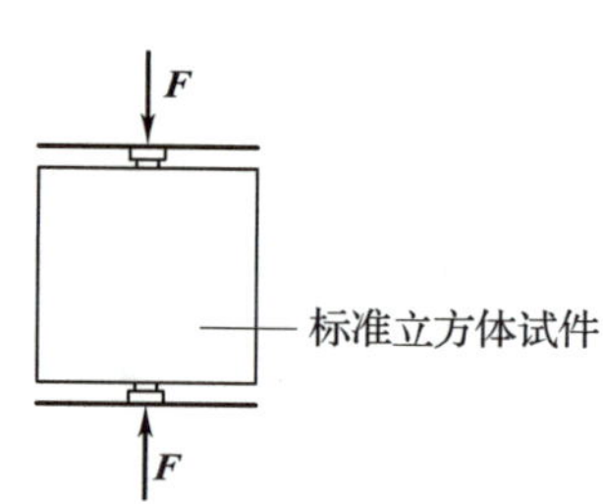

图 5–5　混凝土劈裂抗拉试验

表 5–2　混凝土轴心抗压、抗拉强度设计值　N/mm^2

强度	混凝土强度等级												
	C20	C25	C30	C35	C40	C45	C50	C55	C60	C65	C70	C75	C80
f_c	9.6	11.9	14.3	16.7	19.1	21.1	23.1	25.3	27.5	29.7	31.8	33.8	35.9
f_t	1.10	1.27	1.43	1.57	1.71	1.80	1.89	1.96	2.04	2.09	2.14	2.18	2.22

思政小课堂

在钢筋混凝土的结构计算、受弯构件验算的过程中，引入重大高层质量事故案例，可以引发学生思考建筑设计、建筑施工、建筑工程质量与人民群众生命财产安全之间的关系，以此增强学生的法治意识、社会责任感与使命感。

2. 混凝土的收缩

混凝土在硬化、水分蒸发的过程中体积有一定的减小，这一现象称为**混凝土的收缩**。它是物理、化学因素共同作用的结果，与力的作用无关。收缩对钢筋混凝土的危害很大，如产生早期裂缝、导致预应力损失等。因此，工程中应尽量减少混凝土的收缩，避免对结构产生有害影响。试验表明，采用低强度混凝土，减少水泥用量，降低

水灰比，选用高弹性模量骨料，养护时保持湿度，施工时振捣密实、合理留置伸缩缝和配置构造筋等都能减少混凝土的收缩。

3. 混凝土的徐变

混凝土在长时间应力作用下（维持荷载），应变随时间增加而增加的现象称为徐变，如图 5–6 所示。徐变对钢筋混凝土结构构件有害，会加大混凝土结构的变形，增加预应力混凝土构件的预应力损失等。在水灰比不变的情况下减少水泥用量，在水泥用量不变的情况下降低水灰比，改善养护条件，延迟混凝土受荷龄期，提高混凝土骨料质量与级配等都能有效减少混凝土的徐变。

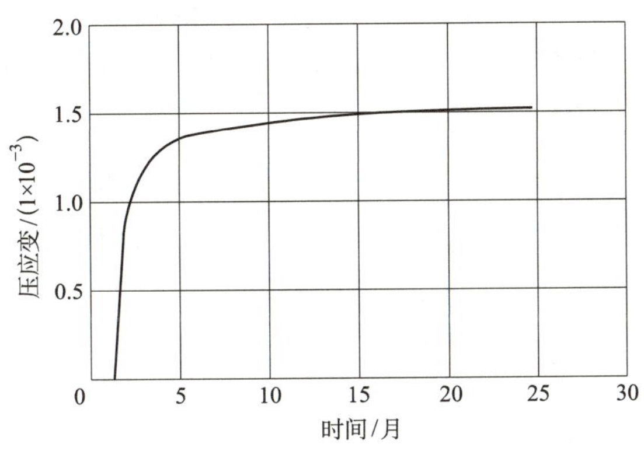

图 5–6　混凝土的徐变

三、钢筋和混凝土共同工作

1. 共同工作的原因

钢筋和混凝土是两种力学性质完全不同的材料，使两者能组成钢筋混凝土并共同工作的原因是：①钢筋表面与混凝土之间存在黏结力；②钢筋与混凝土的温度线膨胀系数非常接近（钢筋为 1.2×10^{-5}，混凝土为 1.0×10^{-5} ~ 1.5×10^{-5}），其中黏结力起主要作用。

2. 黏结力

钢筋和混凝土之间的黏结力由以下三部分组成：

（1）混凝土颗粒在钢筋表面由于化学作用而产生的黏结力。

（2）混凝土硬化收缩对钢筋表面产生的正应力使得两者之间存在的摩擦力。

（3）钢筋的粗糙表面（变形钢筋）与混凝土之间产生机械咬合力，机械咬合力是黏结力的主要组成部分。

为保证钢筋和混凝土之间的有效黏结，常采取的措施有：规定钢筋伸入支座的最小锚固长度，保证钢筋间的最小搭接长度，优先使用小直径的钢筋，光圆钢筋端部要求设计弯钩等。

思政小课堂

混凝土结构构件和结构形式丰富，适用于不同的建设需要，但不管采取哪种结构形式，都必须满足规范要求。从这一角度可以帮助学生分析服务社会、追求科学的崇高人生价值，同时引导学生遵守职业道德，弘扬工匠精神。

第二节 受弯构件

受弯构件是指以弯曲变形为主的构件，钢筋混凝土梁、板就是典型的受弯构件。这类构件在荷载的作用下，构件截面会受到弯矩和剪力的作用。在弯矩的作用下，可能引起与构件纵轴垂直的截面破坏，习惯上称为正截面破坏。在弯矩和剪力的共同作用下，可能引起构件的斜截面破坏，如图 5–7 所示。工程中为了防止产生这些破坏，构件须满足相应的计算及构造要求。

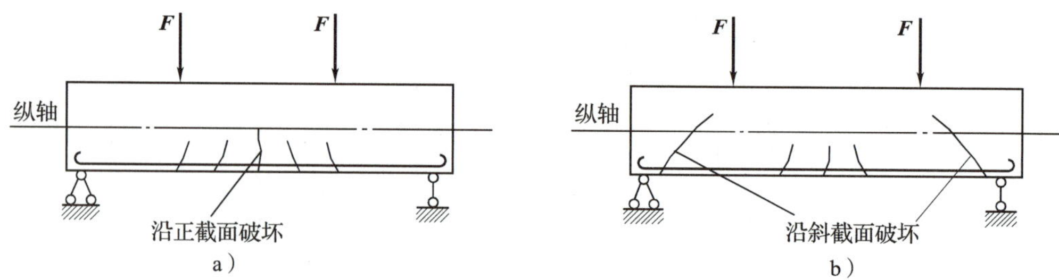

图 5–7 受弯构件的破坏截面

一、梁的构造要求

1. 截面形状

钢筋混凝土梁的截面形式从受力特征、合理施工等方面考虑一般是对称的，有时因搁置需要、位置特殊，也有做成非对称的。钢筋混凝土梁的截面形式主要有矩形、T 形、工字形、L 形、十字形等，如图 5–8 所示。

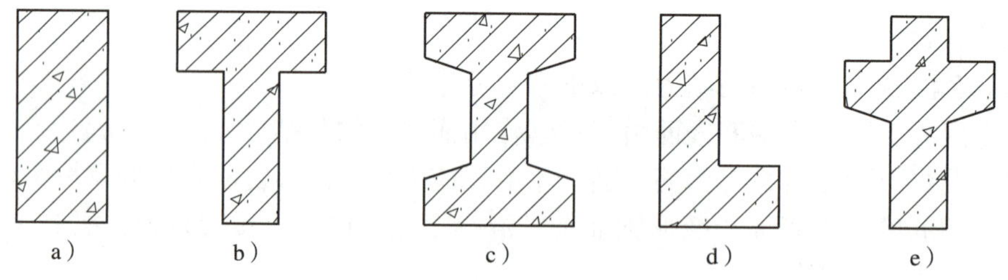

图 5–8 梁的截面形式

a）矩形截面 b）T 形截面 c）工字形截面 d）L 形截面 e）十字形截面

2. 梁的截面尺寸

梁的截面尺寸应综合考虑承载力、刚度、抗裂度、环境要求等来加以确定。现浇矩形截面梁的高宽比 h/b 一般取 2.0 ~ 3.5，T 形截面梁的高宽比 h/b 一般取 2.5 ~ 4.0（此处 b 为梁肋宽）。

梁的宽度 b 一般取 150 mm、200 mm、240 mm、250 mm、300 mm 等，一般取 50 mm 的倍数。

梁的高度 h 一般取 250 mm、300 mm、350 mm、…、750 mm、800 mm、900 mm 等，800 mm 以下一般取 50 mm 的倍数，800 mm 以上一般取 100 mm 的倍数。

3. 配筋

为了满足钢筋混凝土梁受力、变形及构造要求，一般配有四种类型的钢筋，即纵向受力筋、弯起钢筋、箍筋和架立筋，如图 5-9 所示。

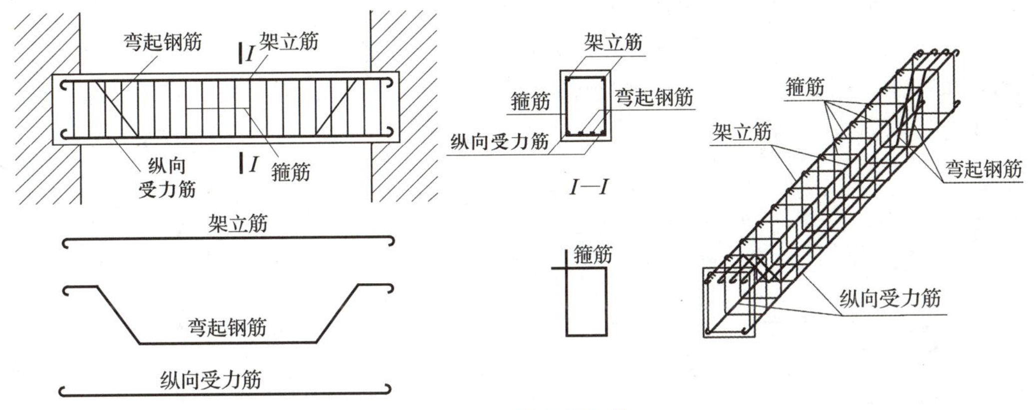

图 5-9　梁内的钢筋

（1）纵向受力筋

纵向受力筋的主要作用是承受弯矩在梁内产生的拉力，数量由计算确定。一般放在梁的受拉区（防止正截面破坏），必要时也可在受压区配置，与混凝土共同承担压力。纵向受力筋是钢筋混凝土梁中的必要配置，任何情况下都不能省略。

纵向受力筋的直径 d 必须由计算确定，常用规格为 12 ~ 25 mm，同一根梁中纵向受力筋的直径不宜超过三种，直径差别不能小于 2 mm（便于施工时区分），但也不宜超过 6 mm（应力分配均匀）；梁中受力钢筋的根数一般不少于两根，考虑到受力合理、保证施工质量等因素，梁纵向受力筋的排列应符合图 5-10 所示要求。

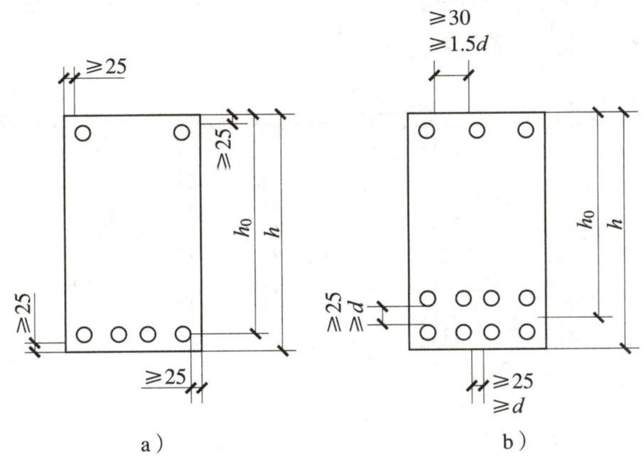

图 5-10　梁纵向受力筋的排列

（2）弯起钢筋

弯起钢筋是由纵向受力筋弯起成型，即在跨中是纵向受力筋的一部分，其作用是在跨中部分同纵向受力筋一起承受弯矩所产生的拉力，靠近支座的弯起段用来承受由弯矩和剪力共同作用而产生的主拉应力（防止斜截面破坏），弯起后的水平段可承受支座处的负弯矩。

弯起钢筋的数量应通过斜截面承载力计算确定，一般弯起角度为 45°，当梁高超过 800 mm 时，弯起角度为 60°。有多排弯起钢筋时，如图 5-11 所示。梁中箍筋和弯起钢筋的最大间距应满足表 5-3 的要求。

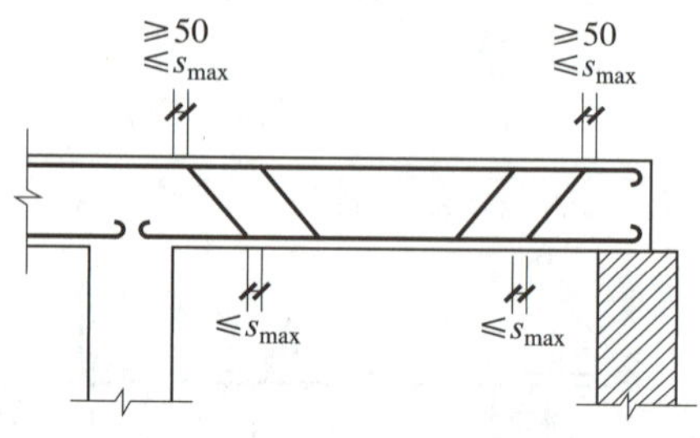

图 5-11　弯起钢筋的布置

表 5-3　　梁中箍筋和弯起钢筋的最大间距 s_{max}

梁高 /mm	$V>0.07f_cbh_0$	$V\leqslant 0.07f_cbh_0$
$150<h\leqslant 300$	150	200
$300<h\leqslant 500$	200	300
$500<h\leqslant 800$	250	350
>800	300	400

（3）箍筋

箍筋的主要作用是承担斜截面的拉应力，同时用它固定其他钢筋，形成一个空间骨架。箍筋数量应由计算确定。当计算确定不需设置箍筋时，则应按构造配置箍筋。

梁高 h>300 mm，应按构造沿梁全长设置箍筋；梁高 h=150 ~ 300 mm，可仅在梁端部各 1/4 跨度范围内设置箍筋，但在构件中部 1/2 跨度范围内有集中荷载作用时也应全梁设置箍筋；梁高 h<150 mm，可不设置箍筋。

箍筋的形式有开口式和封闭式两种，梁中箍筋应采用封闭式。根据梁的宽度不同，箍筋的肢数有单肢、双肢、四肢及四肢以上等，工程中的梁通常都是双肢及以上的，单肢只在特殊情况下使用，如图 5-12 所示。

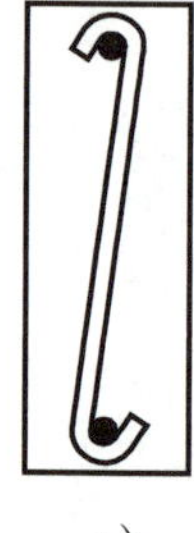
a）

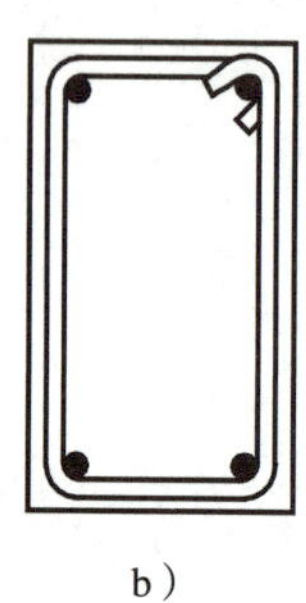
b）

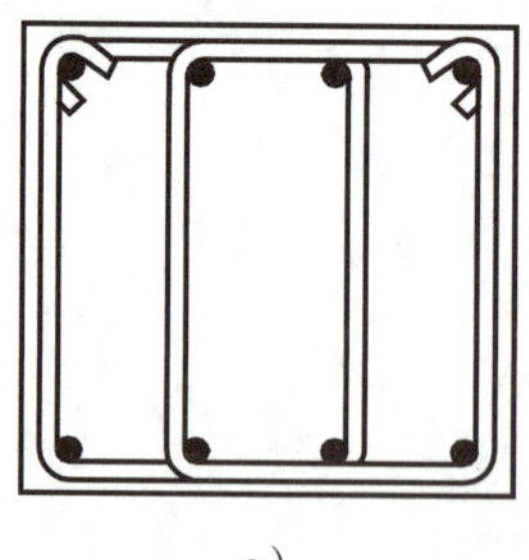
c）

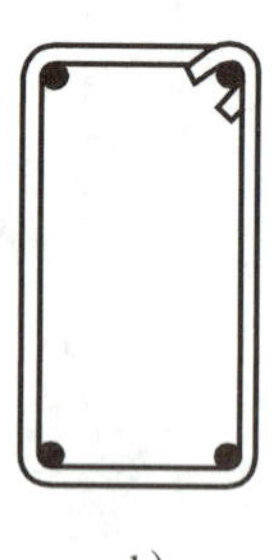
d）

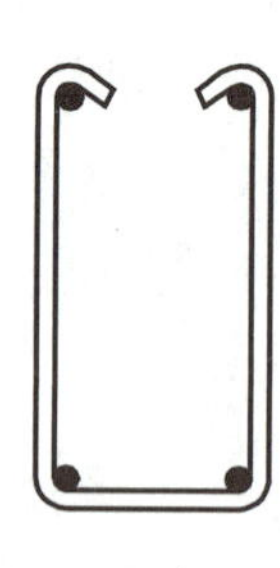
e）

图 5-12　箍筋的肢数和形式

a）单肢箍　b）双肢箍　c）四肢箍　d）封闭式　e）开口式

（4）架立筋

架立筋沿梁上部设置，主要与箍筋一起形成钢筋骨架，并承担混凝土收缩和温度变化而产生的应力，以防止裂缝的产生。当受压区设有与混凝土共同工作的纵向受力筋时，可利用该部分纵向受力筋兼作架立筋。架立筋的直径见表 5–4。

表 5–4　架立筋的直径

梁跨度 /m	架力筋的直径 /mm
$l \leqslant 4$	⩾ 8
$4<l<6$	⩾ 10
$l \geqslant 6$	⩾ 12

除上述钢筋外，还有用于增强钢筋骨架刚度、提高抗扭性能、防止产生温度应力和收缩应力的腰筋、拉筋，如图 5–13 所示。

二、板的构造要求

1. 板的截面形式

板的截面形式有矩形、槽形、多孔形和其他形式，如图 5–14 所示。

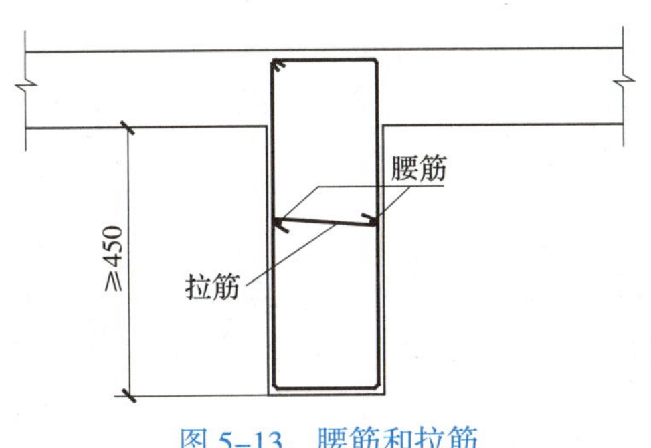

图 5–13　腰筋和拉筋

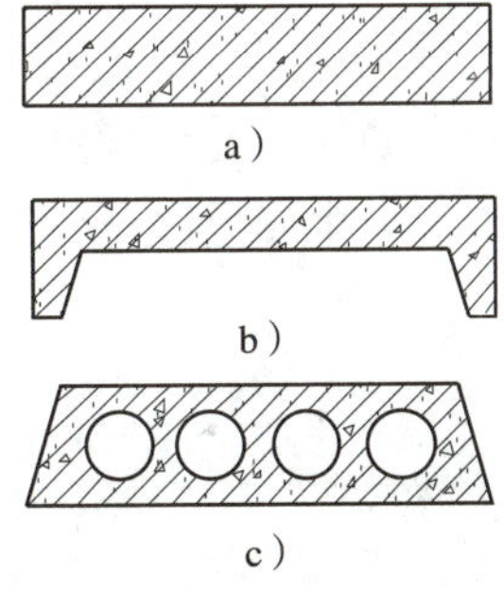

图 5–14　板的截面形式

a）矩形板　b）槽形板　c）空心板

2. 板的厚度

板的厚度与板的跨度及所受荷载有关，应满足承载力、刚度和裂缝的要求，一般为 10 mm 的倍数。《混规》规定，楼板厚度应不小于表 5–5 的规定。

表 5–5　楼板的最小厚度　mm

板的类别		最小厚度
现浇钢筋混凝土实心楼板		80
现浇钢筋混凝土空心楼板	顶板	50
	底板	50

3. 板的配筋

板的配筋通常只有受力筋和分布筋两类，如图 5–15 所示。

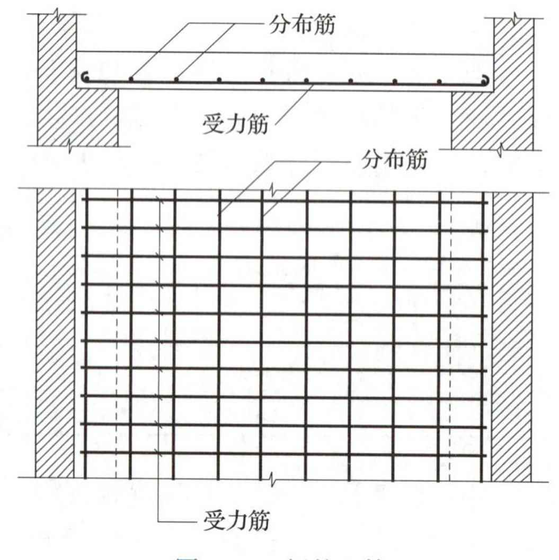

图 5-15　板的配筋

（1）受力筋

受力筋主要承受板中弯矩引起的拉力，直径一般为 6 ~ 12 mm。当板厚 $h \leq 150$ mm 时，受力筋间距宜为 70 ~ 200 mm；当板厚 $h>150$ mm 时，受力筋最大间距不宜大于 $1.5h$，且不宜大于 250 mm。

（2）分布筋

分布筋在板中垂直于受力筋，其作用是固定受力筋的位置，将荷载均匀地传给受力筋，同时可以抵抗混凝土收缩、温度变化等引起的沿跨度方向的裂缝。分布筋应位于受力筋的内侧。分布筋的直径不宜小于 6 mm，间距不宜大于 250 mm。

三、混凝土保护层及截面有效高度

1. 混凝土保护层

混凝土保护层可以防止钢筋氧化引起的锈蚀，保证钢筋与混凝土之间的黏结力，同时保护钢筋不受火灾的威胁，钢筋应具有足够的保护层。保护层厚度是指从最外层钢筋（如箍筋等）外边缘到混凝土构件表面的距离。以设计使用年限为 50 年的混凝土结构为例，最小保护层厚度应符合表 5-6 的规定。

表 5-6　混凝土保护层最小厚度　mm

环境类别	板、墙、壳	梁、柱、杆
一	15	20
二 a	20	25
二 b	25	35
三 a	30	40
三 b	40	50

2. 截面有效高度

在确定受弯构件承载力时，由于混凝土抗拉强度很低，受拉区过早开裂而退出工作，其拉力主要由受拉钢筋承担，即梁板能发挥作用的截面高度由受拉钢筋的合力作用点到混凝土受压区边缘的距离来代替，这段距离称为截面的有效高度，用 h_0 表示。

$$h_0=h-a_s \tag{5-1}$$

式中，h_0——截面的有效高度；

h——截面高度；

a_s——受拉钢筋合力作用点到受拉区边缘的距离。

室内正常环境下，混凝土强度等级大于 C20 时，梁中 a_s 的近似取值为：

纵向受拉筋布置一排，a_s=35 mm；

纵向受拉筋布置两排，a_s=60 mm。

四、受弯构件正截面承载力

受弯构件由于外力作用而引起破坏时，其破坏截面与构件纵轴垂直的情况称为构件的正截面破坏，相应的截面承载力称为正截面承载力。

1. 受弯构件的正截面破坏形态

（1）适筋破坏

适筋梁是指配筋率在正常范围内的梁。适筋破坏一般经历三个阶段。试验中为了消除剪力的影响，取一简支梁加上一对对称的集中力（忽略梁的自重），通过仪器观察中间的纯弯段，如图 5-16 所示。

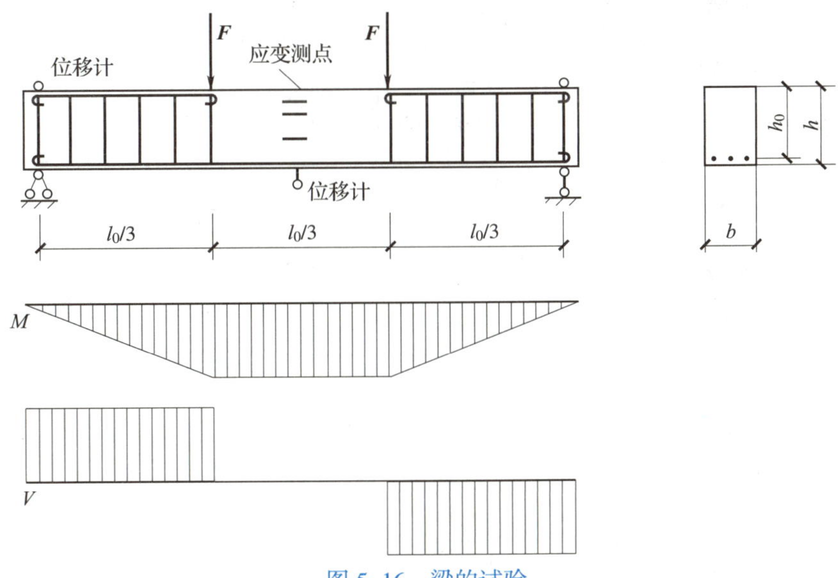

图 5-16 梁的试验

1）第一阶段（又称开裂前阶段）。在加荷初期，纯弯段弯矩很小，钢筋和混凝土共同承担弯矩所产生的拉应力，构件基本处于弹性工作阶段，如图 5-17a 所示；当荷载不断增加时，弯矩也随之增加，受拉区混凝土应力增加，由于混凝土抗拉强度很低，应变逐渐达到极限，构件处于将裂未裂状态，如图 5-17b 所示，此状态对应的拉应力也是工程中判断构件抗裂能力的依据。

2）第二阶段（又称带裂缝工作阶段）。当随荷载的增加使受拉区混凝土超过其抗拉强度时，受拉区混凝土出现裂缝，此开裂部分混凝土退出工作，其所承受的拉应力转移给受拉钢筋承担，如图 5-18a 所示；随着荷载的增加，受拉区钢筋的应力逐渐达到钢筋的屈服强度，裂缝宽度不断增大，数量也同时增加，中性轴位置上抬，混凝土受压区面积不断缩小，应变增长速度加快，混凝土出现明显的塑性性质，如图 5-18b 所示，此时混凝土构件处于正常使用的极限状态。

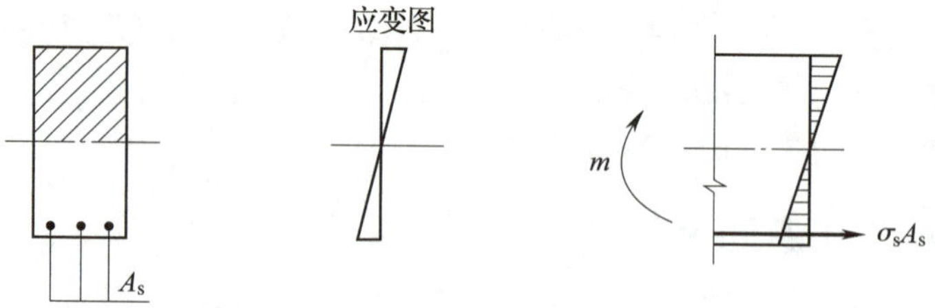

a）

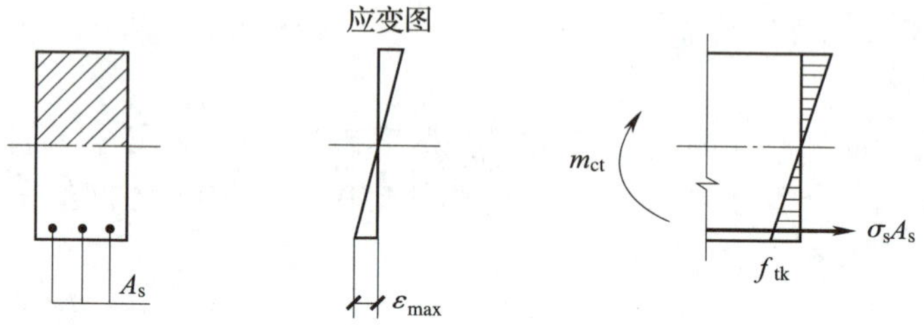

b）

图 5-17　适筋梁第一阶段工作状况

a）第一阶段　b）第一阶段末

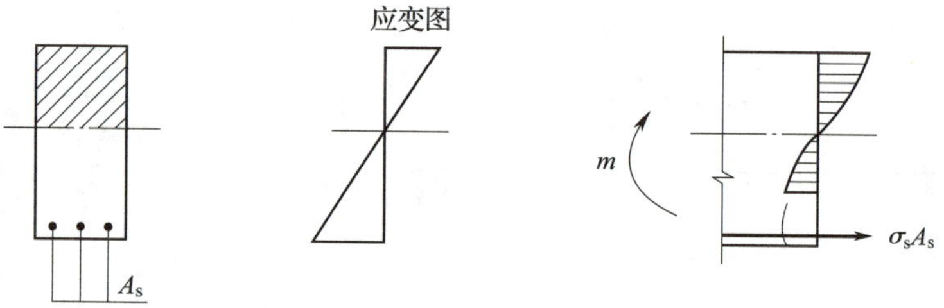

a）

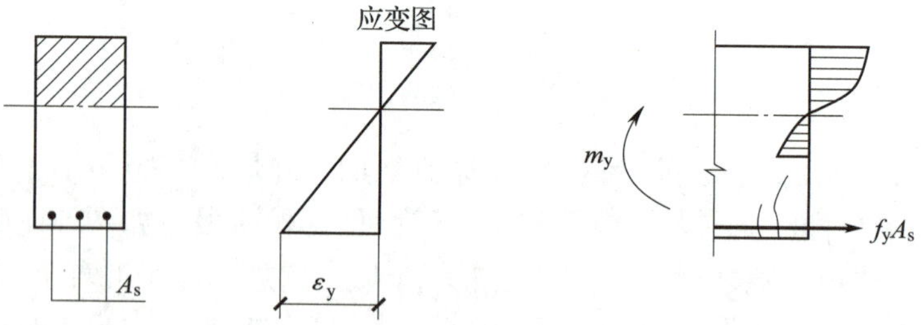

b）

图 5-18　适筋梁第二阶段工作状况

a）第二阶段　b）第二阶段末

3）第三阶段（又称破坏阶段）。钢筋屈服后，受拉钢筋的应力维持不变，应变迅速增大，混凝土受压区面积不断缩小，混凝土压应力逼近其极限，如图 5-19a 所示；当荷载继续增加时，混凝土的压应变达到其极限压应变，混凝土被压碎，构件最终被破坏，如图 5-19b 所示，由此可以确定受弯构件的正截面承载力。

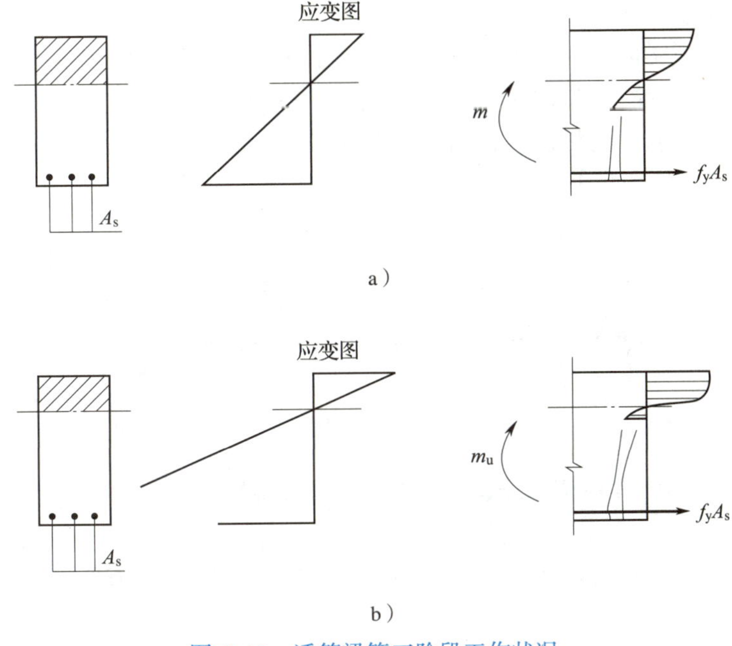

图 5-19　适筋梁第三阶段工作状况

a）第三阶段　b）第三阶段末

适筋梁的破坏经历上述三个阶段，其破坏发生前有明显的征兆（裂缝和挠度），如图 5-20 所示，为塑性破坏。适筋梁中钢筋和混凝土的强度都充分发挥作用，体现了工程的经济性和安全性，是实际工程的首选。

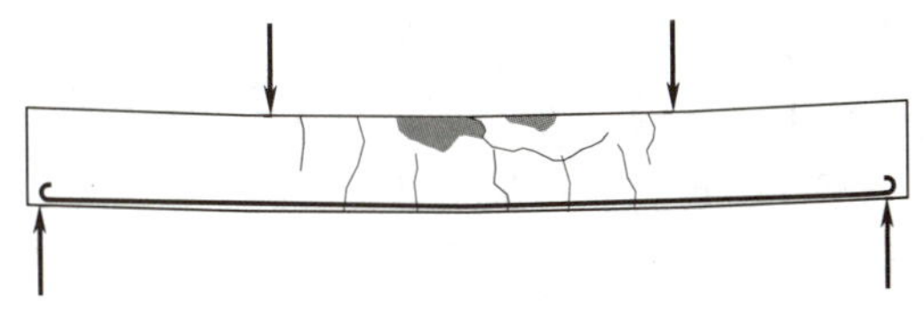

图 5-20　适筋破坏的形态

（2）超筋破坏

超筋破坏是指梁内受拉区钢筋配置过多，在受拉钢筋屈服之前，受压区混凝土就已经被压碎。破坏时梁内钢筋尚未达到屈服强度，裂缝的宽度和延伸量都很有限，所以破坏前没有明显的变形征兆，这种破坏是一种脆性破坏，如图 5-21 所示。超筋梁既不经济又不安全，在工程中是严禁使用的。

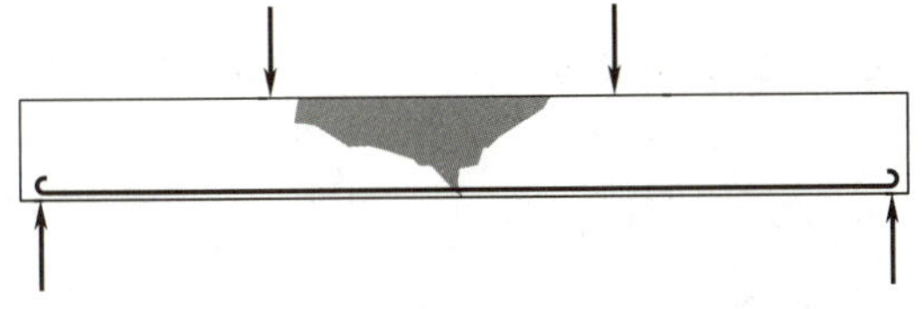

图 5-21　超筋破坏的形态

（3）少筋破坏

少筋破坏是指梁内受拉钢筋配置数量少于正常范围的下限，由于配筋过少，受拉区一旦出现裂缝，混凝土退出工作后，钢筋很快达到屈服强度，构件出现宽度很大的裂缝，甚至拉断钢筋。这种破坏没有明显的征兆，是一种脆性破坏，如图 5–22 所示。工程中一般不允许使用少筋梁。

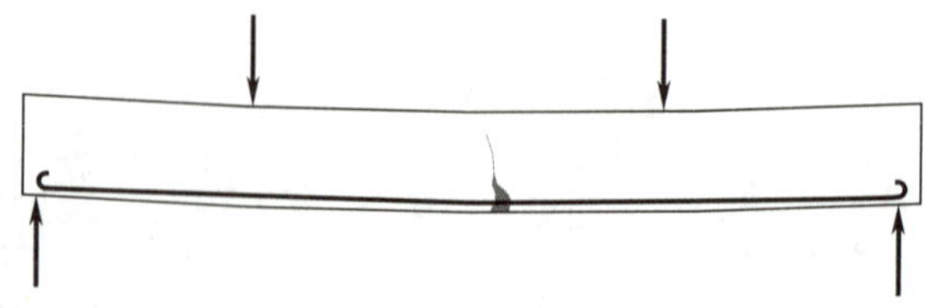

图 5–22　少筋破坏的形态

2. 单筋矩形截面受弯构件正截面承载力确定要点

（1）基本公式

矩形截面梁的结构计算简图如图 5–23 所示。根据静力平衡条件，可得出承载力基本公式：

$$\alpha_1 f_c bx = f_y A_s \tag{5-2}$$

$$M \leqslant M_u = \alpha_1 f_c bx\,(h_0 - x/2) \tag{5-3}$$

式中，f_c——混凝土轴心抗压强度设计值；

h_0——梁截面有效高度；

f_y——钢筋抗拉强度设计值；

x——混凝土受压区高度；

α_1——系数，当混凝土强度等级小于或等于 C50 时，取 1.0；

A_s——受拉区纵向钢筋截面面积，见表 5–7；

M——弯矩设计值；

M_u——构件受弯承载力。

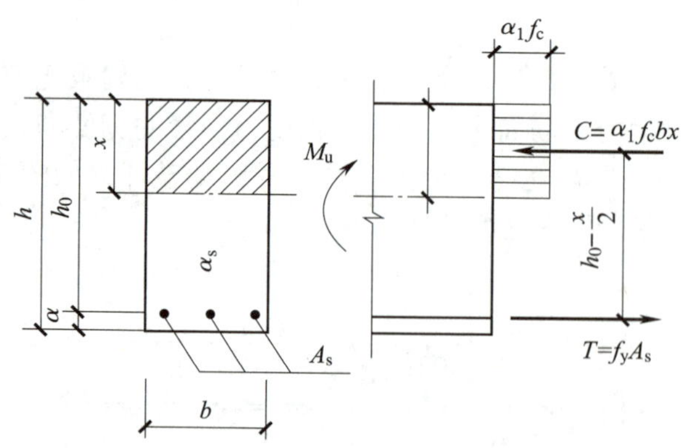

图 5–23　矩形截面梁的结构计算简图

表 5-7　　钢筋的公称直径、计算截面面积及理论重量

公称直径 / mm	不同根数钢筋的计算截面面积 /mm^2									单根钢筋理论重量 / (kg/m)
	1	2	3	4	5	6	7	8	9	
6	28.3	57	85	113	142	170	198	226	255	0.222
8	50.3	101	151	201	252	302	352	402	453	0.395
10	78.5	157	236	314	393	471	550	628	707	0.617
12	113.1	226	339	452	565	678	791	904	1 017	0.888
14	153.9	308	461	615	769	923	1 077	1 231	1 385	1.21
16	201.1	402	603	804	1 005	1 206	1 407	1 608	1 809	1.58
18	254.5	509	763	1 017	1 272	1 526	1 780	2 036	2 290	2.00
20	314.2	628	941	1 256	1 570	1 884	2 200	2 513	2 827	2.47
22	380.1	760	1 140	1 520	1 900	2 281	2 661	3 041	3 421	2.98
25	490.9	982	1 473	1 964	2 454	2 945	3 436	3 927	4 418	3.85
28	615.8	1 232	1 847	2 463	3 079	3 695	4 310	4 926	5 542	4.83
32	804.2	1 609	2 413	3 217	4 021	4 826	5 630	6 434	7 238	6.31
36	1 017.9	2 036	2 054	4 072	5 089	6 107	7 125	8 143	9 161	7.99
40	1 256.6	2 513	3 770	5 027	6 283	7 540	8 796	10 053	11 310	9.87
50	1 963.5	3 928	5 892	7 856	9 820	11 784	13 748	15 712	17 676	15.42

（2）适用条件

上述所列公式仅适用于适筋截面，不适用于超筋截面和少筋截面。

1）工程中为了避免出现超筋情况，应进行如下验算：

$$x \leqslant x_b=\xi_b h_0 \tag{5-4}$$

式中，x——混凝土受压区亮度；

x_b——界限受压区高度；

ξ_b——界限受压区高度与截面有效高度之比，称为相对界限受压区高度，相对界限受压区高度值见表 5-8，它表示受拉钢筋达到屈服的同时受压区混凝土也达到其强度设计值时所对应的相对界限受压区高度；

h_0——梁截面有效高度。

表 5-8　　相对界限受压区高度

≤C50	HPB300	HRB400	HRB500
ξ_b	0.576	0.518	0.482

2）工程中为了避免出现少筋情况，应验算最小配筋率：

$$\rho=\frac{A_s}{bh}\geqslant\rho_{min} \tag{5-5}$$

式中，ρ——配筋率；

A_s——受拉区纵向钢筋截面面积；

b——梁截面亮度；

h——梁截面高度；

ρ_{min}——最小配筋率。

需要注意的是，计算配筋率时的截面面积是全截面面积，而非有效截面面积。受弯构件的受拉钢筋最小配筋率取 0.2% 和 $0.45\frac{f_t}{f_y}$的较大值；其中f_t为混凝土抗拉强度设计值，f_y为钢筋抗拉强度设计值。

3. 计算实例

（1）截面设计问题

截面设计问题即计算受弯构件纵向受力钢筋配置问题。已知构件的尺寸、材料强度等级、弯矩设计值，受力钢筋面积的计算步骤如下：

1）确定已知参数。

①根据构件尺寸确定截面宽 b、截面高 h 和截面有效高度 h_0；

②根据混凝土强度等级查表 5-2 得到f_c、f_t 和 α_1；

③根据钢筋级别查表 5-1 和表 5-8 得到f_y 和 ξ_b。

2）求受压区高度 x，并判断是否超筋。

①由公式 $M\leqslant M_u=\alpha_1 f_c bx（h_0-x/2）$，求出 x；

②由公式 $x\leqslant x_b=\xi_b h_0$ 验算是否为超筋梁。若满足不等式，则不为超筋梁；若不满足不等式，则为超筋梁，需要调整参数重新计算。

3）求钢筋面积 A_s。

①由公式 $\alpha_1 f_c bx=f_y A_s$，求出 A_s；

②查表 5-7，配筋。

4）验算最小配筋率。

由公式$\rho=\frac{A_s}{bh}\geqslant\rho_{min}$验算是否为少筋梁，其中$\rho_{min}$取 0.2% 和 $0.45\frac{f_t}{f_y}$的较大值。若满足不等式，则不为少筋梁，设计满足要求；若不满足不等式，则为少筋梁，令$\rho=\rho_{min}$调整配筋。

【例 5-1】 已知矩形梁截面尺寸 $b\times h$=200 mm×450 mm，由荷载产生的弯矩设计值 M=100 kN·m，混凝土强度等级为 C30，采用 HRB400 钢筋，求所需受拉纵筋截面面积。

解：

（1）确定已知参数。

已知混凝土强度等级为 C30，f_t=1.43 N/mm^2，f_c=14.3 N/mm^2，α_1=1.0；

采用 HRB400 钢筋，f_y=360 N/mm²，ξ_b=0.518；

假设一排布置钢筋，h_0=450−35=415 mm。

（2）求受压区高度 x，并判断是否超筋。

由 $M \leqslant M_u=\alpha_1 f_c bx(h_0-x/2)$，即 $100\times10^6 \leqslant M_u=14.3\times200x(410-x/2)$ 得：

$$x=95\ \text{mm}<x_b=\xi_b h_0=0.518\times415=215\ \text{mm}$$

（3）求钢筋面积 A_s。

由 $\alpha_1 f_c bx=f_y A_s$，即 $10\times14.3\times200\times95=360A_s$ 得：

$$A_s=755\ \text{mm}^2$$

配置为 2⏀22，A_s=760 mm²。

（4）验算最小配筋率。

$$\rho=\frac{A_s}{bh}=\frac{760}{200\times450}=0.84\%$$

$$\rho_{min}=\max\left(0.2\%,\ 0.45\frac{f_t}{f_y}\right)=\max\left(0.2\%,\ 0.45\frac{1.43}{360}\right)=0.2\%<\rho，满足要求。$$

（2）截面校核问题

截面校核问题即校核已经完成设计的受弯构件是否安全的问题。已知构件的尺寸、材料强度等级、弯矩设计值、受力钢筋面积，确定受弯构件能否抵抗构件所承受的弯矩步骤如下。

1）确定已知参数。

①根据构件尺寸确定截面宽 b、截面高 h 和截面有效高度 h_0；

②根据混凝土强度等级查表 5−2 得到 f_c、f_t 和 α_1；

③根据钢筋级别查表 5−1 和表 5−8 得到 f_y 和 ξ_b，由配筋查表 5−7 得到 A_s。

2）验算最小配筋率。

由公式 $\rho=\frac{A_s}{bh}\geqslant\rho_{min}$ 验算是否为少筋梁，其中 ρ_{min} 取 0.2% 和 $0.45\frac{f_t}{f_y}$ 的较大值。若满足不等式，则不为少筋梁，设计满足要求，继续校核其他项；若不满足不等式，则为少筋梁，设计不满足要求，无须继续校核。

3）求受压区高度 x。

①由公式 $\alpha_1 f_c bx=f_y A_s$，求出 x。

②由公式 $x\leqslant x_b=\xi_b h_0$ 验算是否为超筋梁。若满足不等式，则不为超筋梁，继续校核其他项；若不满足不等式，则为超筋梁，设计不满足要求，无须继续校核。

4）求受弯承载力 M_u。

由公式 $M_u=\alpha_1 f_c bx(h_0-x/2)$，求出 M_u；若满足 $M<M_u$，设计满足要求；若不满足，则设计不满足要求。

【例 5−2】 已知矩形梁截面尺寸 $b\times h$=200 mm×450 mm，由荷载产生的弯矩设计值 M=150 kN·m，混凝土强度等级为 C30，采用 HRB400 钢筋，纵向受拉配置为 3⏀20，钢筋面积 A_s=942 mm²，试校核梁的受弯承载力。

解:

（1）确定已知参数。

已知混凝土强度等级为 C30，f_t=1.43 N/mm^2，f_c=14.3 N/mm^2，α_1=1.0；采用 HRB400 钢筋，f_y=360 N/mm^2，ξ_b=0.518；一排布置钢筋，h_0=450−35=415 mm。

（2）验算最小配筋率。

$$\rho=\frac{A_s}{bh}=\frac{942}{200\times450}=0.010\ 5$$

$$\rho_{min}=\max\left(0.2\%，0.45\frac{f_t}{f_y}\right)=\max\left(0.2\%，0.45\frac{1.43}{360}\right)=0.2\%<\rho$$

设计满足要求。

（3）求受压区高度 x。

由 $\alpha_1 f_c bx=f_y A_s$，得 $x=\dfrac{f_y A_s}{\alpha_1 f_c b}=\dfrac{360\times942}{1.0\times14.3\times200}$=118.6 mm

$x_b=\xi_b h_0=0.518\times415=215$ mm>x，满足要求。

（4）求受弯承载力 M_u。

$$M_u=\alpha_1 f_c bx（h_0-x/2）=1.0\times14.3\times200\times118.6\times\left(415-\frac{118.6}{2}\right)$$

$$=120.7\times10^6\ \text{N·mm}<M=150\ \text{kN·m}$$

设计不满足要求。

4. 双筋矩形截面受弯构件

在矩形截面受弯构件的受拉区和受压区同时配置纵向受力筋的截面称为双筋截面。其中，受拉钢筋截面面积用 A_s 表示，受压钢筋截面面积用 A_s' 表示。双筋截面如图 5-24 所示。工程中双筋截面的使用主要有以下几种情况：

（1）当构件承受的荷载较大，截面尺寸、材料强度受各种条件的制约不能增大，采用单筋截面设计不能保证适用条件而成为超筋梁时。

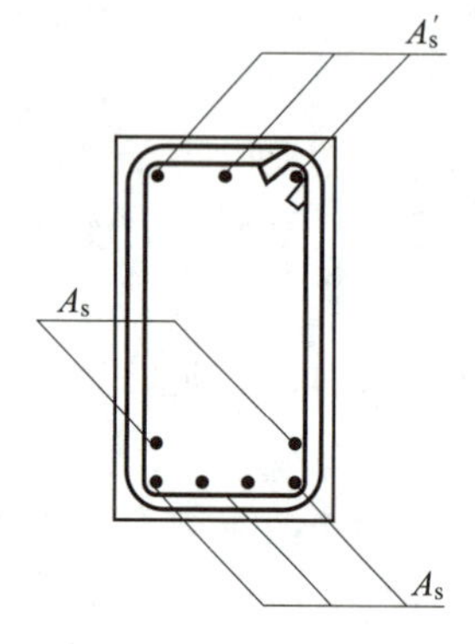

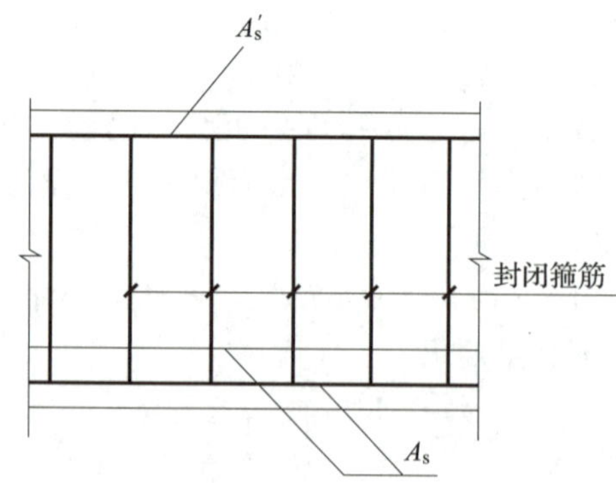

图 5-24　双筋截面

（2）可变荷载使截面受到正负交替的弯矩影响，导致受压区和受拉区互相调换时。

（3）因构造需要，必须在受压区通过受力筋时。

双筋截面采用受压钢筋协助受压不太经济，一般不宜采用。

五、受弯构件斜截面承载力

钢筋混凝土受弯构件除了承受以弯矩为主引起的正截面破坏外，往往还会在剪力和弯矩共同作用下产生斜裂缝，从而引起受剪破坏。所以，对于受弯构件还要进行斜截面承载力的计算。

1. 受弯构件的斜截面破坏形态

受弯构件的正截面强度是以纵向受拉钢筋来保证的，而斜截面强度则主要依靠配置弯起钢筋和箍筋来实现。弯起钢筋和箍筋统称为腹筋。

试验表明，影响斜截面承载力的因素有很多，如截面的大小和形状，各种钢筋的等级和含量，混凝土的强度等级，荷载种类，作用方式及剪跨比等。

斜截面的破坏形态包括斜压破坏、剪压破坏和斜拉破坏三种类型，如图 5–25 所示。

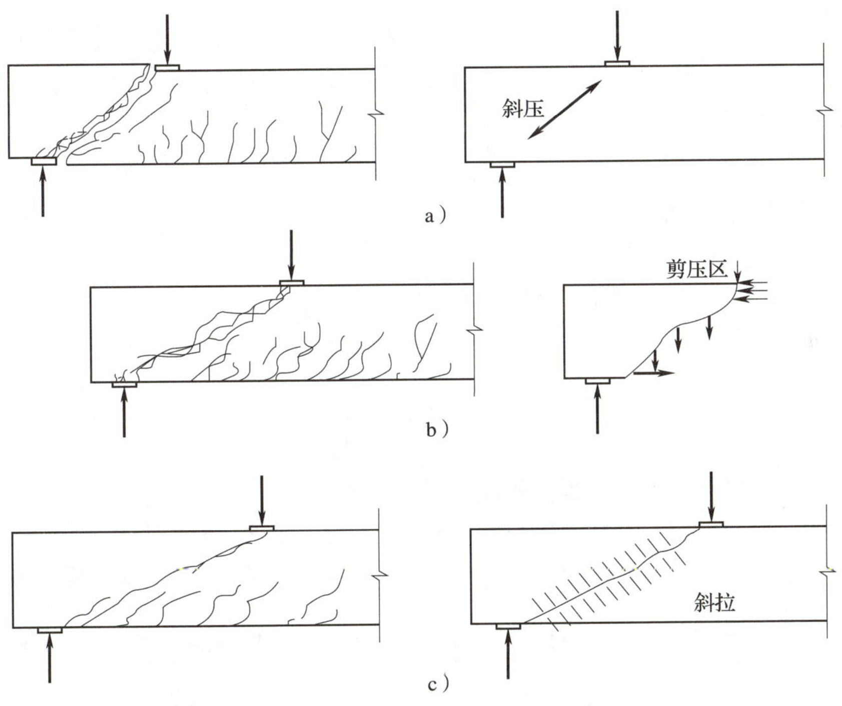

图 5–25　斜截面的破坏形态

a）斜压破坏　b）剪压破坏　c）斜拉破坏

（1）斜压破坏

当梁的箍筋配置过多或剪跨比较小（$\lambda \leqslant 1$）时，随着荷载的增加，在剪弯区出现一些斜裂缝，梁的腹部被分割成若干斜向的受压棱柱体，随后因混凝土棱柱体被压碎而导致梁的破坏，如图 5–25a 所示。此时，箍筋应力并未达到屈服强度，这种破坏与正截面的超筋破坏相似，部分箍筋未能充分发挥作用，属于脆性破坏。在实际设计中应防止斜压破坏的发生。

（2）剪压破坏

当梁内配置的箍筋适当且剪跨比适中（$1 \leqslant \lambda \leqslant 3$）时，随着荷载的增加，首先会在剪弯段的下部出现垂直裂缝，接着沿此垂直裂缝产生斜裂缝。当荷载不断增加时，与其中一条主要斜裂缝（临界斜裂缝）相交的箍筋逐渐达到屈服强度。同时，剪压区混凝土在剪应力及压应力的共同作用下达到极限状态而被破坏，如图 5–25b 所示。这种破坏类似于正截面的适筋破坏，属于脆性破坏。在实际设计中应防止剪压破坏的发生。

（3）斜拉破坏

当箍筋配置较少且剪跨比过大（$\lambda>3$）时，随着荷载的增加，梁的下边缘出现垂直的弯曲裂缝。裂缝一旦出现，与斜裂缝相交的箍筋很快达到屈服强度，其中的主裂缝迅速伸展到梁的受压边缘，构件很快被拉为两段而遭破坏，如图 5–25c 所示。这种破坏没有征兆，类似正截面的少筋破坏，属于脆性破坏。在实际设计中应防止斜拉破坏的发生。

2. 斜截面受剪承载力的确定

（1）基本公式

由上述剪压破坏形态可知，发生这种破坏时，与斜截面相交的腹筋应力达到屈服强度，剪压区混凝土达到强度极限。相关规范建议，混凝土梁中宜采用箍筋作为承受剪力的钢筋，并且满足：

$$V \leqslant V_u \tag{5-6}$$

式中，V——构件斜截面上的最大剪力设计值；

V_u——构件受剪承载力。

1）斜截面位置仅配有箍筋时的承载力为：

$$V \leqslant V_u = V_{cs} \tag{5-7}$$

$$V_{cs} = \alpha_{cv} f_t b h_0 + f_{yv} \frac{A_{sv}}{s} h_0 \tag{5-8}$$

式中，V_{cs}——构件斜截面上混凝土和箍筋受剪承载力；

α_{cv}——斜截面混凝土受剪承载力系数，对于一般受弯构件取 0.7，对集中荷载作用下（包括作用有多种荷载，其中集中荷载对支座截面或结点边缘所产生的剪力值占总剪力 75% 以上的情况）的独立梁，取 $\alpha_{cv}=\frac{1.75}{\lambda+1}$，其中，$\lambda$ 为计算截面的剪跨比，可取 $\lambda=\frac{a}{h_0}$，当 λ 小于 1.5 时，取 1.5，当 λ 大于 3 时，取 3，a 取集中荷载作用点至支座截面或结点边缘的距离；

A_{sv}——配置在同一截面内箍筋各肢的全部截面面积，$A_{sv}=nA_{sv1}$，其中，n 表示同一截面内箍筋的肢数，A_{sv1} 表示单肢箍筋的截面面积；

s——沿构件长度方向的箍筋间距；

f_t——混凝土轴心抗压强度设计值；

f_{yv}——箍筋抗拉强度设计值。

2）斜截面同时配有箍筋和弯起钢筋的承载力为：

$$V \leqslant V_u=V_{cs}+0.8f_{yv}A_{sb}\sin\alpha_s \tag{5-9}$$

式中，V——构件斜截面上的最大剪力设计值；

V_u——构件受剪承载力；

V_{cs}——构件斜截面上混凝土和箍筋受剪承载力；

f_{yv}——箍筋抗拉强度设计值；

A_{sb}——同一弯起平面内弯起钢筋的截面面积；

α_s——弯起钢筋与梁的轴线夹角。

（2）适用条件

1）尺寸限制。在受剪构件设计中，为了防止由于箍筋设置过量而发生斜压破坏，要求受剪构件斜截面应符合下列规定：

当 $\frac{h_w}{b} \leqslant 4$ 时，

$$V \leqslant 0.25\beta_c f_c b h_0 \tag{5-10}$$

当 $\frac{h_w}{b} \geqslant 6$ 时，

$$V \leqslant 0.2\beta_c f_c b h_0 \tag{5-11}$$

当 $4<\frac{h_w}{b}<6$ 时，按线性内插法确定。

式中，V——构件斜截面上的最大剪力设计值；

f_c——混凝土轴心抗压强度设计值；

b——构件截面亮度；

h_0——构件截面绝对高度；

β_c——混凝土影响系数，当混凝土强度等级不超过 C50 时，β_c 取 1.0；当混凝土强度等级为 C80 时，β_c 取 0.8；其间按线性内插法确定；

h_w——截面腹板刚度，对矩形截面，取有效高度。

2）最小配箍率限制。在受剪构件设计中，为了防止由于箍筋设置过少而发生斜拉破坏，计算所得的配箍率应满足：

$$\rho_{sv}=\frac{nA_{sv1}}{sb}>\rho_{sv,\ min}=0.24\frac{f_t}{f_{yv}} \tag{5-12}$$

（3）是否按构造配箍筋

若满足 $V \leqslant \alpha_{cv}f_t b h_0$，仅需要按照构造要求进行配置箍筋。若 $V>\alpha_{cv}f_t b h_0$，则需要按照计算配置箍筋。按构造配置箍筋即按箍筋最小配筋率 $\rho_{sv,\ min}$、箍筋最小直径 d_{min}（见表 5-9）来设置箍筋，箍筋最大间距 s_{max} 按表 5-3 要求配置。

表 5-9　　箍筋最小直径 d_{min}　　mm

梁高	最小直径
$h \leqslant 800$	6
$h>800$	8

（4）设计步骤

已知构件的尺寸、材料强度、剪力设计值，求箍筋配置的步骤如下。

1）复核截面尺寸，防止发生斜压破坏。

当$\frac{h_w}{b}\leqslant 4$时，$V \leqslant 0.25\beta_c f_c b h_0$；

当$\frac{h_w}{b}\geqslant 6$时，$V \leqslant 0.2\beta_c f_c b h_0$；

当$4<\frac{h_w}{b}<6$时，按线性内插法确定。

若满足不等式，则不会发生斜压破坏；否则调整梁的参数，重新计算。

2）确定是否需按照计算配箍筋。

若$V>\alpha_{cv} f_t b h_0$，则需要按照计算配置箍筋。否则，按构造配置箍筋。

3）计算配箍筋。

由公式$V \leqslant V_{cs}=\alpha_{cv} f_t b h_0+f_{yv}\frac{A_{sv}}{s}h_0$，求出$\frac{A_{sv}}{s}$；再假定箍筋直径，定出箍筋间距，配箍筋。

4）验算配箍率，防止发生斜拉破坏。

由公式$\rho_{sv}=\frac{nA_{sv1}}{sb}>\rho_{sv,\ min}=0.24\frac{f_t}{f_{yv}}$验算配箍率。

【例 5-3】 矩形截面简支梁尺寸为 250 mm × 500 mm，梁上剪力 V=200 kN，梁底纵筋为 3Φ22，混凝土强度等级为 C30（f_t=1.43 N/mm^2，f_c=14.3 N/mm^2），箍筋采用 HPB300 钢筋（f_{yv}=270 N/mm^2），求箍筋配置（已知 a_s=40 mm）。

解：

（1）复核梁的截面尺寸。

假设箍筋直径为 8 mm，$h_w=h_0=500-40=460$ mm。

$$\frac{h_w}{b}=\frac{460}{200}=1.84<4.0$$

$$0.25\beta_c f_c b h_0=0.25\times 1.0\times 14.3\times 250\times 460=411\ 125\ \text{N}>V=200\ \text{kN}$$

截面尺寸满足要求。

（2）确定是否需要按计算配置箍筋。

$$0.7 f_t b h_0=0.7\times 1.43\times 250\times 460=115\ 115\ \text{N}<V=200\ \text{kN}$$

需进行斜截面受剪承载力计算，按计算配置箍筋。

（3）按计算配置箍筋。

$$\frac{A_{sv}}{s} \geqslant \frac{V-\alpha_{cv} f_t b h_0}{f_{yv} h_0} = \frac{200\ 000-115\ 115}{270 \times 460} = 0.683\ \text{mm}^2/\text{mm}$$

选双肢箍 8（n=2，A_{sv1}=50.3 mm），则箍筋间距：

$$s \leqslant \frac{nA_{sv1}}{0.683} = \frac{2 \times 50.3}{0.683} = 147\ \text{mm}$$

取 s=140 mm，沿梁全长等距布置。

（4）验算配箍率。

$$\rho_{sv} = \frac{nA_{sv1}}{sb} = \frac{2 \times 50.3}{140 \times 250} = 0.002\ 9 > \rho_{sv,\ min} = 0.24\frac{f_t}{f_{yv}} = 0.24 \times \frac{1.43}{270} = 0.001\ 3$$

满足要求。

第三节　受压构件

一、受压构件的分类

钢筋混凝土受压构件按其纵向力（相对于构件）作用线与构件截面形心轴线之间相互位置的不同，可分为轴心受压构件和偏心受压构件，如图 5-26 所示。

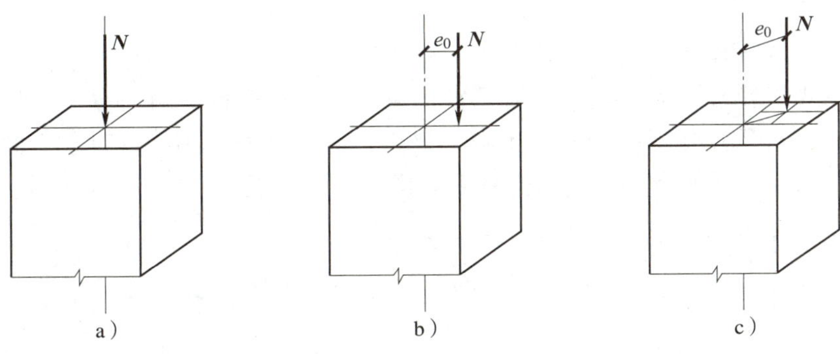

图 5-26　受压构件

a）轴心受压构件　b）单向偏心受压构件　c）双向偏心受压构件

当纵向力作用线与构件截面形心轴线重合时，在不考虑其他因素的情况下，称该构件为**轴心受压构件**，如图 5-26a 所示。事实上，混凝土材质的非匀质性、配筋的不对称、施工中的安装偏差和实际荷载作用位置偏差等诸多因素造成了理想的钢筋混凝土轴心受压构件在工程中不可能存在。但是，实际存在于工程中对称结构的中柱和一些内柱，由于偏心因素很小而被忽略，近似地按照轴心受压构件来考虑。鉴于上述因素的影响，除去那些可近似作为轴心考虑的受压构件以外，还有相当多的受压构件应按偏心受压构件考虑。

根据纵向力作用线偏离构件截面形心轴线的位置不同，偏心受压构件可分为单向偏心和双向偏心。当纵向压力 N 的作用线只在构件截面的一个方向偏离时，这种构件称为**单向偏心受压构件**，如图 5-26b 所示；当这个力在两个方向均有偏离时，这种构件称为**双向偏心受压构件**，如图 5-26c 所示。

工程中有些轴心受压构件可能会受到水平力的影响或弯矩的作用而形成压弯构件，如图 5-27a 所示。压弯构件的形成可以看作具有偏心距的偏心压力的作用，如图 5-27b 所示，所以压弯构件就是偏心受压构件，如图 5-27c 所示。这类构件在工程中也很常见。

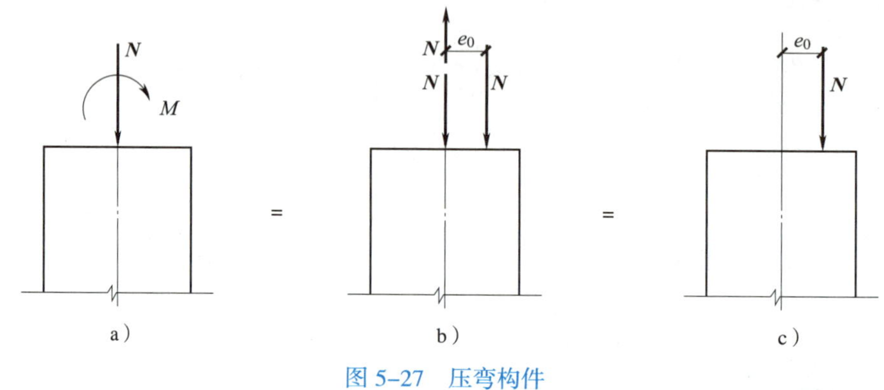

图 5-27　压弯构件

二、受压构件的构造

1. 截面形式及尺寸

为了便于支模施工及符合适用条件，轴心受压构件一般采用正方形截面和矩形截面。根据造型及需要，有时也采用圆形截面和其他异形截面。偏心受压构件根据受力合理的要求一般采用矩形截面，为了减小自重、节约混凝土用量，对于截面尺寸较大的偏心柱，特别是预制装配式混凝土柱多做成工字形截面，如图 5-28 所示。

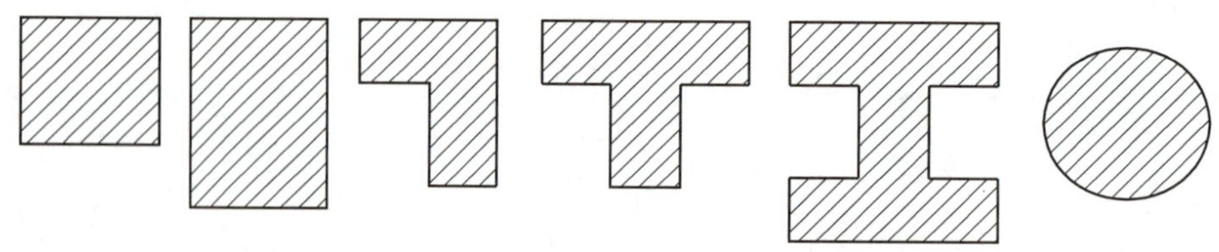

图 5-28　柱的截面形式

构件截面尺寸的大小取决于构件截面上内力的大小。除内力外，还要考虑构件长度与构件截面几何尺寸的关系，如构件过于细长（工程中称为长细比过大），则构件的稳定性降低，其承载力受稳定性影响，材料的强度得不到充分发挥。因此，受压构件的截面不宜过小，矩形截面柱的边长应不小于 300 mm，圆形柱直径应不小于 350 mm，矩形柱的截面高宽比（长边比短边）应不宜超过 3。

工程中为避免构件长细比过大，承载力降低过多，常取 $l_0/b \leqslant 30$，$l_0/h \leqslant 25$，此

处 l_0 为柱的计算长度，b 为矩形截面的短边边长，h 为矩形截面的长边边长。为了便于施工，使模板尺寸模数化，柱的截面尺寸在 800 mm 以下者宜取 50 mm 的整倍数，800 mm 以上者宜取 100 mm 的整倍数。

2. 材料的强度要求

对受压构件而言，混凝土强度等级对承载力的影响较大。在受压构件中，因受混凝土本身强度等级的限制，高强度的钢筋并不能在其中充分发挥作用，所以不能采用高强度等级的钢筋来提高构件的承载力。为了减小构件的截面尺寸，节约钢筋用量，宜选用较高强度等级的混凝土。现阶段普遍采用 C30 以上强度等级的混凝土，对高层建筑等有很高承载力要求的混凝土柱，必要时可选用高强度（C60 以上）等级的混凝土。

纵向受力筋一般选用 HRB400、HRB500 级钢筋；箍筋一般选用 HPB300 级钢筋，也可选用 HRB400 级钢筋。

3. 纵向钢筋

轴心受压构件的纵向钢筋（简称纵筋）宜沿截面四周均匀布置。柱中纵筋的作用是与混凝土共同承受轴向压力，提高柱的承载力，使混凝土柱的截面尺寸减小；防止因偶然偏心而产生的破坏，改善破坏时构件的延性；减小混凝土的徐变。

为了增加钢筋骨架的刚度，避免受压屈曲，减少箍筋用量，纵向受力筋的直径一般为 16 ~ 32 mm，最小不能小于 12 mm。一般来说，宜选用根数少、直径较粗大的钢筋。但是，对于矩形截面，钢筋数不能少于 4 根；对于圆形截面，钢筋数不能少于 6 根。

偏心受压构件的纵向钢筋宜沿弯矩作用平面的两端布置。当截面高度不小于 600 mm 时，应在侧面设置直径为 10 ~ 16 mm 的纵向构造钢筋（类似梁的腰筋），并相应设置复合箍筋和拉筋。

受压构件全部纵向钢筋的最小配筋率按《混凝土结构通用规范》（GB 55008—2021）要求应符合表 5–10 的规定，全部纵向钢筋的配筋率不宜大于 5%。

表 5–10　　柱全部纵向钢筋的最小配筋率

受压构件		最小配筋百分率
全部纵向钢筋	强度等级 500 MPa	0.50%
	强度等级 400 MPa	0.55%
	强度等级 300 MPa	0.60%
一侧纵筋		0.20%

为了保证钢筋与混凝土的合理受力及施工质量，柱中纵向受力筋的净间距应不小于 50 mm；纵向受压钢筋的最大中心距不宜大于 300 mm（对偏心受压构件而言，指一侧的受力筋）。

纵向钢筋的连接位置宜设置在受力较小处。钢筋的连接形式宜采用机械接头连接，也可采用焊接和搭接形式。对于直径在 32 mm 以上的受压钢筋和 25 mm 以上的受拉钢筋应优先考虑采用机械连接。

4. 箍筋

为了防止纵筋在受力过程中压屈，增强柱的抗剪强度，保证施工过程中对纵筋的固定作用，防止混凝土受压后的侧向膨胀，柱中箍筋应采用封闭式箍筋，如图 5–29 所示。圆形柱除可采用圆形箍以外，还可采用外部连续缠绕的螺旋箍。

箍筋间距不超过 400 mm 及构件截面的短边尺寸，且不应超过 15d，焊接固定时不超过 20d（d 为纵筋的最小直径）。

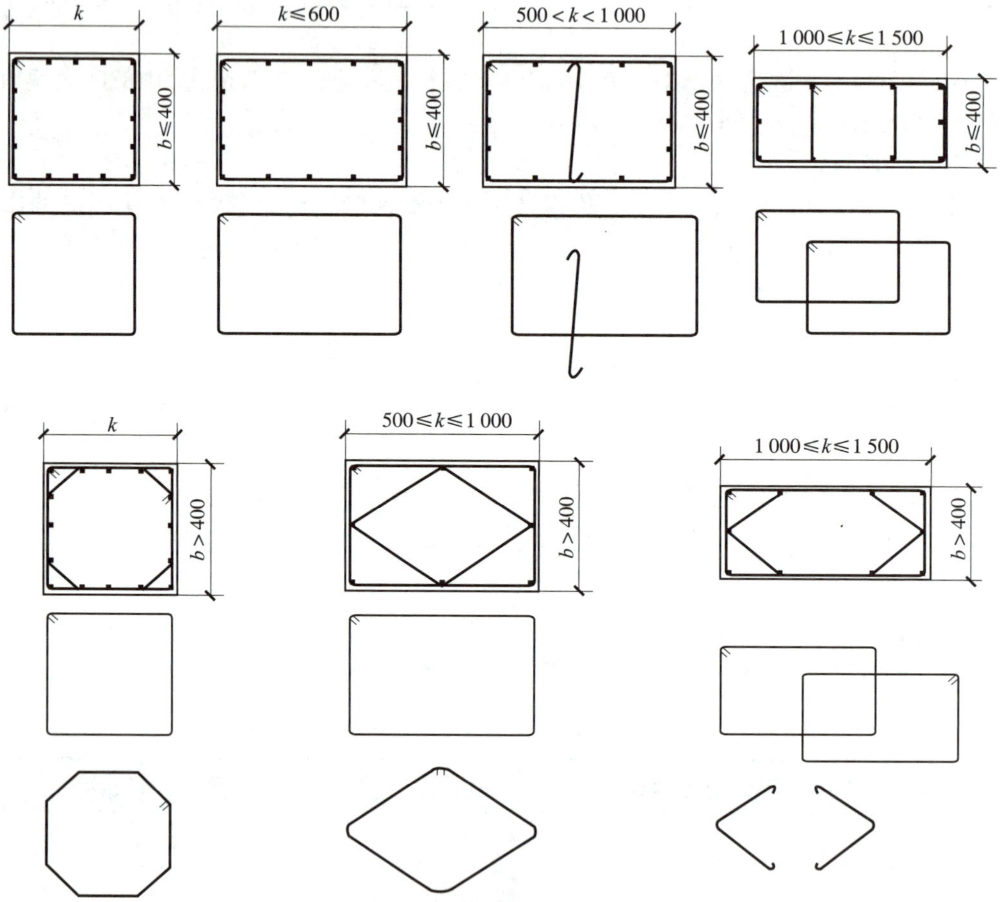

图 5–29　方形柱和矩形柱的箍筋形式

为了保证对受压构件的侧向约束及发挥纵筋的效率，箍筋直径应不小于 6 mm，且应不小于 $d/4$（d 为纵筋的最大值）。当柱短边尺寸 >400 mm 且各边纵筋 >3 根，或柱短边尺寸≤ 400 mm 且各边纵筋 >4 根，应设置复合箍筋。

三、轴心受压构件正截面承载力

一般将钢筋混凝土柱按照箍筋的作用及配置方式的不同分为两种：配有纵向钢筋

和普通箍筋的柱，简称普通箍筋柱，如图 5-30a 所示；配有纵向钢筋和螺旋箍筋（或焊接环式箍筋）的柱，简称螺旋箍筋柱，如图 5-30b 所示。

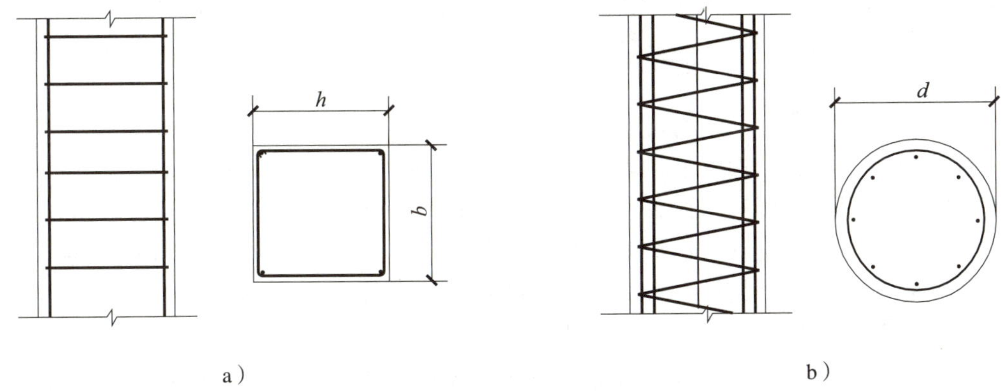

图 5-30　柱的类型

a）普通箍筋柱　b）螺旋箍筋柱

1. 普通箍筋柱

（1）破坏特征

对于矩形截面及对称配筋的轴心受压短柱，在轴心荷载作用下，构件整个截面的应力是均匀分布的。构件在较小轴心力的作用下，混凝土和钢筋均处于弹性阶段，柱压缩变形的增加与荷载的增加成正比，纵筋和混凝土压应力的增加也与荷载的增加成正比。

随着荷载的增加，混凝土的塑性变形逐渐形成和发展，压缩变形增加的速度快于荷载增加的速度。这种现象因纵筋配筋率的减小而越发明显，而这一阶段钢筋压应力的增加比混凝土压应力的增加要快。由于荷载的继续增加，柱中开始出现细微裂缝，当临近破坏时，柱的四周出现明显的纵向裂缝，纵筋被压屈且向外凸出，混凝土被压碎，最终导致整个柱破坏，如图 5-31 所示。

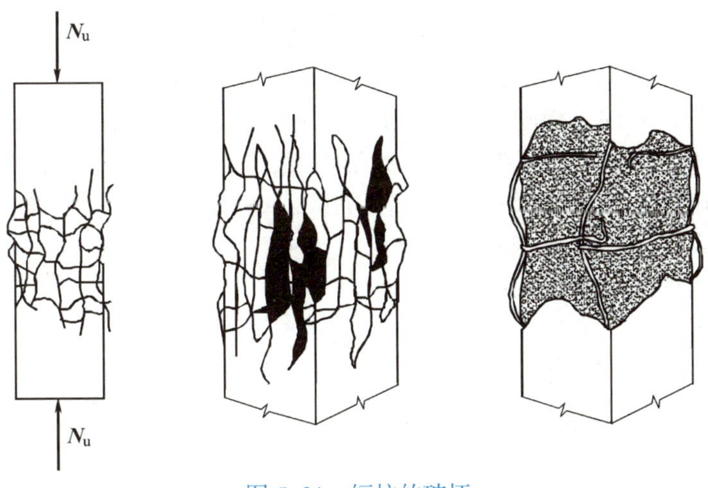

图 5-31　短柱的破坏

一般情况下，这种钢筋混凝土短柱的压应力在峰值时的应变可达 0.002 5 ~ 0.003 5，明显高于素混凝土棱柱体构件 0.001 5 ~ 0.002 0 的压应变值，其原因在于纵筋和箍筋组成的钢筋网架对混凝土所起的约束和嵌箍作用，改善了混凝土的脆性性质。因此，对于纵筋强度不太高的情况，往往是纵筋先达到屈服强度，而后混凝土的压应力增加到极限值导致构件破坏。如选用屈服强度较高的纵筋，可能会出现混凝土已经达到极限压应变值，而钢筋还未达到屈服强度的情况。

对于矩形截面及对称配筋的轴心受压细长构件，各种偶然因素或不可避免的不利因素造成了实际上不可忽略的偏心影响。在荷载作用下，初始偏心距往往导致产生附加弯矩和相应的侧向挠度，而侧向挠度又加剧了荷载偏心距的作用；随着附加弯矩和侧向挠度的相互影响，长柱在轴向力和弯矩的共同作用下发生破坏。破坏时往往先在柱内凹侧出现纵向裂缝，随后混凝土被压碎，对称面则因受拉而出现水平裂缝，同时受压侧纵筋因压屈而向外凸出，侧向挠度急剧增大，构件被破坏，如图 5-32 所示。

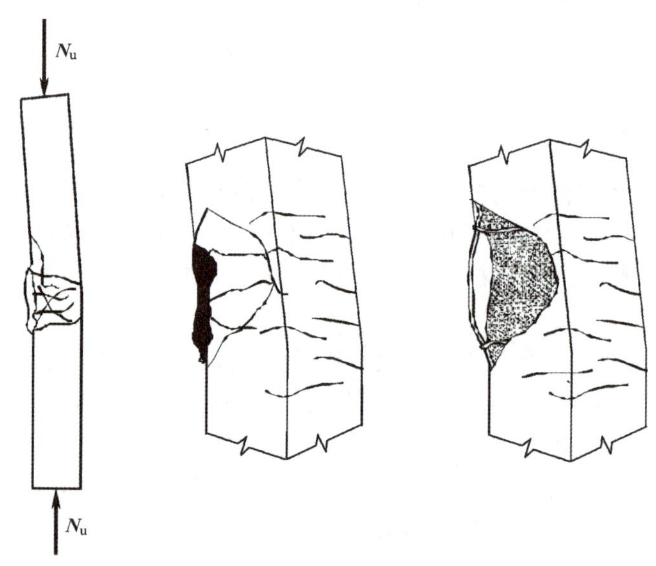

图 5-32　长柱的破坏

（2）基本公式

相对于短柱，长柱在相同条件下的破坏荷载要低得多，而且长细比越大，其相应的承载力降低得越多。对于长细比很大的细长柱，还有可能发生失稳破坏。为了不致因过大的长细比而引发失稳破坏，《混规》采取了一套以控制构件的长细比为主要目的的稳定系数来表示长柱承载力的降低程度。

轴心受压构件承载力计算基本公式为：

$$N \leqslant 0.9\varphi\left(f_c A + f_y' A_s'\right) \tag{5-13}$$

式中，N——轴向压力设计值；

φ——钢筋混凝土受压构件的稳定系数，按表 5-11 选用；

f_c——混凝土抗压强度设计值；

f_y'——钢筋抗压强度设计值；

A——构件截面面积；

A'_s——纵筋截面面积。

上述公式中，当纵筋配筋率大于 3% 时，构件截面面积 A 应改为 $A-A'_s$。

表 5-11　　钢筋混凝土矩形截面受压构件的稳定系数 φ

l_0/b	≤ 8	10	12	14	16	18	20	22	24	26	28
φ	1.00	0.98	0.95	0.92	0.87	0.81	0.75	0.70	0.65	0.60	0.56
l_0/b	30	32	34	36	38	40	42	44	46	48	50
φ	0.52	0.48	0.44	0.40	0.36	0.32	0.29	0.26	0.23	0.21	0.19

注：l_0 表示构件计算长度，b 表示矩形截面短边长度。

构件计算长度 l_0 与构件两端的支撑情况和构件高度有关。对于一般多层房屋中梁柱为刚接的框架结构，各层柱的计算长度可按表 5-12 选用。

表 5-12　　框架结构各层柱的计算长度

楼盖类型	柱的类别	计算长度 l_0
现浇楼盖	底层柱	$1.0H$
	其余各层柱	$1.25H$
装配式楼盖	底层柱	$1.25H$
	其余各层柱	$1.5H$

注：H 对底层柱为从基础顶面到一层楼盖顶面的高度；对其余各层柱为上、下两层楼盖顶面之间的高度。

【例 5-4】 某现浇钢筋混凝土框架多层结构，标准层中柱承受轴向力设计值 N=1 780 kN，层高 4.2 m，柱尺寸为 350 mm × 350 mm，采用 C30 混凝土，HRB400 级钢筋，试确定该柱的配筋。

解：

（1）查 φ。

现浇钢筋混凝土框架结构标准差层高 4.2 m，由表 5-12 可知：

$$l_0=1.25\times4.2=5.25\ \text{m}$$

$\dfrac{l_0}{b}=\dfrac{5\,250}{350}=15$，查表 5-11 得 $\varphi=0.895$（内插确定）。

（2）确定纵筋截面面积。

采用 HRB400 级钢筋，f_y=360 N/mm^2；采用 C30 混凝土，f_c=14.3 N/mm^2。

由公式 $N\leqslant0.9\varphi(f_cA+f'_yA'_s)$ 得：

$$A'_s=\frac{\dfrac{N}{0.9\varphi}-f_cA}{f'_y}=\frac{\dfrac{1\,780\times10^3}{0.9\times0.895}-14.3\times350\times350}{360}=1\,272\ \text{mm}^2$$

选 4Φ20，钢筋面积为 1 256 mm^2。

（3）验算纵筋配筋率。

$$\rho_{min}=0.55\%<\rho=\frac{A'_s}{bh}=\frac{1\,256}{350\times350}=0.010\,2=1.02\%<\rho_{max}=5.0\%$$

满足构造要求。

对于一侧纵筋：

$$\rho=\frac{0.5A_s'}{bh}=\frac{0.5\times 1\ 256}{350\times 350}=0.005\ 1=0.51\%>0.2\%$$

亦满足构造要求。

2. 螺旋式箍筋柱

工程中由于承受较大的轴心压力，并且受环境影响或建筑要求的限制，可考虑采用螺旋式或焊接环式间接钢筋（统称为螺旋式箍筋柱）来提高构件的承载能力。这种柱的截面形状一般为圆形或多边形，如图 5–33 所示。

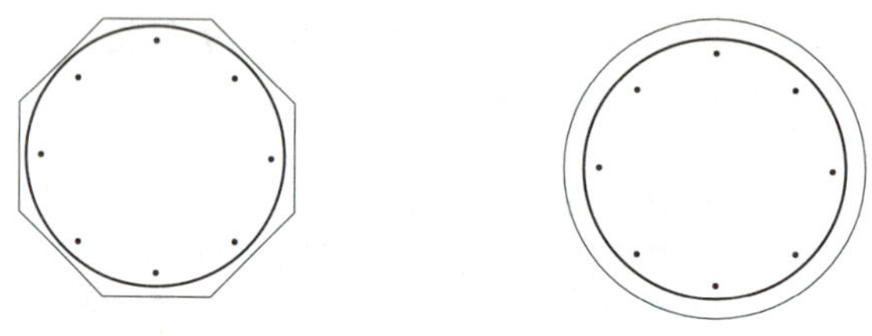

图 5–33　螺旋式箍筋柱

由于螺旋式箍筋柱的配筋率明显提高，对纵筋的固定和内部混凝土的约束更加强劲，从而有效提高了混凝土的抗压强度和变形能力。在荷载作用下，螺旋式箍筋内部会产生拉应力，当外力增加到使箍筋屈服时，它就不再能有效地约束核心区混凝土的横向变形，核心区混凝土即将被压碎，构件趋于破坏。因箍筋外侧部分的混凝土保护层不受箍筋的约束，在箍筋受到较大的拉应力时就会开裂，工程中一般不考虑此部分混凝土的作用。

四、偏心受压构件的类型与判别

试验研究表明，钢筋混凝土偏心受压构件正截面的受力特点和破坏特征与轴向力的偏心距、配筋数量、钢筋和混凝土的强度有关，其破坏形态可分为大偏心受压破坏和小偏心受压破坏两类。

1. 大偏心受压破坏

当轴向力 N 偏心较大，且受拉侧纵筋数量配置较少时，在荷载作用下，距轴向力较远侧的钢筋开始受拉，当荷载增加时，构件在这一侧首先出现横向裂缝；随着裂缝的不断增加和展开，导致受压区面积迅速减小，混凝土压力迅速增大，当受压区边缘混凝土的应变达到其极限值时，受压区混凝土被压碎，如图 5–34 所示。这种破坏有明显的征兆，属于延性破坏。

2. 小偏心受压破坏

当轴向力 N 偏心较小，或偏心距虽大，但受拉钢筋配置过多时，在荷载作用下，截面全部受压或大部分受压，局部受拉区域较小，出现横向裂缝的时间较晚或展开很少，直到临近破坏荷载，在压应力较大的混凝土受压区边缘附近出现纵向裂缝。当达到破坏荷载时，混凝土受压区被压碎，近纵向力一侧的钢筋也受压屈服，远侧的钢筋无论受压或受拉都未达到屈服强度，如图 5–35 所示。这种破坏无明显的征兆，属于脆性破坏。

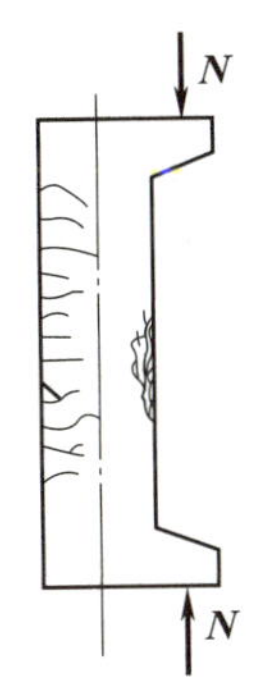

图 5-34　大偏心受压破坏形态

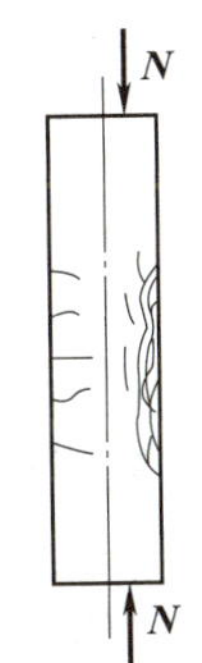

图 5-35　小偏心受压破坏形态

3. 大、小偏心的界限

在上述两种受压破坏之间存在着一种界限破坏：当受拉区混凝土开裂，受拉区钢筋达到屈服强度时，受压区混凝土也达到极限压应变而被压碎，同时受压钢筋也达到屈服强度。显然，这种状态最为理想。考虑到偏心受压构件正截面界限破坏与受弯构件正截面界限破坏相似，因此，与受弯构件正截面承载力计算相同，也可用相对界限受压区高度 ξ_b 来判别两种不同的破坏形态。即当 $\xi \leqslant \xi_b$ 时，截面为大偏心受压破坏；当 $\xi>\xi_b$ 时，截面为小偏心受压破坏。

第四节　受拉构件和受扭构件

一、受拉构件

纵向承受拉力作用的构件称为**受拉构件**。与受压构件相同，受拉构件同样可以分为轴心受拉构件和偏心受拉构件两类。若拉力作用点与构件的重心重合时则为轴心受拉，如图 5-36a 所示；若拉力作用点与构件的重心偏离或同时承受轴向拉力和弯矩作用时则为偏心受拉，如图 5-36b 和图 5-36c 所示。

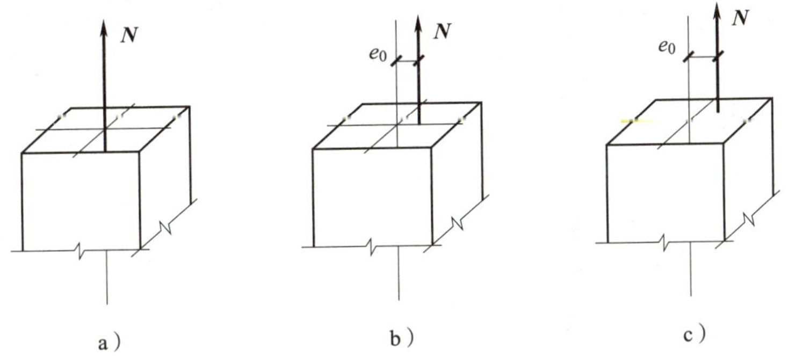

图 5-36　轴心受拉构件和偏心受拉构件

a）轴心受拉构件　b）单向偏心受拉构件　c）双向偏心受拉构件

1. 轴心受拉构件

钢筋混凝土轴心受拉构件在受拉裂缝出现前由混凝土和钢筋共同承受拉力，裂缝出现后混凝土退出工作，由钢筋承担拉力直至钢筋受拉屈服达到破坏。构件轴心受拉的承载力计算表达式为：

$$N \leqslant f_y A_s \tag{5-14}$$

式中，N——轴心拉力设计值；

f_y——纵向受拉钢筋的抗拉强度设计值；

A_s——纵向受拉钢筋截面面积。

2. 偏心受拉构件

偏心受拉构件按拉力作用点位置的不同可以分为大偏心受拉和小偏心受拉。区分大小偏心受拉的界限为：拉力作用在 A_s 和 A'_s 之间时为小偏心受拉，如图 5-37a 所示；拉力作用在 A_s 和 A'_s 之外时为大偏心受拉，如图 5-37b 所示。

（1）小偏心受拉

小偏心受拉时全截面受拉，此时距拉力较近一侧拉应力较大，距拉力较远一侧拉应力较小，因此近力一侧混凝土先开裂。裂缝逐渐发展延伸，最终贯通整个截面，混凝土退出工作，拉力由钢筋承担。钢筋 A_s 和 A'_s 屈服，构件达到极限承载力而被破坏。

（2）大偏心受拉

大偏心受拉时距拉力较近的一侧承受拉力作用，距拉力较远的一侧承受压力作用。当混凝土受拉达到极限受拉承载力时截面部分开裂，但截面始终存在受压区，不会形成贯通裂缝。当受拉钢筋受力屈服后，裂缝进一步延伸发展，使得受压区面积减小，最终导致混凝土受压破坏，且受压钢筋屈服。

二、受扭构件

受扭是结构构件的一种基本受力形式，如图 5-38 所示。

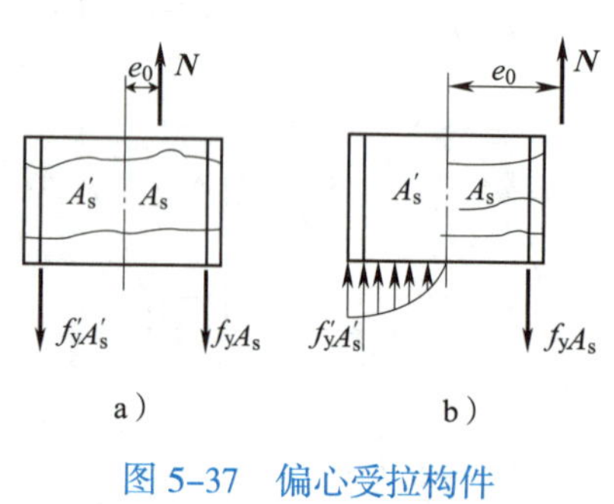

图 5-37 偏心受拉构件

a）小偏心受拉 b）大偏心受拉

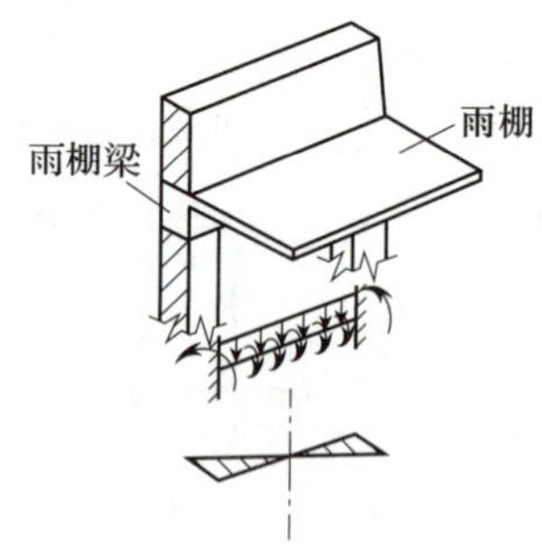

图 5-38 受扭构件

1. 破坏形式

在矩形构件两端作用着大小相等、方向相反的扭矩 T，在扭矩作用下，在构件截面上产生剪应力 τ，相应地在与构件纵轴成 45° 方向产生主拉应力 σ_{tp} 和主压应力 σ_{cp}，

并且 $\sigma_{tp}=\sigma_{cp}=\tau$，如图 5-39a 所示。

对于素混凝土受扭构件，当主拉应力达到混凝土的抗拉强度时，构件将开裂。在扭矩作用下，矩形截面素混凝土构件先在构件的一个长边中点附近沿着 45°方向被拉裂，并迅速延伸至该长边的上下边缘，然后在两个短边，裂缝又大致沿 45°方向延伸，当斜裂缝延伸到另一长边边缘时，在该长边形成受压破损线，使构件断裂成两半，形成三面开裂、一面受压的空间扭曲破坏面，如图 5-39b 所示。这种破坏现象称为**扭曲截面破坏**。

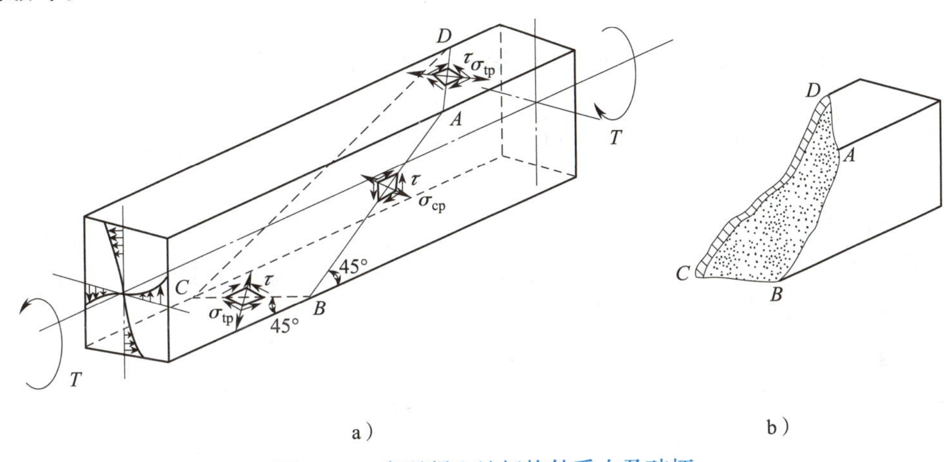

图 5-39 素混凝土纯扭构件受力及破坏

a）构件受力 b）空间扭曲破坏面

2. 配筋方式

构件受扭所引起的主拉应力与构件轴线大约成 45°，从这点出发，抗扭钢筋应设置成与轴线成 45°的螺旋箍筋。但螺旋箍筋只能适应一个方向的扭矩，而在实际工程中扭矩的方向沿构件全长常常会发生改变。在扭矩发生改变的同时也改变螺旋箍筋的方向是很难做到的，因此常采用横向箍筋和纵向钢筋所形成的抗扭钢筋来抵抗扭矩。抗扭钢筋应沿构件截面周边均匀对称设置，并制成封闭式。

第五节 裂缝和变形

对钢筋混凝土构件在各种受力状态下进行承载力的设计计算是为了满足结构的安全性要求，而结构的适用性和耐久性要求则需要通过对构件的裂缝和变形进行控制来实现。

一、裂缝

1. 裂缝的种类

混凝土的抗拉强度低，容易产生裂缝。混凝土构件产生裂缝的原因很多，可以概括为两类：一类是结构裂缝，另一类是非结构裂缝。

结构裂缝是由于荷载作用而产生的裂缝。在荷载作用下，构件截面上混凝土拉应力常常大于混凝土受拉极限，因此构件常常是带裂缝工作的。目前对裂缝宽度的控制计算主要是针对由于荷载直接作用而产生的结构裂缝。

在混凝土结构中，除了荷载作用引起的结构裂缝外，还有许多非荷载因素引起的非结构裂缝，如温度变化、混凝土收缩、地基不均匀沉降等间接作用而引起的裂缝。对此类裂缝应采取恰当的构造措施，尽量避免和减小裂缝的出现和展开。

2. 裂缝的危害

（1）使用功能方面

对于不容许出现渗漏的压力管道，裂缝将影响其正常使用。

（2）建筑外观方面

裂缝的出现将影响建筑物的美观，过大的裂缝还会引起使用者心理的不安与恐慌。

（3）耐久性方面

混凝土构件中的钢筋依靠混凝土的保护与外界空气隔离防止生锈。若构件裂缝过大，混凝土失去保护作用，钢筋产生锈蚀，会影响构件的使用寿命。

3. 裂缝的控制

裂缝的控制十分必要，应该根据具体情况区别对待。《混规》中将结构构件正截面的受力裂缝控制等级分为三级，具体如下：

一级——严格要求不出现裂缝的构件，按荷载效应标准组合计算时，构件受拉边缘混凝土不应产生拉应力。

二级——一般要求不出现裂缝的构件，按荷载效应标准组合计算时，构件受拉边缘混凝土拉应力不应大于混凝土轴心抗拉强度标准值。

三级——允许出现裂缝的构件，对钢筋混凝土构件，按荷载准永久组合并考虑长期作用影响计算时，构件的最大裂缝宽度不应超过规定的最大裂缝宽度限值。以钢筋混凝土梁为例，一般要求其最大裂缝宽度不超过 0.3 mm。

二、变形

1. 变形控制的目的

对构件进行变形控制的目的，主要是出于以下几方面考虑。

（1）保证结构构件的功能要求

结构构件若发生过大变形将影响其功能要求。例如，吊车梁变形过大会影响吊车的正常行驶。

（2）避免非结构构件破坏

结构构件的过大变形将影响与之联系的非结构构件。例如，门窗过梁若变形过大会影响门窗的正常开关，甚至破坏门窗。

（3）满足外观和使用者心理要求

受弯构件变形过大除影响建筑外观外，同时也会引起建筑使用者内心的不适、不安。

（4）避免对其他结构构件产生不利影响

结构构件的过大变形将使得计算理论与实际情况不符，并影响与之相联系的构件产生过大变形。

2. 变形控制的要求

钢筋混凝土受弯构件的挠度按力学理论计算，不应超过《混规》规定的挠度限值，见表 5–13。例如，楼面梁的计算跨度为 6 m，梁的挠度变形不应超过其跨度的 1/200，即 30 mm。

表 5–13　受弯构件的挠度限值

构件类型		挠度限值
吊车梁	手动吊车	$l_0/500$
	电动吊车	$l_0/600$
屋盖、楼盖、楼梯构件	当 $l_0<7$ m 时	$l_0/200$
	当 7 m $\leqslant l_0 \leqslant$ 9 m 时	$l_0/250$
	当 $l_0>9$ m 时	$l_0/300$

注：表中 l_0 为构件的计算跨度。

第六节　现浇楼梯

在建筑中，楼梯是多层房屋的竖向通道。楼梯的平面布置、坡度、宽度、净空高度和踏步尺寸等内容由建筑设计确定。根据结构传力途径的不同，现浇楼梯的类型主要有板式楼梯和梁式楼梯两种。

一、现浇楼梯的类型

1. 板式楼梯

楼梯一般由梯段和平台两大部分组成，板式楼梯的梯段就是一块斜放的梯段板（有时也可能是斜板加上水平板的折板），板的两端分别支撑在平台梁上（最下端支撑在地垄墙或基础梁上），如图 5–40 所示。板式楼梯的下表面平整，施工支模方便，造型轻巧，应用较为广泛。板式楼梯用于较小跨度（3 m 以内）时，经济性较好，否则板厚较大。

2. 梁式楼梯

梁式楼梯的梯段由梯段板和斜梁构成，平台与板式楼梯相似，如图 5–41 所示。梁式楼梯的梯段板可以是整体的，也可以是分离的；梯段板（或称踏步板）直接支撑在斜梁上，斜梁再支撑在楼梯平台梁上，斜梁的大小和数量依据计算和造型需要确定。

梯段较长时采用梁式楼梯比较经济，但其施工较复杂，外观也较为笨重。若将单根斜梁设在中间做成单梁悬挑楼梯，则可改变造型风格。

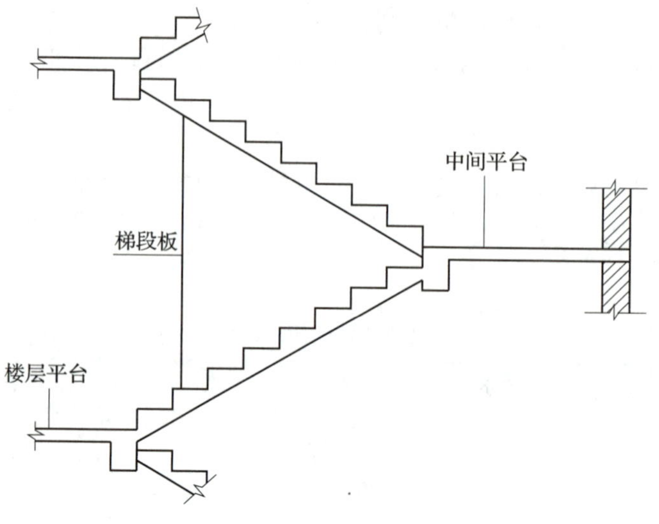

图 5-40　板式楼梯

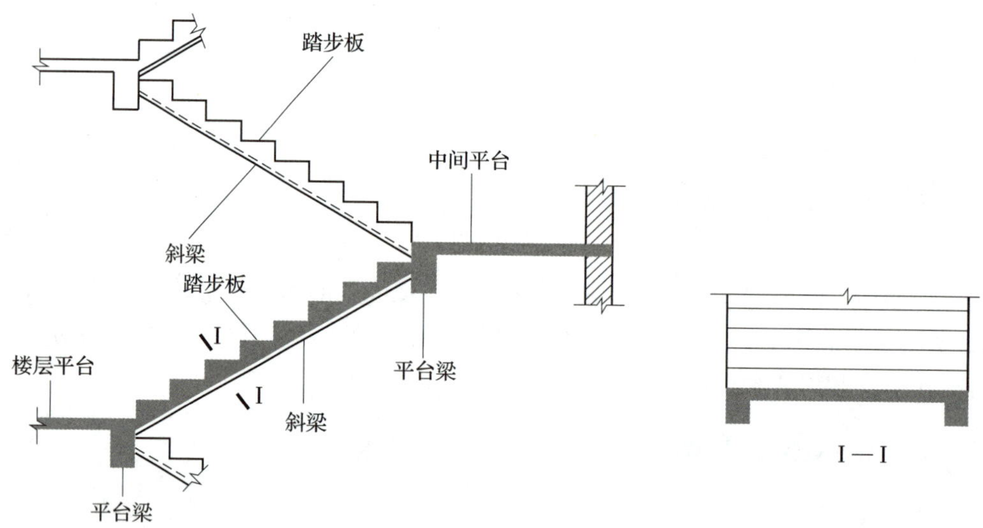

图 5-41　梁式楼梯

二、现浇楼梯的构造

1. 现浇板式楼梯的构造

（1）梯段板

梯段板的厚度是指其斜向高度，如图 5-42a 所示，厚度不小于板跨的 1/30 ~ 1/25，一般为 100 ~ 120 mm。梯段板的配筋分为纵向受力筋、分布筋和负筋。其中，底部的纵向受力筋由计算确定，并应同时满足板的配筋的构造要求。位于受力筋内侧且与之垂直布置的是分布筋，分布筋直径一般为 8 mm，间距应同时满足小于 250 mm 且每踏步下至少设一根的要求。斜板两端与平台梁连接部分应设置负筋，负筋直径

不小于 8 mm，间距不大于 200 mm，伸入板内长度不宜小于跨度的 1/4，如图 5–42 所示。

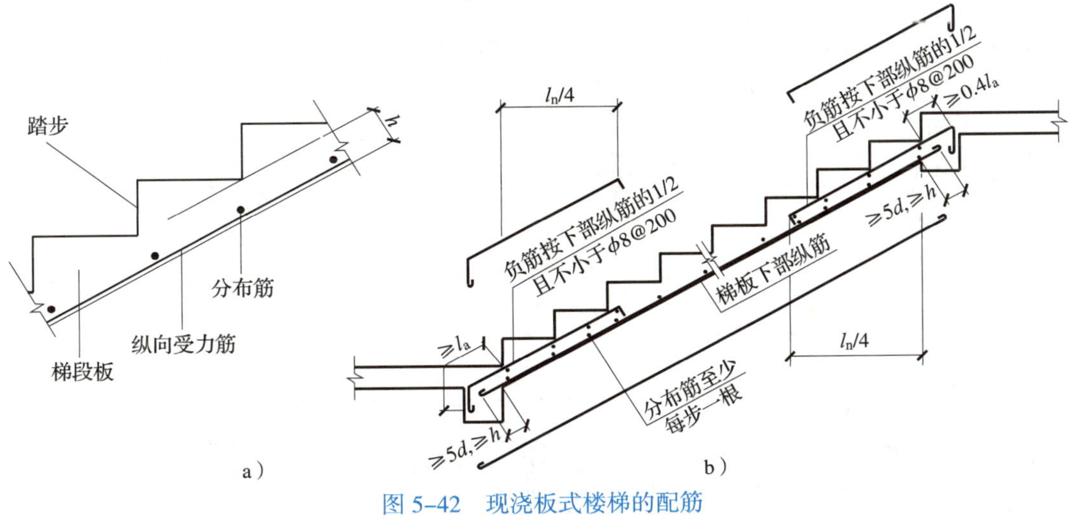

图 5–42　现浇板式楼梯的配筋

按简支构件考虑的梯段板最大弯矩出现在跨中，其值按 $M_{max}=\frac{1}{8}pl_0^2$ 计算。实际上，板式楼梯的斜板与平台梁的连接并非铰接，平台梁及与之相连的平台板对梯段板有一定的约束作用，即减小了斜板的跨中弯矩。考虑到这一有利因素，对工程中的现浇楼梯梯段板的跨中弯矩做了微调：

$$M_{max}=\frac{1}{10}pl_0^2$$

（2）平台板与平台梁

平台板一般是单向板，当两端都支撑在梁上时，如图 5–43a 所示，考虑到梁对板的约束，板的跨中同样也按 $M_{max}=\frac{1}{10}pl_0^2$ 计算。

平台梁同时承受平台板和梯段板传来的均布荷载，其计算和构造与普通受弯构件相同。

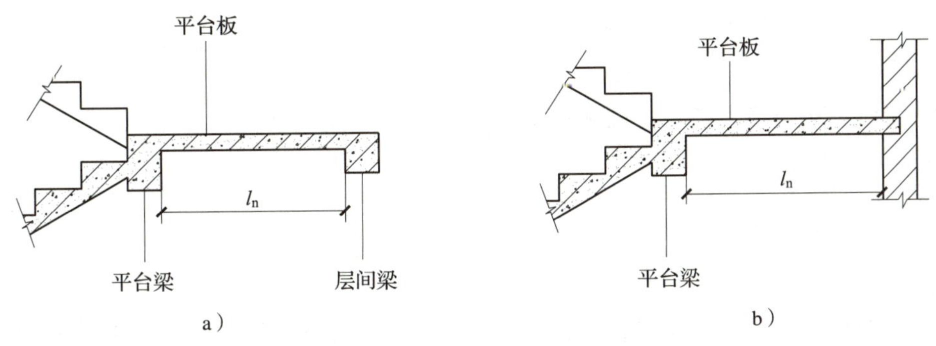

图 5–43　平台板的两种支撑方式

2. 现浇梁式楼梯的构造

（1）踏步板

梁式楼梯的踏步板为两端支撑在斜梁上的单向板。踏步板的配筋按计算确定，且每踏步的受力筋不小于2ф8，沿梯段宽度应布置间距不大于250 mm的ϕ6 mm分布筋。踏步板还应配置负筋，负筋伸入板中长度不小于跨度的1/4，如图5–44所示。

（2）斜梁

梁式楼梯的斜梁类似于板式楼梯的梯段板，简支在两端的平台梁上，其配筋示意图如图5–45所示。

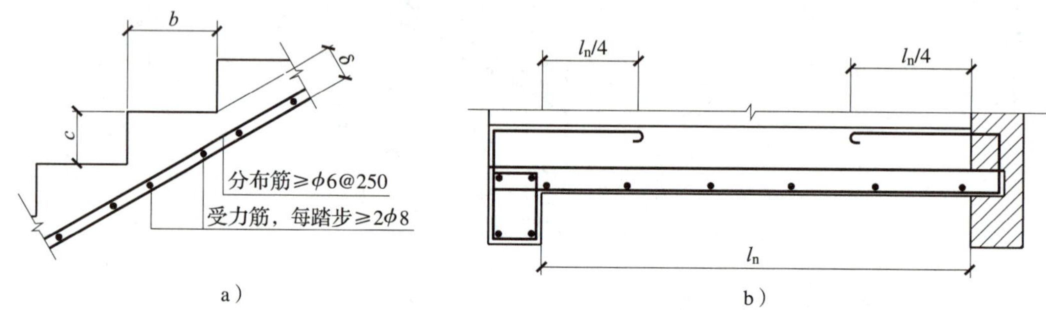

图5–44　梁式楼梯

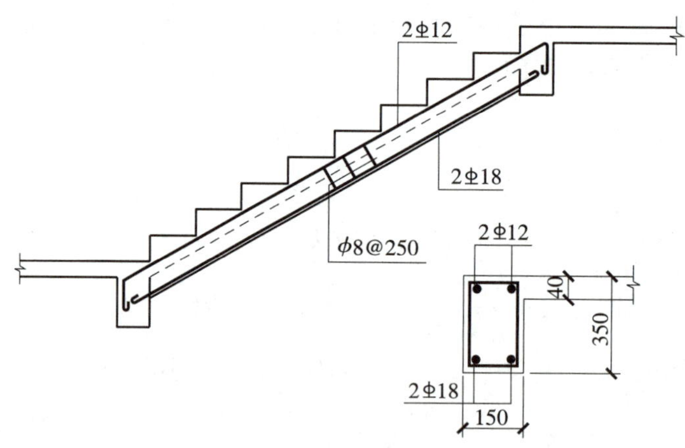

图5–45　斜梁配筋示意图

（3）平台板和平台梁

梁式楼梯平台板与板式楼梯平台板的构造基本相同。

第七节　预应力构件

在装配式楼盖、装配整体式楼盖及其他混凝土工程中经常会用到预应力构件，这里简单介绍预应力构件的一些基本概念。

一、预应力混凝土的基本原理

前面已经介绍过，混凝土具有较好的抗压性能，而抗拉性能很差（研究表明混凝土的极限抗拉应变只有 0.1×10^{-3} ~ 0.15×10^{-3}），即受拉部位混凝土很容易产生开裂。工程中有些构件的工作状态不允许出现裂缝或对裂缝有严格的控制要求。另外裂缝存在会造成构件刚度降低及耐久性不足，这在很大程度上限制了钢筋混凝土的使用范围。为了充分利用混凝土的抗压能力，延缓混凝土的开裂，提高混凝土的刚度，保证耐久性和适用性，可以在构件承受荷载以前，预先对受拉区混凝土施加压力，使其产生预压应力，如图 5-46 所示。在实际工作状态下（开始施加一定荷载时），受拉区先要抵消掉预先施加的预压应力，然后随着荷载的不断增加，受拉区混凝土才开始受拉而出现裂缝。

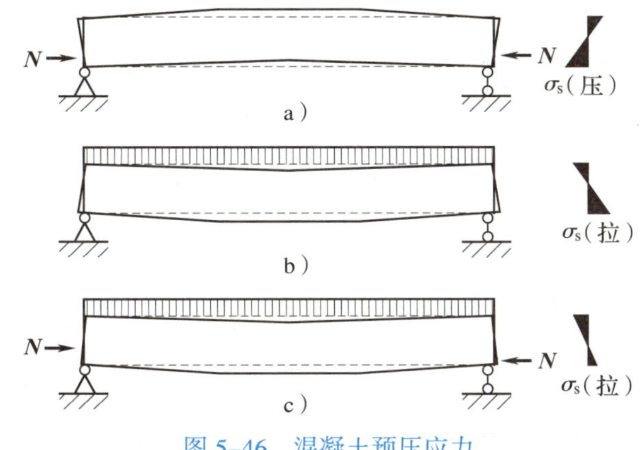

图 5-46 混凝土预压应力

a）预压应力作用下 b）荷载作用下 c）预压应力和荷载共同作用下

采用这种人为施加预压应力的方法可以控制构件裂缝的出现和展开，以满足使用要求。这种在受荷载以前预先对受拉区混凝土施加预压应力的构件，称为**预应力混凝土构件**。

二、预应力混凝土的特点

与普通钢筋混凝土相比，预应力混凝土具有如下特点：

1. 提高了构件的抗裂性能。

2. 提高了构件刚度。由于裂缝的延迟出现和展开，极大地减小了受弯构件（如梁、板等）的变形和挠度。

3. 能充分利用高强度钢筋和高强度混凝土，减少钢筋和混凝土用量，构件截面减小，结构自重减小。

4. 提高了构件的耐久性。由于裂缝延缓或减小，钢筋受到较大保护，从而延长了构件的使用寿命。

综合上述优势，预应力构件适用于大跨度结构、高耸结构或对抗裂有特殊要求的结构等。

三、施加预应力的方法

工程中对混凝土构件施加预应力一般是依靠张拉钢筋来实现的，按照张拉钢筋与浇筑混凝土的先后关系，施加预应力的方法可分为先张法和后张法两种。

1. 先张法

先张法是指先在台座或钢模内张拉钢筋，然后浇筑混凝土的一种施工方法，如图 5–47 所示。先张法的主要施工工艺过程是：在台座上穿钢筋→张拉钢筋→浇筑混凝土构件并养护→截断钢筋。先张法工艺简单、工序少、效率高、质量易于保证，同时由于省去了锚具和减少了预埋件，故构件成本较低。先张法适用于工厂化的大量生产，尤其适宜长线台座法生产中小型构件。

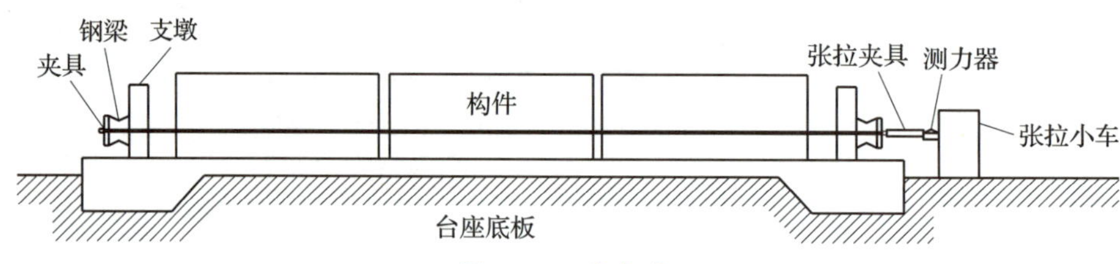

图 5–47　先张法

2. 后张法

后张法是指先浇筑混凝土构件，然后直接在构件上张拉钢筋的一种施工方法，如图 5–48 所示。后张法的主要施工工艺过程是：浇筑混凝土构件并养护（预留孔道）→穿入钢筋→张拉钢筋并用锚具锚固→对孔道内压力灌浆。由于后张法直接在构件上张拉预应力钢筋，不需要张拉台座，因此该工艺既可用于预制厂生产，又可在施工现场操作。其主要缺点是生产周期较长，需要利用锚具等工具，钢材消耗较多，成本较高。

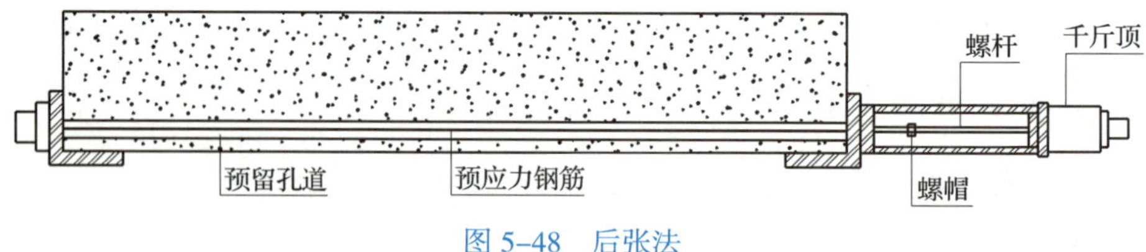

图 5–48　后张法

四、预应力混凝土的材料

1. 混凝土

预应力混凝土结构中所用混凝土材料应具有早期强度高、硬化速度快、收缩徐变小等性能。预应力混凝土楼板结构的混凝土强度等级不应低于 C30，其他预应力混凝土结构构件的混凝土强度等级不应低于 C40。

2. 预应力钢筋

预应力钢筋必须具有很高的强度才能保证在混凝土中建立较大的张拉应力，使预

应力混凝土构件的抗裂能力得以提高。此外，预应力钢筋还应具有一定的塑性，以保证在低温或冲击荷载下的可靠工作及良好的加工性能。用作先张法构件的预应力钢筋，还要求与混凝土之间具有足够的黏结强度。

预应力钢筋宜采用预应力钢丝、钢绞线和预应力螺纹钢筋。

1. 混凝土和钢筋间的黏结力由哪几部分组成？构件应采取哪些措施保证黏结力？
2. 钢筋混凝土梁正截面和斜截面各有哪些破坏形态？有何特点？
3. 适筋梁受力全过程可以分为几个阶段？各阶段的特点是什么？
4. 钢筋混凝土柱中配置纵筋和箍筋的作用分别是什么？
5. 轴心受压短柱的破坏特征是什么？长柱和短柱的破坏特征有何不同？
6. 钢筋混凝土柱大、小偏心受压破坏特征分别是什么？判别大、小偏心受压破坏的条件是什么？
7. 钢筋混凝土构件大、小偏心受拉破坏特征分别是什么？判别大、小偏心受压破坏的条件是什么？
8. 简述抗扭钢筋的合理配置形式。
9. 如何考虑控制变形与裂缝？
10. 板式楼梯和梁式楼梯分别由哪几部分组成？
11. 什么是预应力混凝土？其主要优点是什么？

第六章 砌体结构

学习目标

能够区分砌体材料的种类、特性和强度；认识圈梁、过梁和悬挑构件，并能灵活运用其构造措施；会分析砌体构件受压破坏过程，归纳其影响因素；会运用空间工作原理分析房屋整体性能；能对简单砌体结构房屋进行方案布置，会计算墙、柱的承载力和稳定性。

砌体结构是指由块体和砂浆砌筑而成的墙、柱作为建筑物主要受力构件的结构。根据所用块材的不同，砌体结构可分为砖砌体结构、砌块砌体结构和石砌体结构等。各类砌体结构的共同特点是抗压强度相对较高，而抗拉强度则很低。根据其材料特点，砌体多用于主要承受竖向荷载的墙、柱构件，楼盖部分则选用具有较好抗弯性能的钢筋混凝土结构或钢结构，从而形成受力比较合理的混合结构。

第一节 砌体材料

一、块材

1. 砖

（1）烧结普通砖

烧结普通砖是由煤矸石、页岩、粉煤灰或黏土为主要原料，经过焙烧而成的规格尺寸为 240 mm × 115 mm × 53 mm 的实心砖，因其尺寸全国统一，故称为标准砖，如图 6–1 所示。在民间也称为 95 砖（长边约等于 9.5 in，1 in=2.54 cm），此砖规格的确定兼顾了墙体承载力、稳定性、保温、隔热甚至施工时操作者抓握的可靠性。

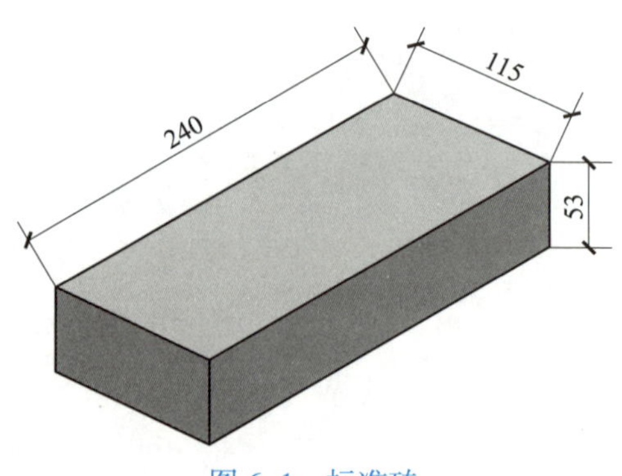

图 6–1　标准砖

烧结普通砖的强度根据国家标准《砌体结

构设计规范》(GB 50003—2011)可分为五级：MU30、MU25、MU20、MU15、MU10。烧结普通砖根据所用配料的不同，又可分为烧结黏土砖、烧结页岩砖、烧结煤矸石砖和烧结粉煤灰砖等。

(2) 烧结多孔砖

烧结多孔砖又称多孔砖，是以煤矸石、页岩、粉煤灰或黏土为主要原料，经焙烧而成，其孔洞率不大于35%，孔的尺寸小而数量多，主要用于承重部位。根据外形尺寸不同，目前多孔砖分为P型砖和M型砖，为配合砌筑上头角（边缘与转折）的处理，还有相应的配砖。P型砖的规格尺寸为240 mm × 115 mm × 90 mm，M型砖的规格尺寸为190 mm × 190 mm × 90 mm，如图6–2所示。

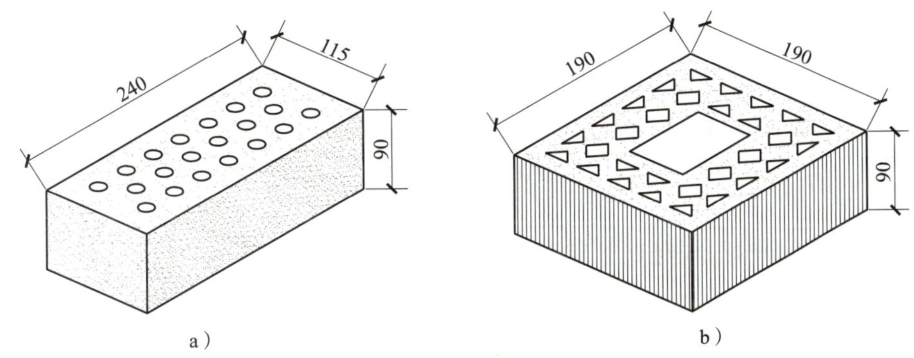

图6–2　烧结多孔砖

a）P型砖　b）M型砖

烧结多孔砖的强度等级与烧结普通砖的强度等级相同。

采用多孔砖对减小结构自重、提高砌筑效率、节约能源和资源、改善隔热隔声效能和降低造价具有重要意义。此外，用黏土、页岩、煤矸石等原料还可以经焙烧制成孔洞较大、孔洞率大于35%的烧结空心砖，用于围护结构，其强度等级为MU10、MU7.5、MU5和MU3.5，空心砖砌筑的墙体实际强度设计值比实心砖砌筑的墙体实际强度设计值要低。

除此之外，还有一种主要用于非承重墙体的水平孔空心砖，如图6–3所示。

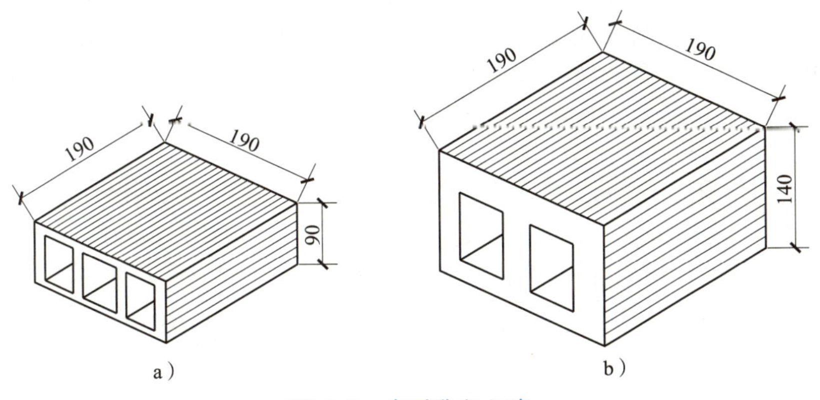

图6–3　水平孔空心砖

（3）蒸压砖

蒸压砖主要分为两类：蒸压灰砂普通砖和蒸压粉煤灰普通砖。蒸压砖是经坯料制备、压制排气成型、高压蒸养而成的实心砖。蒸压砖的尺寸与烧结普通砖的尺寸相同，强度等级分为三级：MU25、MU20、MU15。

蒸压灰砂普通砖以石灰等钙质材料和砂等硅质材料为主要原料，蒸压粉煤灰普通砖的主要原料是粉煤灰和石灰，适量加入石膏和集料（如水泥）。

相比于烧结普通砖，蒸压砖的耐久性较差，一般可通过加强构造措施的方法来延长其使用寿命（如利用水泥砂浆抹面来防止砖块的碳化）。

（4）混凝土砖

混凝土砖是以水泥为胶结材料，以砂、石等为主要集料，加水搅拌、成型、养护制成的一种多孔的混凝土半盲孔砖或实心砖。多孔砖的主规格尺寸为 240 mm × 115 mm × 90 mm、240 mm × 190 mm × 90 mm、190 mm × 190 mm × 90 mm 等，实心砖的主规格尺寸为 240 mm × 115 mm × 53 mm、240 mm × 115 mm × 90 mm 等。

混凝土砖的强度等级分为四级：MU30、MU25、MU20、MU15。

2. 石材

石材是指以天然石料经加工后形成的砌筑材料，按其加工后外形的规则程度可分为料石和毛石。其中料石还可进一步划分为细料石、半细料石、粗料石和毛料石等。料石的截面高度一般为 180 ~ 350 mm，且不小于其长度的 1/4；毛石要求中部的厚度不小于 200 mm。工程中应选用无明显分化的天然石材。

石材的优点是抗压强度高，耐久性好；缺点是自重大，搬运与砌筑不方便。石材一般用于房屋的基础和肋脚部位。石材的强度等级分为七级：MU100、MU80、MU60、MU50、MU40、MU30、MU20。这一指标值仅对应于毛料石和毛石，其他如细料石、半细料石和粗料石应乘以不同的系数。

3. 砌块

前述实心砖、空心砖和石材以外的块体材料统称为**砌块**。我国目前常用的是混凝土小型空心砌块，有普通混凝土砌块和轻集料混凝土砌块两种，主规格尺寸为 390 mm × 190 mm × 190 mm，空心率为 25% ~ 50%，简称**混凝土小型空心砌块**，如图 6–4 所示。承重结构的混凝土砌块、轻集料混凝土砌块的强度等级为 MU20、MU15、MU10、MU7.5、MU5；自承重墙的轻集料混凝土砌块的强度等级为 MU10、MU7.5、MU5、MU3.5。

除主规格尺寸外，各地尚有地方推行的一些标准，有些尺寸较大，称为中型或大型砌块。

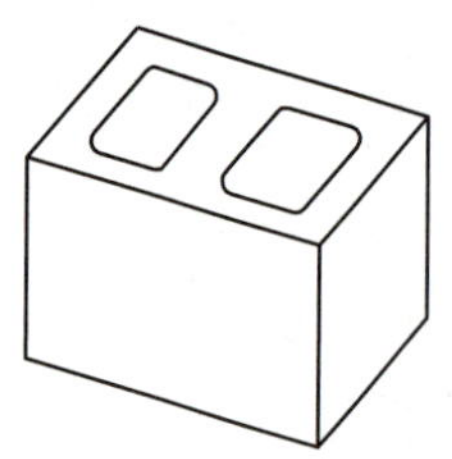
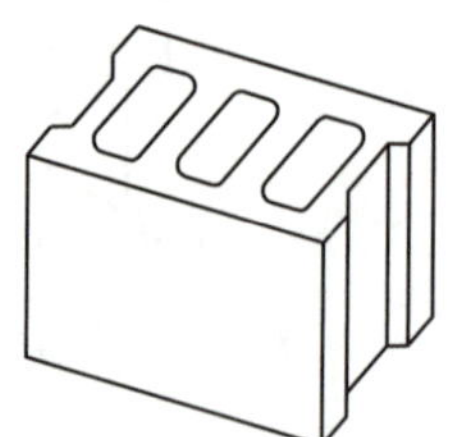
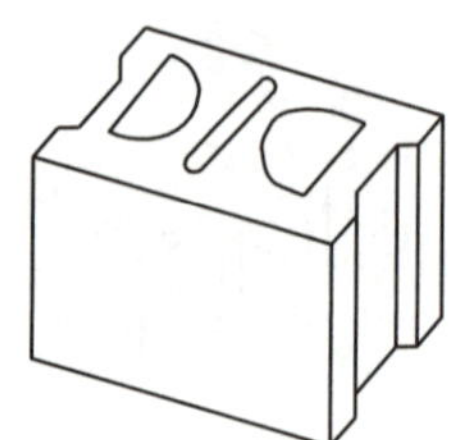

图 6–4　混凝土小型空心砌块

二、砂浆

砌体中砂浆的作用是将块材连成整体并使应力均匀分布，同时砂浆填满了块材间的缝隙，减少了透气性，提高了砌体的隔热、隔声、抗冻和防潮性能。砂浆按其组成成分的不同，大致可分为以下四类。

1. 水泥砂浆

水泥砂浆由水泥、砂和水拌合而成，不掺入任何外加剂。水泥砂浆强度高、耐久性好，但其和易性和保水性差。保水性差使砂浆在砌筑前会游离出较多的水分，砂浆铺筑在砖面上后这部分水分会被砖很快吸收，使铺筑发生困难，降低砌筑质量。失水的砂浆本身也不易达到预期的强度，因此砌体的强度也会受到影响。

2. 混合砂浆

混合砂浆是在水泥砂浆的基础上适量加入一些塑性掺合料而形成的砂浆，如水泥石灰砂浆和水泥黏土砂浆等。由于塑性掺合料的作用，混合砂浆具有一定的强度和耐久性，和易性和保水性较好，便于施工，砌筑质量可以保证，是一般砌体中的常用砂浆。与水泥砂浆相比，混合砂浆砌筑的砌体强度要高于水泥砂浆砌筑的砌体强度。

3. 非水泥砂浆

非水泥砂浆是指不含水泥的砂浆，如石灰砂浆和黏土砂浆等。这类砂浆强度不高，耐久性也差，不能用于地面以下或防潮层以下的砌体，一般只用于受力不大的简易或临时建筑。

4. 专用砌筑砂浆

专用砌筑砂浆根据所用块材不同分为混凝土砌块（砖）专用砌筑砂浆和蒸压砖专用砌筑砂浆。混凝土砌块（砖）砌筑砂浆是由水泥、砂、水以及根据需要掺入的掺合料和外加剂等组分，按一定比例经机械拌合制成，是专门用于砌筑混凝土砌块的砌筑砂浆，简称砌块专用砂浆。这类砂浆黏结性和耐久性较好，和易性和保水性也得到了改善，配合混凝土砌块灌孔混凝土，能够确保砌块结构的整体受力性能和工程质量。蒸压砖专用砌筑砂浆是由水泥、砂、水以及根据需要掺入的掺合料和外加剂等组分，按一定比例经机械拌合制成，专门用于砌筑蒸压灰砂砖或蒸压粉煤灰砖砌体，且砌体抗剪强度应不低于烧结普通砖砌体的抗剪强度。

国家标准《砌体结构设计规范》（GB 50003—2011）规定砂浆的强度等级应按下列要求采用：

（1）烧结普通砖、烧结多孔砖、蒸压灰砂普通砖和蒸压粉煤灰普通砖砌体采用的普通砂浆强度等级为 M15、M10、M7.5、M5、M2.5。

（2）蒸压灰砂普通砖和蒸压粉煤灰普通砖砌体采用的专用砌筑砂浆强度等级为 Ms15、Ms10、Ms7.5、Ms5.0。

（3）混凝土普通砖、混凝土多孔砖、单排孔混凝土砌块和煤矸石混凝土砌块砌体采用的砂浆强度等级为 Mb20、Mb15、Mb10、Mb7.5、Mb5。

（4）轻集料混凝土砌块砌体采用的砂浆强度等级为 Mb10、Mb7.5、Mb5。

（5）毛料石、毛石砌体采用的砂浆强度等级为 M7.5、M5、M2.5。

以上砂浆强度表示符号中，M、Ms、Mb 表示砂浆，其后数值表示砂浆强度大小（单位为 MPa）。

三、砌体材料的耐久性要求

1. 砌体结构的环境类别

根据国家标准《砌体结构通用规范》（GB 55007—2021）规定：砌体结构的环境类别应依据气候条件及使用环境条件按表 6–1 分类。

表 6–1　砌体结构的环境类别

环境类别	环境名称	环境条件
1	干燥环境	干燥的室内或室外环境；室外有防水防护环境
2	潮湿环境	潮湿的室内或室外环境，包括与无侵蚀性土和水接触的环境
3	冻融环境	寒冷地区的潮湿环境
4	氯侵蚀环境	与海水直接接触的环境，或处于滨海地区的盐饱和气体环境
5	化学侵蚀环境	有化学侵蚀的气体、液体或固态形式的环境，包括有侵蚀性土壤的环境

2. 砌体材料的选择

砌体所用块材和砂浆，主要应依据承载性能、节能环保性能、使用环境条件合理选用。砌体结构应选择满足工程耐久性要求的材料，建筑与结构构造应有利于防止雨雪、湿气和侵蚀性介质对砌体的危害。环境类别为 2 ~ 5 类条件下的砌体结构的钢筋应采取防腐处理或其他保护措施，环境类别为 4 类、5 类条件下的砌体结构应采取抗侵蚀和耐腐蚀措施。

设计使用年限为 50 年时，地面以下或防潮层以下的砌体、潮湿房间的墙或环境类别为 2 类的砌体，所用材料的最低强度等级应符合表 6–2 的规定。

表 6–2　地面以下或防潮层以下的砌体所用材料的最低强度等级

潮湿程度	烧结普通砖	混凝土普通砖、蒸压普通砖	混凝土砌块	石材	水泥砂浆
稍潮湿的	MU15	MU20	MU7.5	MU30	M5
很潮湿的	MU20	MU20	MU10	MU30	M7.5
含水饱和的	MU20	MU25	MU15	MU40	M10

注：1. 在冻胀地区，地面以下或防潮层以下的砌体不宜采用多孔砖，如采用多孔砖，其孔洞应用不低于 M10 的水泥砂浆预先灌实；当采用混凝土空心砌块时，其孔洞应用强度等级不低于 Cb20 的混凝土预先灌实。

2. 对安全等级为一级或设计使用年限大于 50 年的房屋，表中材料强度等级应至少提高一级。

对处于环境类别 3 ~ 5 类等有侵蚀性介质的砌体，不应采用蒸压灰砂普通砖、蒸压粉煤灰普通砖，应采用实心砖、混凝土砌块等，砖的强度等级不应低于 MU20，水泥砂浆的强度等级不应低于 M10，混凝土砌块的强度等级不应低于 MU15，灌孔混凝土的强度等级不应低于 Cb30，砂浆的强度等级不应低于 Mb10。

四、砌体材料的强度要求

1. 砌体结构选材应符合下列规定：

（1）材料应有出厂合格证书、产品性能型式检验报告。

（2）应对块材、水泥、钢筋、外加剂、预拌砂浆、预拌混凝土的主要性能进行检验，证明质量合格并符合设计要求。

（3）应根据块材的类别和性能，选用与其匹配的砌筑砂浆。

（4）砌体结构不应采用非蒸压硅酸盐砖、非蒸压硅酸盐砌块及非蒸压加气混凝土制品。

（5）砌体结构中的钢筋应采用热轧钢筋或余热处理钢筋。

2. 对处于环境类别为 1 类和 2 类的承重砌体，所用块材的最低强度等级应符合表 6–3 的规定；对配筋砌块砌体抗震墙，表 6–3 中 1 类和 2 类环境的普通、轻骨料混凝土砌块强度等级为 MU10；安全等级为一级或设计工作年限大于 50 年的结构，表 6–3 中材料强度等级应至少提高一级。

表 6–3　1 类、2 类环境下所用块材的最低强度等级

环境类别	烧结砖	混凝土砖	普通、轻骨料混凝土砌块	蒸压普通砖	蒸压加气混凝土砌块	石材
1 类	MU10	MU15	MU7.5	MU15	A5.0	MU20
2 类	MU15	MU20	MU7.5	MU20	—	MU30

3. 对处于环境类别为 3 类的承重砌体，所用块材的抗冻性能和最低强度等级应符合表 6–4 的规定。设计年限大于 50 年的结构，表 6–4 中抗冻指标应至少提高一级，对严寒地区应提高至 F75。

表 6–4　3 类环境下所用块材的抗冻性能和最低强度等级

<table>
<tr><th rowspan="2">环境类别</th><th rowspan="2">冻融环境</th><th colspan="3">抗冻性能</th><th colspan="3">最低强度等级</th></tr>
<tr><th>抗冻指标</th><th>质量损失</th><th>强度损失</th><th>烧结砖</th><th>混凝土砖</th><th>混凝土砌块</th></tr>
<tr><td rowspan="3">3 类</td><td>微冻地区</td><td>F25</td><td rowspan="3">≤ 5%</td><td rowspan="3">≤ 20%</td><td>MU15</td><td>MU20</td><td>MU10</td></tr>
<tr><td>寒冷地区</td><td>F35</td><td>MU20</td><td>MU25</td><td>MU15</td></tr>
<tr><td>严寒地区</td><td>F50</td><td>MU20</td><td>MU25</td><td>MU15</td></tr>
</table>

4. 夹心墙、外叶墙的砖及混凝土砌块的强度等级不应低于 MU10。

5. 填充墙的块材最低强度等级，应符合下列规定：

（1）内墙空心砖、轻骨料混凝土砌块、混凝土空心砌块应为 MU3.5，外墙应为 MU5。

（2）内墙蒸压加气混凝土砌块应为 A2.5，外墙应为 A3.5。

6. 下列部位或环境中的填充墙不应使用轻骨料混凝土小型空心砌块或蒸压加气混凝土砌块砌体：

（1）建（构）筑物防潮层以下的墙体。

（2）长期浸水或化学侵蚀环境。

（3）砌体表面温度高于 80 ℃的部位。

（4）长期处于有振动源环境的墙体。

7. 砌筑砂浆的最低强度等级应符合下列规定：

（1）设计工作年限大于和等于 25 年的烧结普通砖和烧结多孔砖砌体应为 M5，设计工作年限小于 25 年的烧结普通砖和烧结多孔砖砌体应为 M2.5。

（2）蒸压加气混凝土砌块砌体应为 Ma5，蒸压灰砂普通砖和蒸压粉煤灰普通砖砌体应为 Ms5。

（3）混凝土普通砖、混凝土多孔砖砌体应为 Mb5。

（4）混凝土砌块、煤矸石混凝土砌块砌体应为 Mb7.5。

（5）配筋砌块砌体应为 Mb10。

（6）毛料石、毛石砌体应为 M5。

8. 混凝土砌块砌体的灌孔混凝土强度等级不应低于 Cb20，且不应低于 1.5 倍的块体强度等级。

9. 设计有抗冻要求的砌体时，砂浆应进行冻融试验，其抗冻性能不应低于墙体材料。

10. 配置钢筋的砌体不得使用掺加氯盐和硫酸盐类外加剂的砂浆。

11. 配筋砌块砌体的灌孔混凝土应具有抗收缩性能，对安全等级为一级或设计工作年限大于 50 年的配筋砌块砌体房屋，砂浆和灌孔混凝土的最低强度等级应按《砌体结构通用规范》（GB 55007—2021）相关规定至少提高一级。

第二节 砌体结构的承载力

一、砌体的种类

1. 无筋砖砌体

由各种规格的砖砌筑而成的整体称为**无筋砖砌体**。在房屋建筑中，无筋砖砌体可用作内外承重墙和围护墙等。无筋砖砌体房屋的抗震和抵抗不均匀沉降能力较差。承重结构一般采用实心砖或多孔砖砌筑，通常采用一顺一丁、梅花丁或三顺一丁等砌筑方式，如图 6-5 所示。

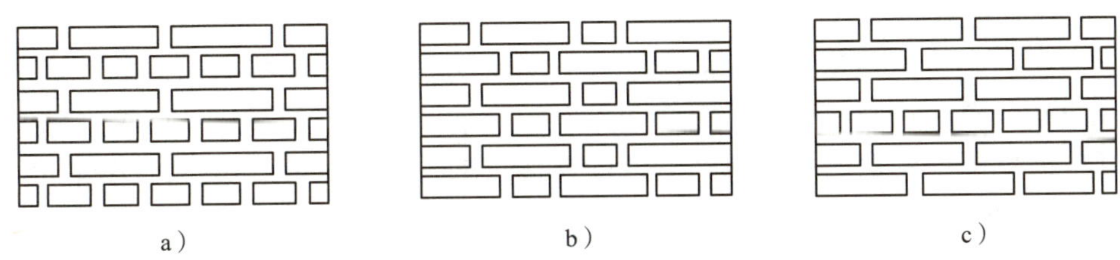

图 6-5　砖砌筑方式

a）一顺一丁　b）梅花丁　c）三顺一丁

无筋砖砌体的常用厚度为 120 mm $\left(\frac{1}{2}\text{砖}\right)$、240 mm（1 砖）、370 mm $\left(1\frac{1}{2}\text{砖}\right)$和 490 mm（2 砖）等。

2. 砌块砌体

砌块砌体是指由混凝土砌块和砌块专用砂浆组砌（有时加有砌块灌孔混凝土）而成的砌体。砌块砌体的推广是墙体材料改革、节约能源和可持续发展的重要举措。砌块砌体结构自重较小，施工效率较高，能够有效节约耕地，符合建筑工业化发展的方向。

思政小课堂

砌筑时每块砖的砌筑过程就像人生发展历程中的每一步，“九尺之台，起于垒土”，只有注重量的积累，才能促成质的飞跃，以此积极感召学生“扣好人生每一粒扣子”。

与砖的组砌形式不同，砌块一般只能单片砌筑，只有顺砖，没有丁砖，其整体性和抗震能力有所下降。为了提高砌块砌体的强度、整体性、抗震能力和耐久性，可在混凝土空心砌块的孔洞中和其他需要填实部位的孔洞中浇筑砌块灌孔混凝土（竖孔内加入钢筋就可形成配筋砌块砌体）。砌块灌孔混凝土是指由水泥、集料（砂、石类等骨料）、水以及根据需要加入的掺合料和外加剂等组分，按一定比例经机械搅拌后，用于浇筑混凝土砌块砌体芯柱或其他需要填实部位孔洞的混凝土。为了保证质量，砌块灌孔混凝土应为高流动性、低收缩性的细石混凝土；要求坍落度为 160 ~ 200 mm，强度等级用 Cb 表示，确定方法同普通混凝土；砌块灌孔混凝土的强度等级不应低于 Cb20，且不应低于 1.5 倍块体强度等级。

3. 石砌体

石砌体的类型有料石砌体、毛石砌体和毛石混凝土砌体。

料石砌体一般用于房屋墙体、石拱桥和基础等，料石由于自重大、加工困难、砌筑不方便，因此应用不广泛；毛石砌体主要用于基础，如用于外墙则需要灌注较多的砂浆，截面较厚，抗压强度较低，因此少应用。

4. 配筋砌体

为了提高砌体的强度、改善砌体的性能及减小构件的断面尺寸，可在砌体的水平灰缝中每隔几皮砖设置一层钢筋网，或在抹灰层中配置钢筋，或在构件的受拉或受压区用钢筋混凝土或钢筋砂浆代替一部分砌体形成配筋砌体。配筋砌体分为横向配筋砌体、竖向配筋砌体和组合砌体三种形式。

（1）横向配筋砌体

横向配筋砌体主要是网状配筋砖砌体。网状配筋砖砌体是指在砌体的水平灰缝中每隔几皮砖放置一道网状钢筋，钢筋网可以约束砌体的横向变形，从而提高砌体的抗压强度。网状配筋的钢筋网可以是方格网或连弯网，如图 6–6 所示。方格网的钢筋直径为 3 ～ 4 mm，网眼大小为 40 ～ 100 mm；当钢筋直径较大（5 ～ 8 mm）时，一般采用连弯网片相互垂直地放置于相邻灰缝内，但工程上很少采用连弯钢筋网。

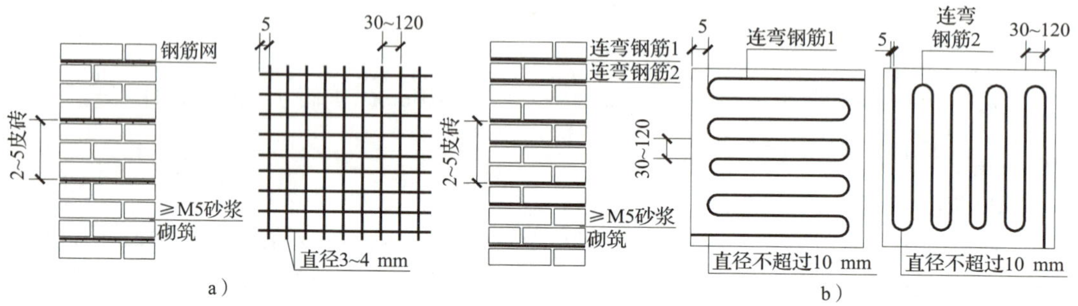

图 6–6　网状配筋砌体

a）方格网　b）连弯网

（2）竖向配筋砌体

在砌体竖缝或空心砖（空心砌块）孔洞内放置竖向钢筋，并用流动性较大的混凝土浇灌，即可形成竖向配筋砌体，如图 6–7 所示。竖向配筋砌体可以提高砌体的抗压、抗弯和抗剪能力。

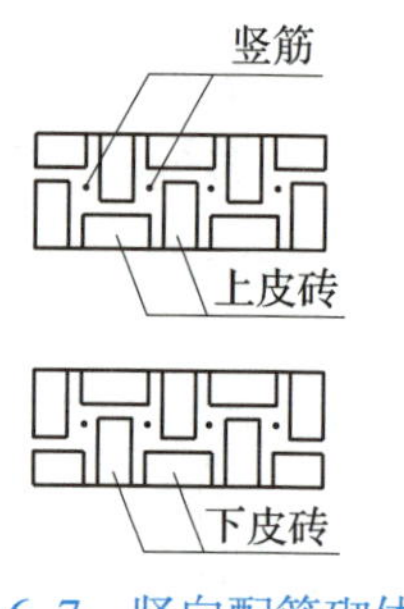

图 6–7　竖向配筋砌体

（3）组合砌体

当构件偏心较大时，在构件的受拉或受压区用钢筋混凝土或钢筋砂浆代替一部分原有砌体面积并与原砌体共同工作的砌体称为**组合砌体**，如图 6–8 所示。组合砌体也可为采用砖砌体和钢筋混凝土构造柱组成的组合砖墙，如图 6–9 所示。

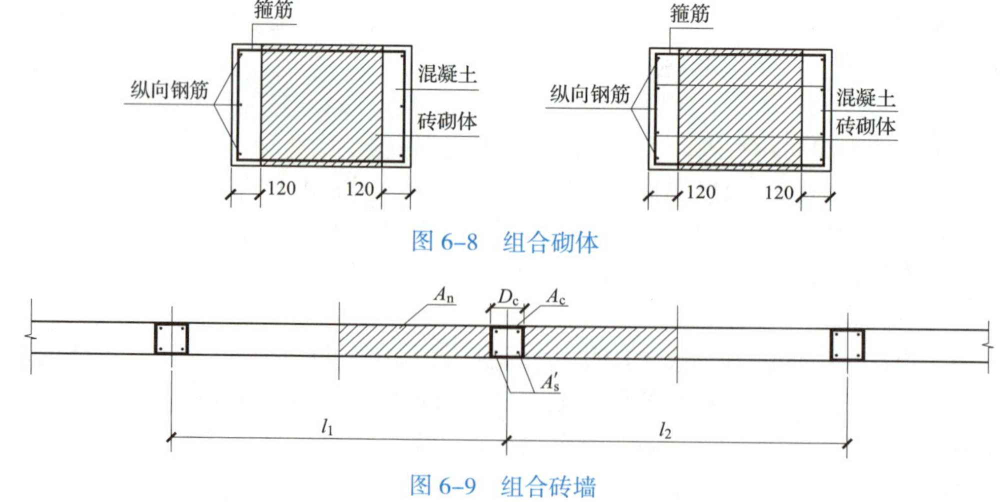

图 6–8　组合砌体

图 6–9　组合砖墙

二、砌体的力学性能

1. 砌体的受压性能

（1）砌体轴心受压破坏特征

如图 6–10 所示，砌体从开始受力到破坏，大致经历三个阶段。

1）从开始加载到个别砖（或砌块，或石砌体）出现裂缝为第一阶段，荷载不增加，裂缝不发展，此时荷载为破坏荷载的 50% ~ 70%，如图 6–10a 所示。

2）荷载继续增加，原有裂缝也随之发展，同时新裂缝不断增加，当荷载达到破坏荷载的 80% ~ 90% 时，裂缝发展，沿竖向通过若干皮砖，形成一段段连续的裂缝，荷载不增加，裂缝也继续发展，如图 6–10b 所示，此时可认为进入第二阶段。

3）荷载进一步增加，砌体中的裂缝迅速发展，整个砌体发生横向变形。纵向裂缝贯穿砌体，形成小柱，砖压碎或小柱失稳，砌体被破坏，如图 6–10c 所示，此为第三阶段。

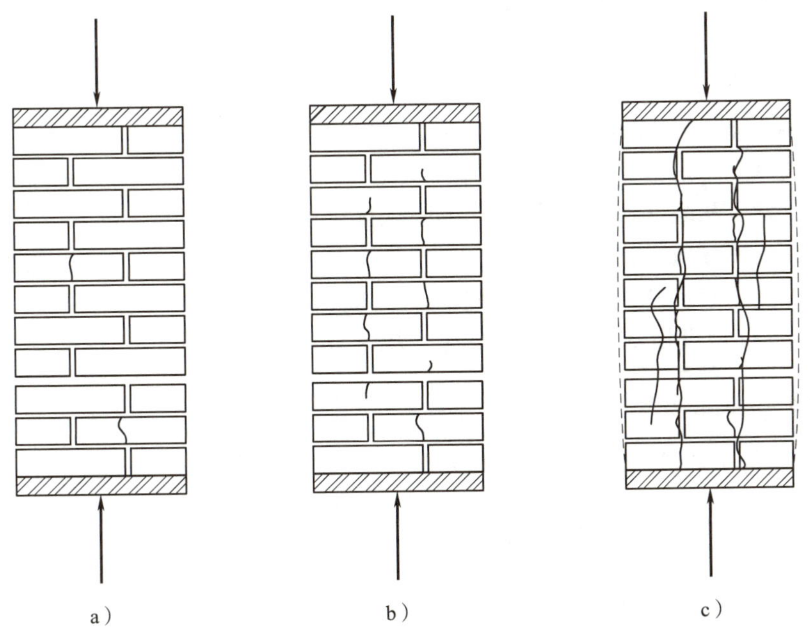

图 6–10　砖砌体轴心受压破坏过程

a）单砖开裂　b）砌体形成一段段裂缝　c）裂缝贯通

在试验中发现，砌体中的砖块在荷载并不很大时即已出现竖向裂缝，说明砌体的抗压强度远小于砖的抗压强度。虽然轴心受压砌体在总体上呈均匀受压态势，但是由于砂浆铺筑不匀、砖面不平、砂浆本身材质不匀等，造成砖与砂浆不能充分接触，砖在砌体中实际处于受弯、受拉、受剪等复杂应力状态，所以砌体不能作为**单一块体抗压墙体**。

（2）影响砌体抗压强度的因素

1）块材和砂浆的强度。块材和砂浆的强度是影响砌体抗压强度的重要因素，其中块材强度又是最主要的因素，所以提高块材强度比提高砂浆强度有效。

2）块体的形状、尺寸及灰缝厚度。由于块体抗弯能力较弱，故厚度的影响至关重要；形状规则与否也直接影响砌体的强度；灰缝过厚或太薄都会影响砌体的强度。因此，形状平整、规则，则弯、剪应力小，强度相对高（料石比毛石强度高就是例子）；块体高度大则强度高，长度大则强度低；灰缝的厚度为 8 ~ 12 mm（一般为 10 mm），料石砌体一般不大于 20 mm。

3）砂浆的性能。砂浆的性能是指除强度以外，砂浆应具有良好的流动性、保水性以及较高的密实性。水泥砂浆砌筑的砌体抗压强度小于混合砂浆砌筑的砌体抗压强度，降低 5% ~ 15%。原因是水泥砂浆容易失水，流动性（和易性或可塑性）和保水性相对较差。

4）砌筑质量。砌筑质量也是影响砌体抗压强度的重要因素。砌筑中要求灰缝饱满、横平竖直、上下错缝、内外搭砌，使之比较均匀地受力，以提高砌体的抗压强度。砖墙水平灰缝的饱满度≥ 80%（若饱满度由 80% 降低到 65%，则砌体强度降低 20%），砖柱灰缝饱满度≥ 90%。

2. 砌体的轴心受拉、弯曲受拉和受剪破坏形态

（1）砌体轴心受拉

如图 6-11 所示，砖砌圆形水池的池壁为砌体结构中常遇到的轴心受拉构件，由于水对池壁的压力，在池壁垂直截面内会引起环向轴心拉力，其破坏形态主要有以下三种。

1）沿齿缝（灰缝）破坏。此时砌体中块体强度高，砂浆强度低，抗拉强度由砂浆强度确定，如图 6-12a 所示。

2）沿块体和竖向灰缝破坏。此时砌体中块体强度低，砂浆强度高，抗拉强度取决于块体的强度等级，如图 6-12b 所示。

3）沿通缝（灰缝）破坏。此时块体强度低，砂浆强度高，设计中不允许采用，如图 6-12c 所示。

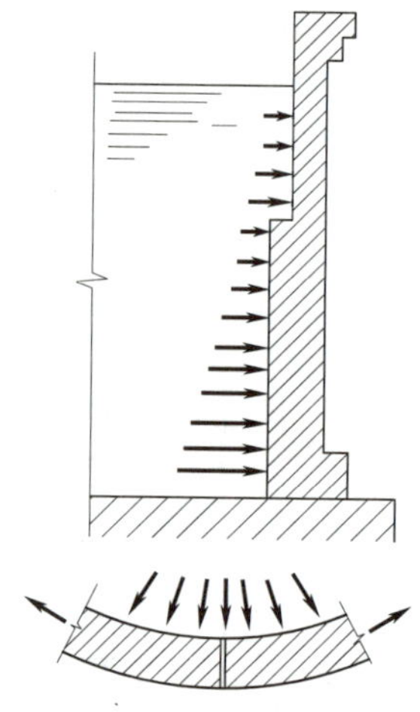

图 6-11　砌体轴心受拉

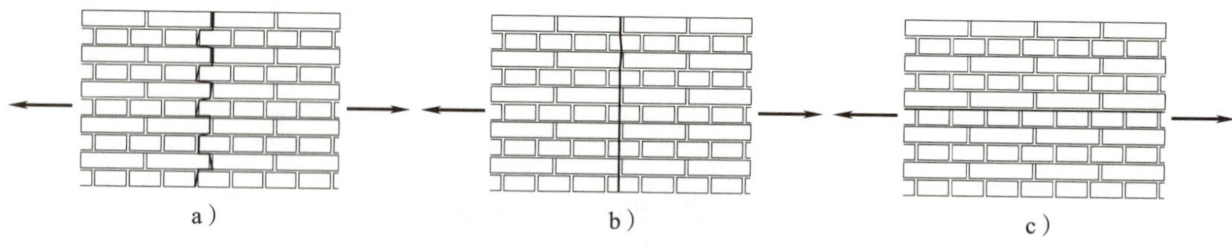

图 6-12　砌体轴心受拉破坏形态

a）沿齿缝（灰缝）破坏　b）沿块体和竖向灰缝破坏　c）沿通缝（灰缝）破坏

（2）砌体弯曲受拉

砌体弯曲受拉是指挡土墙在土的侧压力作用下，墙壁如同竖向悬臂柱一样受弯；对有扶壁柱的挡土墙，扶壁柱间的墙壁在水平方向受弯等，如图 6-13 所示。其破坏形态也分为三种，沿齿缝截面破坏、沿块体与竖向灰缝截面破坏和沿水平通缝截面破坏，如图 6-14 所示。

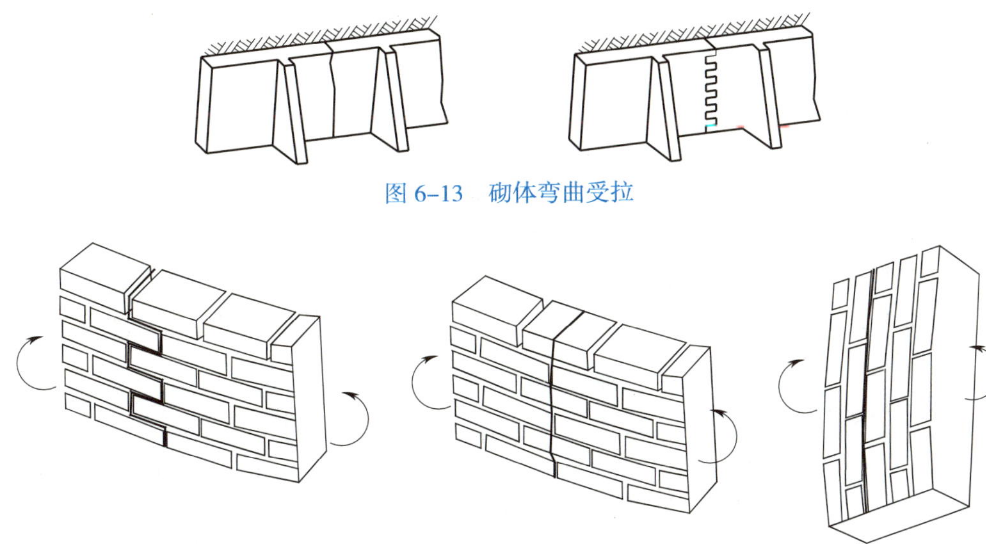

图 6–13　砌体弯曲受拉

图 6–14　砌体弯曲的破坏形态

a）沿齿缝截面破坏　b）沿块体与竖向灰缝截面破坏　c）沿水平通缝截面破坏

（3）砌体受剪

砖过梁或拱的支座处，由于水平推力的作用，使支座截面处的砌体受剪，如图 6–15 所示，其破坏形态也分为三种，沿水平通缝剪切破坏、沿阶梯形齿缝剪切破坏和沿块体与灰缝截面剪切破坏，如图 6–16 所示。

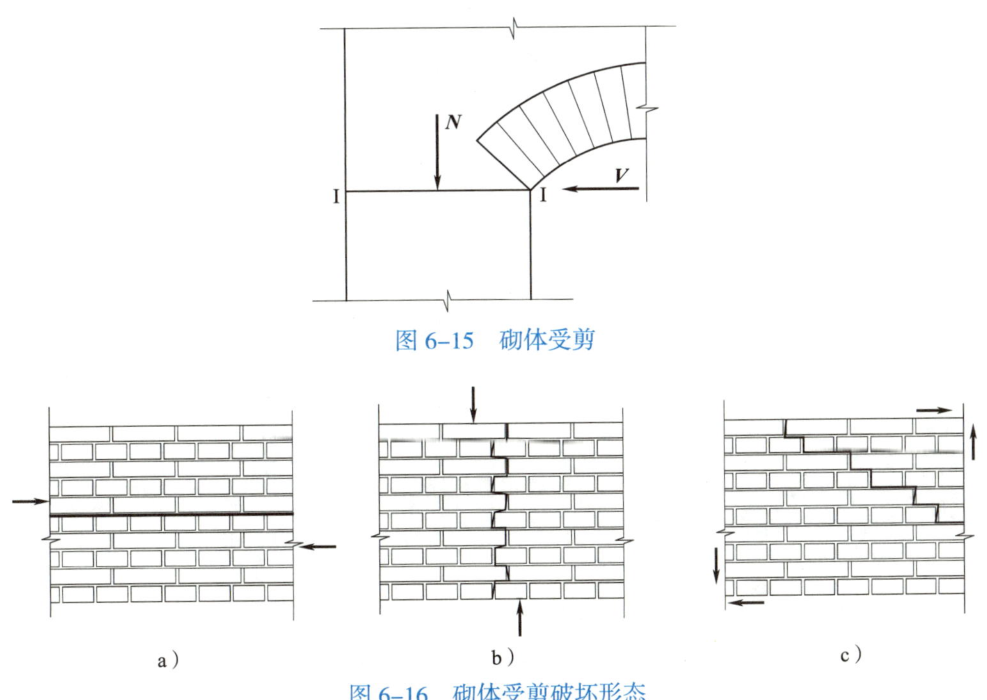

图 6–15　砌体受剪

图 6–16　砌体受剪破坏形态

a）沿水平通缝剪切破坏　b）沿阶梯形齿缝剪切破坏　c）沿块体与灰缝截面剪切破坏

三、砌体结构的承载力

1. 砌体的强度值

国家标准《砌体结构通用规范》(GB 55007—2021)规定了砌体工程的施工质量控制等级，根据现场质量管理、砂浆和混凝土质量控制、砂浆拌合工艺以及砌筑工人的技术等级四个要素，将施工质量控制等级从高到低分为A、B、C三级。表6–5～表6–8列出了当施工质量控制等级为B级时几种常见砌体的抗压强度设计值。当施工质量控制等级为A级时，应按表中数值提高5%；为C级时应按表中数值乘以系数0.89采用。

表6–5　　烧结普通砖和烧结多孔砖砌体的抗压强度设计值　　MPa

砖强度等级	砂浆强度等级					砂浆强度
	M15	M10	M7.5	M5	M2.5	
MU30	3.94	3.27	2.93	2.59	2.26	1.15
MU25	3.60	2.98	2.68	2.37	2.06	1.05
MU20	3.22	2.67	2.39	2.12	1.84	0.94
MU15	2.79	2.31	2.07	1.83	1.60	0.82
MU10	—	1.89	1.69	1.50	1.30	0.67

注：当烧结多孔砖的孔洞率大于30%时，表中数值应乘以0.9。

表6–6　　混凝土普通砖和混凝土多孔砖砌体的抗压强度设计值　　MPa

砖强度等级	砂浆强度等级					砂浆强度
	Mb20	Mb15	Mb10	Mb7.5	Mb5	
MU30	4.61	3.94	3.27	2.93	2.59	1.15
MU25	4.21	3.60	2.98	2.68	2.37	1.05
MU20	3.77	3.22	2.67	2.39	2.12	0.94
MU15	—	2.79	2.31	2.07	1.83	0.82

表6–7　　蒸压灰砂普通砖和蒸压粉煤灰普通砖砌体的抗压强度设计值　　MPa

砖强度等级	砂浆强度等级				砂浆强度
	M15	M10	M7.5	M5	
MU25	3.60	2.98	2.68	2.37	1.05
MU20	3.22	2.67	2.39	2.12	0.94
MU15	2.79	2.31	2.07	1.83	0.82

注：当采用专用砂浆砌筑时，其抗压强度设计值按表中数值采用。

表 6-8 单排孔混凝土砌块和轻集料混凝土砌块对孔砌筑砌体的抗压强度设计值 MPa

砖强度等级	砂浆强度等级					砂浆强度
	Mb20	Mb15	Mb10	Mb7.5	Mb5	
MU20	6.30	5.68	4.95	4.44	3.94	2.33
MU15	—	4.61	4.02	3.61	3.20	1.89
MU10	—	—	2.79	2.50	2.22	1.31
MU7.5	—	—	—	1.93	1.71	1.01
MU5	—	—	—	—	1.19	0.70

注：1. 对独立柱或厚度为双排组砌的砌块砌体，应按表中数值乘以 0.7。

2. 对 T 形截面墙体、柱，应按表中数值乘以 0.85。

对下列情况的各类砌体，其砌体强度设计值应乘以调整系数 γ_a：

（1）对无筋砌体构件，其截面面积小于 0.3 m^2 时，γ_a 为其截面面积加 0.7；对配筋砌体构件，当其中砌体截面面积小于 0.2 m^2 时，γ_a 为其截面面积加 0.8。构件截面面积以“m^2”计。

（2）当砌体用强度等级小于 M5 的水泥砂浆砌筑时，γ_a 取值为 0.9；当验算施工中房屋的构件时，γ_a 为 1.1。

2. 砌体受压承载力

（1）无筋砌体受压构件的承载力应按下列公式计算：

$$N \leqslant \varphi f A \tag{6-1}$$

式中，N——轴向力设计值；

φ——高厚比 β 和轴向力的偏心距 e 对受压构件承载力的影响系数；

f——砌体的抗压强度设计值；

A——截面面积。

（2）确定影响系数 φ 时，构件高厚比 β 应按下式计算：

对矩形截面，

$$\beta=\gamma_\beta \frac{H_0}{h} \tag{6-2}$$

对 T 形截面，

$$\beta=\gamma_\beta \frac{H_0}{h_T} \tag{6-3}$$

式中，γ_β——不同材料砌体构件的高厚比修正系数（见表 6-9）；

H_0——受压构件的计算高度；

h——矩形截面轴向力偏心方向的边长，当轴心受压时为截面较小边长；

h_T——T 形截面的折算厚度，可近似按 $3.5i$ 计算，i 为截面的回转半径。

表 6-9 高厚比修正系数 γ_β

砌体材料类别	γ_β
烧结普通砖、烧结多孔砖	1.0
混凝土普通砖、混凝土多孔砖、混凝土及轻集料混凝土砌块	1.1
蒸压灰砂普通砖、蒸压粉煤灰普通砖、细料石	1.2
粗料石、毛石	1.5

（3）对无筋砌体矩形截面单向偏心受压构件承载力的影响系数 φ 可按下列公式计算，T 形截面则以折算厚度代替 h：

当 $\beta \leqslant 3$ 时，

$$\varphi=\frac{1}{1+12\left(\frac{e}{h}\right)^2} \tag{6-4}$$

当 $\beta>3$ 时，

$$\varphi=\frac{1}{1+12\left[\frac{e}{h}+\sqrt{\frac{1}{12}\left(\frac{1}{\varphi_0}-1\right)}\right]^2} \tag{6-5}$$

$$\varphi_0=\frac{1}{1+\alpha\beta^2} \tag{6-6}$$

式中，e——轴向力的偏心距，由内力设计值 M/N 求得；

h——矩形截面的轴向力偏心方向的边长；

φ_0——轴心受压构件的稳定系数；

α——与砂浆强度有关的系数，当砂浆强度等级大于或等于 M5 时，α 取 0.001 5，当砂浆强度等级等于 M2.5 时，α 取 0.002，当砂浆强度等级等于 0 时，α 取 0.009；

β——构件的高厚比。

注：1. 对矩形截面构件，当轴向力偏心方向的截面边长大于另一方向的边长时，除按偏心受压计算外，还应对较小边长方向按轴心受压进行验算。

2. 按内力设计值计算的轴向力偏心距 e 不应超过 $0.6y$，y 为截面重心到轴向力所在偏心方向截面边缘的距离。

【例 6-1】 某砖柱截面为 $b\times h$=490 mm × 620 mm，采用 MU15 烧结多孔砖及 M7.5 混合砂浆砌筑（多孔砖孔洞率不大于 30%），施工质量控制等级为 B 级，柱的计算长度 H_0=6 m，柱顶截面承受轴向压力设计值 N=260 kN，沿截面长边方向的弯矩设计值 M=8.5 kN · m；柱底截面按轴心受压计算。试验算该砖柱的受压承载力是否满足要求。

解：

（1）验算柱顶截面。

查表 6–5，f=2.07 MPa，A=0.49×0.62=0.303 8 m^2>0.3 m^2，f 不作调整。

1）截面长边方向偏心受压验算。

$$e=\frac{M}{N}=\frac{8.5}{260}=32.7\ \text{mm}<0.6y=0.6\times 620/2=186\ \text{mm}$$

$$\frac{e}{h}=\frac{32.7}{620}=0.053$$

$$\beta=\gamma_{\beta}\frac{H_0}{h}=1.0\times\frac{6\ 000}{620}=9.68$$

由式（6–5）、式（6–6）得 φ=0.763，所以：

$$\varphi fA=0.763\times 2.07\times 0.303\ 8\times 10^6=479.82\ \text{kN}>N=260\ \text{kN}$$

满足要求。

2）截面短边方向按轴心受压验算。

$$\beta=\gamma_{\beta}\frac{H_0}{b}=1.0\times\frac{6\ 000}{490}=12.24$$

则 $\varphi=\varphi_0$=0.816（e=0），所以：

$$\varphi fA=0.816\times 2.07\times 0.303\ 8\times 10^6=513.15\ \text{kN}>N=260\ \text{kN}$$

满足要求。

（2）验算柱底截面。

取砖砌体的重度 ρ=18 kN/m^3，则柱底轴心压力设计值为：

$$N=260+1.35\times 18\times 0.49\times 0.62\times 6=304.29\ \text{kN}$$

$$\beta=\gamma_{\beta}\frac{H_0}{b}=1.0\times\frac{6\ 000}{490}=12.24$$

则 $\varphi=\varphi_0$=0.816（e=0），所以：

$$\varphi fA=0.816\times 2.07\times 0.303\ 8\times 10^6=513.15\ \text{kN}>N=304.29\ \text{kN}$$

柱底截面也满足受压承载力的要求。

第三节　混合结构房屋

混合结构房屋是指主要承重构件由不同材料组成的房屋。如楼（屋）盖采用钢筋混凝土结构或木结构，而墙、柱和基础等承重构件采用砌体材料。混合结构房屋中沿房屋长向布置的墙称为**纵墙**，沿短向布置的墙称为**横墙**。房屋四周的墙称为**外墙**，其余的墙称为**内墙**，仅起隔断作用而不承受楼板荷载的内墙称为**隔墙**，其墙厚可适当减小。

思政小课堂

以我国传统“墙体营造”为主线，通过对中国以及国外有特点的建筑营造技术的解读，让学生感受到中国建筑的博大精深，从继承传统营造形式、探索新型营造技术两个方面建立学习的使命感。

一、墙体布置方案

1. 纵墙承重方案

当建筑功能上要求房屋有较大空间或隔墙位置可能发生变化时，通常不布置横墙或横墙间距很大，由纵墙直接承受楼（屋）面荷载，这种结构布置方案称为**纵墙承重方案**，如图 6–17 所示。

纵墙承重方案的特点如下：

（1）纵墙为主要承重墙，横墙间距不受限值，开间划分灵活。

（2）纵墙上开设门窗洞口受到限值。

（3）横向刚度小，整体性差，对抗震不利。

此种方案（竖向）荷载传递路线为：屋面板→梁（或屋架）→纵墙→基础→地基。

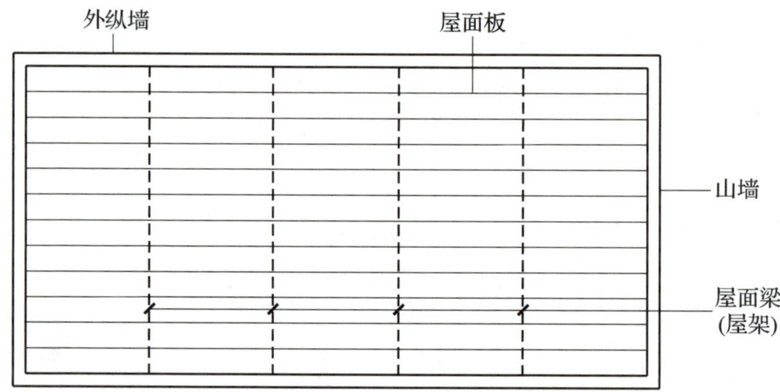

图 6–17　纵墙承重方案

2. 横墙承重方案

横墙承重方案是指将预制板直接搁置在横墙上，如图 6–18 所示。当房间的开间不大、横墙间距较小（一般为 3 ~ 4.5 m）时适用这种布置形式（如住宅、集体宿舍等）。横墙承重方案的主要优点是房屋的空间刚度较大，整体性好，有利于抵抗风力、地震作用及调整地基不均匀沉降；缺点是墙体耗用材料较多。

横墙承重方案的特点如下：

（1）横墙是主承重墙，因此纵墙上开设洞口受限较小。

（2）横向刚度大，有良好的抗震和调节地基不均匀沉降的能力。

（3）墙体耗用材料较多。

此种方案（竖向）荷载传递路线为：屋面板→横墙→基础→地基。

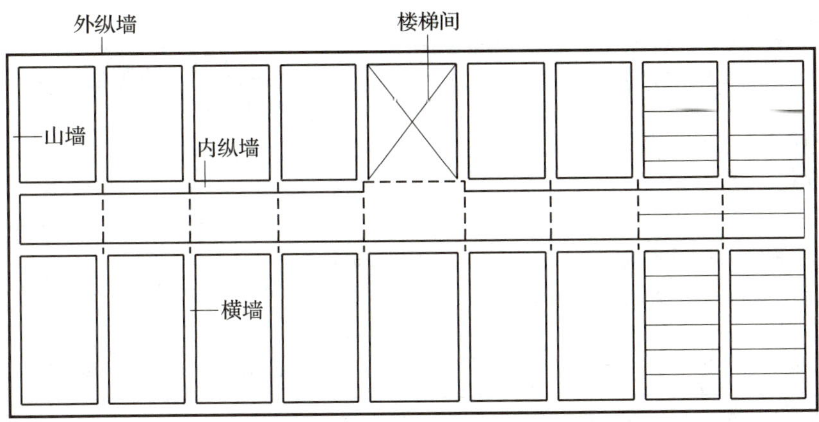

图 6–18 横墙承重方案

3. 纵横墙承重方案

当建筑功能上要求房间大小有较多的变化时，可以采用纵横墙同时承重的布置方案，如图 6–19 所示。

纵横墙承重方案的特点如下：

（1）平面布置比较灵活，空间刚度大，整体性好。

（2）构件类型多，施工相对复杂。

此种方案荷载传递路线为：屋面板→梁→纵墙（横墙）→基础→地基。

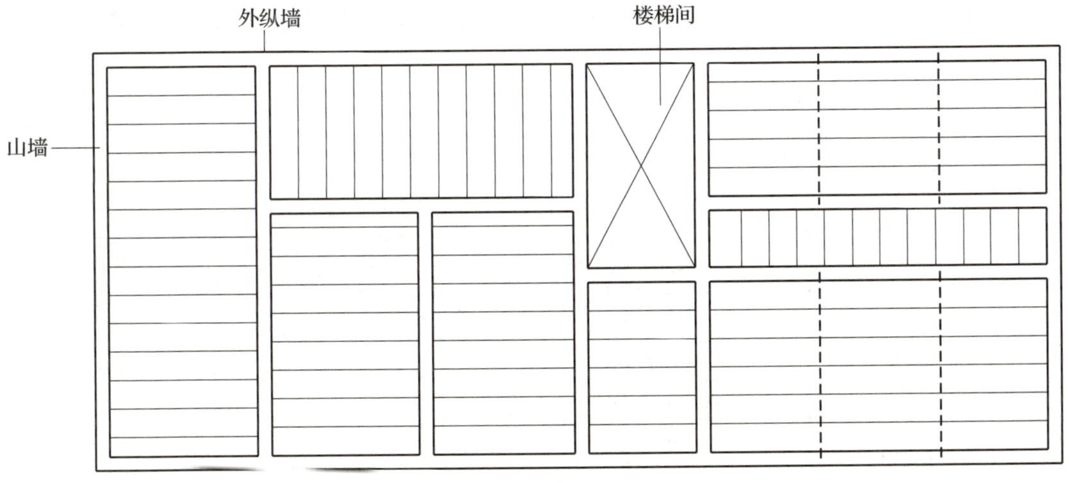

图 6–19 纵横墙承重方案

二、静力计算方案

房屋两端山墙的距离越近，或布置越多的横墙，屋盖的水平刚度越大，则房屋的空间作用越大，空间性能越好。房屋空间作用的大小可用空间性能影响系数 η 来表示，η 越大，空间作用越小，反之则空间作用越大。根据屋盖刚度和横墙间距两个主要因素的影响，混合结构房屋静力计算方案分为三种，见表 6–10。

表 6–10　　房屋的静力计算方案

	屋盖或楼盖类别	刚性方案	刚弹性方案	弹性方案
1	整体式、装配整体式和装配式无檩体系钢筋混凝土屋盖或楼盖	$s<32$	$32 \leqslant s \leqslant 72$	$s>72$
2	装配式有檩体系钢筋混凝土屋盖、轻钢屋盖和有密铺望板的木屋盖或木楼盖	$s<20$	$20 \leqslant s \leqslant 48$	$s>48$
3	瓦材屋面的木屋盖和轻钢屋盖	$s<16$	$16 \leqslant s \leqslant 36$	$s>36$

注：1. 表中 s 为房屋横墙间距，单位为 m。

2. 对无山墙或伸缩缝处无横墙的房屋，应按弹性方案考虑。

刚性方案和刚弹性方案房屋的横墙，应符合下列规定：横墙中开有洞口时，洞口的水平截面面积不应超过横墙截面面积的 50%；横墙的厚度不宜小于 180 mm；单层房屋的横墙长度不宜小于其高度，多层房屋的横墙长度不宜小于 $H/2$（H 为横墙总高度）。

三、墙、柱高厚比

国家标准《砌体结构设计规范》（GB 50003—2011）规定，应用验算墙、柱高厚比的方法对墙、柱进行稳定性验算，使房屋结构在施工阶段和使用阶段的稳定性满足要求。

1. 影响高厚比的因素

墙、柱的允许高厚比［β］取值见表 6–11。影响高厚比的因素很多，综合起来主要包括下列几个方面：

表 6–11　　墙、柱的允许高厚比［β］值

砌体类型	砂浆强度等级	墙	柱
无筋砌体	M2.5 M5 或 Mb5、Ms5 ≥ M7.5 或 Mb7.5、Ms7.5	22 24 26	15 16 17
配筋砌块砌体	—	30	21

注：1. 毛石墙、柱的允许高厚比应按表中数值降低 20%。

2. 带有混凝土或砂浆面层的组合砖砌体构件的允许高厚比，可按表中数值提高 20%，但不得大于 28。

3. 验算施工阶段砂浆尚未硬化的新砌体构件高厚比时，允许高厚比对墙取 14，对柱取 11。

（1）砂浆强度等级。砂浆强度高，则砌体的刚度好，允许高厚比亦可相应增大。

（2）砌体截面刚度。砌体截面刚度越大，稳定性越好。

（3）砌体类型和构件重要性。毛石墙比一般砌体墙刚度差，组合砌体刚度相对要好些；重要构件的允许高厚比可降低，次要构件的允许高厚比则可以增大。

（4）构造柱及横墙间距。构造柱越多，对墙体的约束越大，稳定性越好；横墙间距越小，墙体稳定性和刚度越好。

2. 高厚比验算

一般墙、柱的高厚比应按下式验算：

$$\beta=\frac{H_0}{h}\leqslant\mu_1\mu_2[\beta] \tag{6-7}$$

式中，H_0——墙、柱的计算高度，见表 6-12；

h——墙厚或矩形柱与 H_0 相对应的边长；

μ_1——自承重墙允许高厚比的修正系数；

μ_2——有门窗洞口墙允许高厚比的修正系数。

表 6-12　　受压构件的计算高度 H_0

<table>
<tr><th rowspan="2" colspan="3">房屋类别</th><th colspan="2">柱</th><th colspan="3">带壁柱墙或周边拉接的墙</th></tr>
<tr><th>排架方向</th><th>垂直排架方向</th><th>$s>2H$</th><th>$2H\geqslant s>H$</th><th>$s\leqslant H$</th></tr>
<tr><td rowspan="3">有吊车的单层房屋</td><td rowspan="2">变截面柱上段</td><td>弹性方案</td><td>$2.5H_u$</td><td>$1.25H_u$</td><td colspan="3">$2.5H_u$</td></tr>
<tr><td>刚性、刚弹性方案</td><td>$2.0H_u$</td><td>$1.25H_u$</td><td colspan="3">$2.0H_u$</td></tr>
<tr><td colspan="2">变截面柱下段</td><td>$1.0H_l$</td><td>$0.8H_l$</td><td colspan="3">$1.0H_l$</td></tr>
<tr><td rowspan="5">无吊车的单层和多层房屋</td><td rowspan="2">单跨</td><td>弹性方案</td><td>$1.5H$</td><td>$1.0H$</td><td colspan="3">$1.5H$</td></tr>
<tr><td>刚弹性方案</td><td>$1.2H$</td><td>$1.0H$</td><td colspan="3">$1.2H$</td></tr>
<tr><td rowspan="2">多跨</td><td>弹性方案</td><td>$1.25H$</td><td>$1.0H$</td><td colspan="3">$1.25H$</td></tr>
<tr><td>刚弹性方案</td><td>$1.10H$</td><td>$1.0H$</td><td colspan="3">$1.1H$</td></tr>
<tr><td colspan="2">刚性方案</td><td>$1.0H$</td><td>$1.0H$</td><td>$1.0H$</td><td>$0.4s+0.2H$</td><td>$0.6s$</td></tr>
</table>

注：1. 在房屋底层，H 为楼板顶面到构件下端支点的距离，下端支点可取在基础顶面，当埋置较深且有刚性地坪时，可取室外地面下 500 mm 处，在其他层，H 为楼板间距离。

2. 表中 H_u 为变截面柱上段高度，H_l 为变截面柱下段高度。

3. 对于上端为自由端的构件，$H_0=2H$。

4. 独立砖柱，当无柱间支撑时，柱在垂直排架方向的 H_0 应按表中数值乘以 1.25 后采用。

5. s 为房屋横墙间距。

式（6-7）中，μ_1 可按下列规定采用：

h=240 mm　　　　μ_1=1.2

h=90 mm　　　　μ_1=1.5

90 mm<h<240 mm　　　　μ_1 按线性内插法取值

上端为自由端墙的允许高厚比，除按上述规定提高外，还可提高 30%。对厚度小于 90 mm 的墙，当双面采用不低于 M10 的水泥砂浆抹面，包括抹面层的墙厚不小于 90 mm 时，可按墙厚等于 90 mm 验算高厚比。

式（6–7）中，μ_2 应符合下列要求：

$$\mu_2=1-0.4\frac{b_s}{s} \tag{6–8}$$

式中，b_s——在宽度 s 范围内的门窗洞口总宽度；

s——相邻横墙或壁柱之间的距离。

当按上式计算的 μ_2 值小于 0.7 时，取 0.7；当洞口高度等于或小于墙高的 1/5 时，μ_2 取 1.0；当洞口高度大于或等于墙高的 4/5 时，可按独立墙段验算高厚比。

【例 6–2】 某多层办公楼平面布置如图 6–20 所示，采用装配式钢筋混凝土楼盖，纵横墙承重体系，墙厚均为 190 mm，采用 MU10 混凝土小型空心砌块，二、三层用 Mb7.5 砂浆，层高均为 3.6 m，窗宽均为 1 800 mm，门宽 1 000 mm。试验算二层各墙的高厚比。

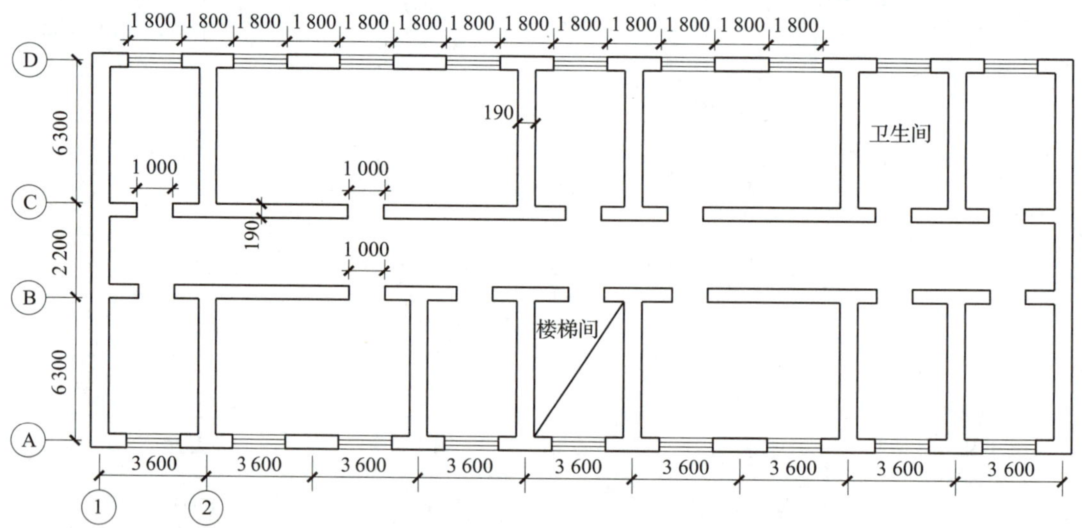

图 6–20 办公楼二层平面图

解：

（1）确定静力计算方案。

最大横墙间距 s=3.6×3=10.8 m<32 m，查表 6–10，该方案属于刚性方案。

承重墙高 H=3.6 m，h=190 mm，砂浆强度等级为 Mb7.5，由表 6–11 查得［β］=26。

（2）纵墙高厚比验算。

1）外纵墙验算：

s=10.8 m>2H=7.2 m，由表 6–12 查得 H_0=1.0H=3.6 m。

$$\mu_2=1-0.4\frac{b_s}{s}=1-0.4\frac{1\ 800\times 3}{3\ 600\times 3}=0.8>0.7，\mu_1=1.0$$

$$\beta=\frac{H_0}{h}=\frac{3.6}{0.19}=18.95<\mu_1\mu_2[\beta]=1.0\times0.8\times26=20.8$$

满足稳定性。

2）内纵墙验算（洞口高度未超过墙高的4/5，按整片墙验算）：

$$H_0=1.0H=3.6\ \text{m}$$

$$\mu_2=1-0.4\frac{b_s}{s}=1-0.4\frac{1\ 000}{3\ 600\times3}=0.963>0.7，\mu_1=1.0$$

$$\beta=\frac{H_0}{h}=\frac{3.6}{0.19}=18.95<\mu_1\mu_2[\beta]=1.0\times0.963\times26=25.04$$

满足要求。

（3）横墙高厚比验算。

$$s=6.3\ \text{m}，则\ H<s<2H$$

$$H_0=0.4s+0.2H=0.4\times6.3+0.2\times3.6=3.24\ \text{m}，无洞口\ \mu_2=1.0$$

$$\beta=\frac{H_0}{H}=\frac{3.24}{0.19}=17.05<\mu_1\mu_2[\beta]=1.0\times1.0\times26=26$$

满足要求。

第四节　圈梁、过梁和悬挑构件

一、圈梁

1. 圈梁的设置

在砌体结构房屋的檐口、窗顶、楼层、吊车梁顶或基础顶面标高处，沿砌体墙水平方向设置封闭状的按构造配筋的混凝土梁式构件，称为**圈梁**。圈梁可以提高房屋的整体性和空间刚度，可以有效防止地基不均匀沉降和振动荷载对房屋产生的不利影响。

住宅、办公楼等多层砌体结构民用房屋，当层数为3层、4层时，应在底层和檐口标高处各设置一道圈梁。当层数超过4层时，除应在底层和檐口标高处各设置一道圈梁外，还应在所有纵、横墙上隔层设置一道圈梁。多层砌体工业房屋，应每层设置圈梁。采用现浇混凝土楼（屋）盖的多层砌体结构房屋，当层数超过5层时，除应在檐口标高处设置一道圈梁外，还可隔层设置圈梁，并应与楼（屋）面板一起现浇。未设置圈梁的楼面板嵌入墙内的长度不应小于120 mm，并沿墙长配置不少于2根直径为10 mm的纵向钢筋。

2. 圈梁的构造

（1）圈梁宜连续地设在同一水平面上，并形成封闭状；当圈梁被门窗洞口截断时，应在洞口上部增设相同截面的附加圈梁，如图6–21所示。附加圈梁与圈梁的搭接长度不应小于其垂直间距的2倍，且不得小于1 m。

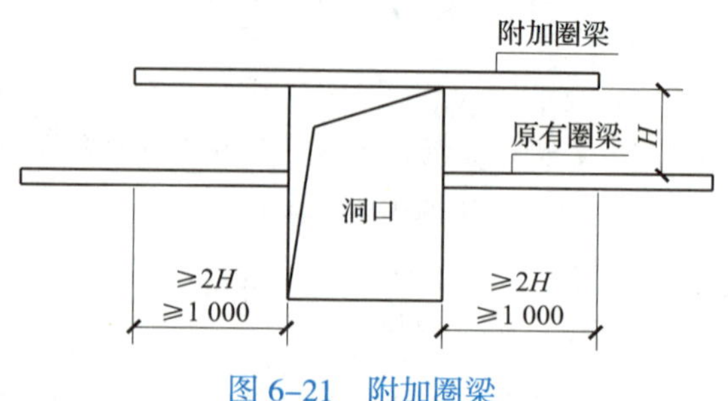

图 6-21　附加圈梁

（2）纵、横墙交接处的圈梁应可靠连接，如图 6-22 所示。对于刚弹性和弹性方案房屋，圈梁应与屋架、大梁等构件可靠连接。

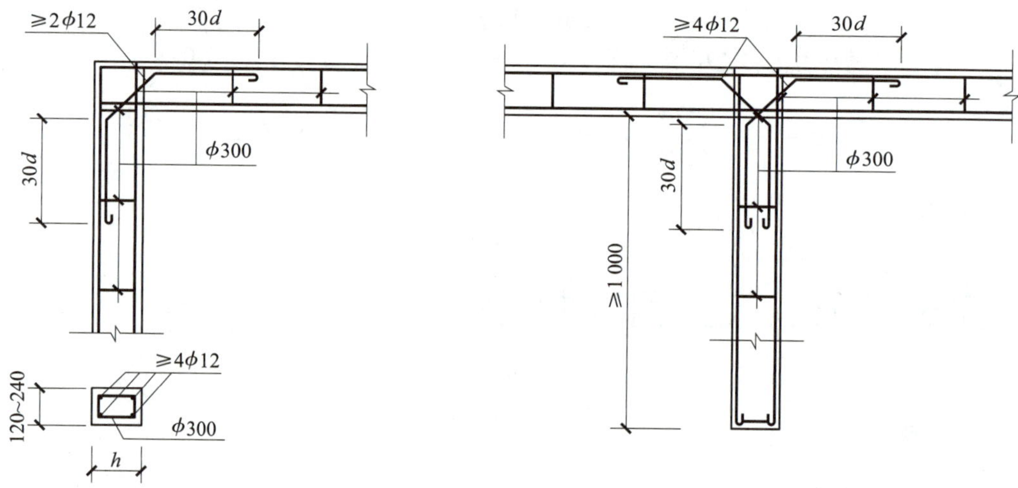

图 6-22　转角墙圈梁构造

（3）混凝土圈梁的宽度宜与墙厚相同，当墙厚不小于 240 mm 时，其宽度不宜小于墙厚的 2/3，且不应小于 190 mm；圈梁高度不应小于 120 mm；纵向钢筋数量不应少于 4 根，直径不应小于 12 mm；绑扎接头的搭接长度按受拉钢筋考虑，箍筋间距不应大于 200 mm。

（4）圈梁兼作过梁时，过梁部分的钢筋应按计算面积另行增配。

二、过梁

1. 过梁的构造

当墙体开有门窗等洞口时，为了支撑洞口上方的墙体重量和楼盖传来的荷载，并将这些荷载传递给窗间墙，需在洞口上缘处设置一个传力构件（一般为水平梁），这一构件称为**过梁**。常用的过梁有砖砌过梁和钢筋混凝土过梁两大类，如图 6-23 所示。砖砌过梁按构造不同又可分为砖砌平拱和钢筋砖过梁等形式。

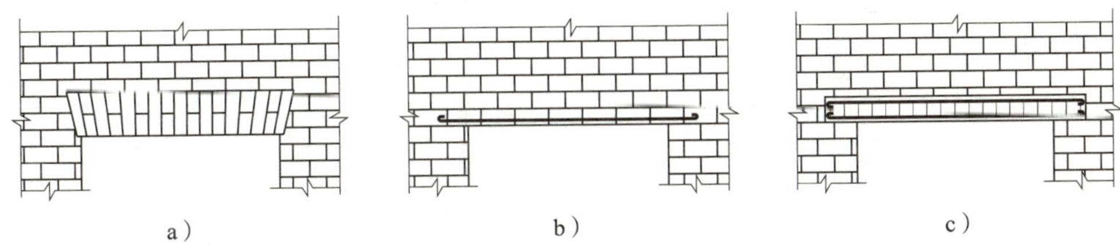

图 6-23　过梁的形式

a）砖砌平拱　b）钢筋砖过梁　c）钢筋混凝土过梁

砖砌平拱采用竖砖砌筑，利用灰缝调节使砌体形成楔形，底部略起拱（大于1/100），其施工方便，不用钢材，但受力性能较差，对振动荷载和地基不均匀沉降反应敏感。砖砌平拱跨度不应超过 1.2 m，竖砖砌筑部分的高度不应小于 240 mm，截面计算高度内的砂浆不宜低于 M5（Mb5、Ms5）。

钢筋砖过梁的砌法与墙体相同，只是在过梁底部砂浆层内配置了纵向钢筋。钢筋砖过梁的跨度不应超过 1.5 m，底部砂浆层处的钢筋直径不应小于 5 mm，间距不宜大于 120 mm，钢筋伸入支座砌体内的长度不宜小于 240 mm，砂浆层的厚度不宜小于30 mm，截面计算高度内的砂浆同样不宜低于 M5（Mb5、Ms5）。

对于跨度较大、洞口上方有集中力或振动荷载，或有可能产生不均匀沉降的房屋，均不能采用砖砌平拱过梁或钢筋砖过梁，而应选择钢筋混凝土过梁。钢筋混凝土过梁的截面应通过计算确定，但其端部伸入墙体的长度应不小于 240 mm。

2. 过梁的荷载

过梁的荷载应按下列规定采用：

（1）对砖和砌块砌体，当梁、板下的墙体高度 h_w 小于过梁的净跨 l_n 时，过梁应计入梁、板传来的荷载，否则可不考虑梁、板荷载。

（2）对砖砌体，当过梁上的墙体高度 h_w 小于 $l_n/3$ 时，墙体荷载应按墙体的均布自重采用，否则应按高度为 $l_n/3$ 墙体的均布自重采用。

（3）对砌块砌体，当过梁上的墙体高度 h_w 小于 $l_n/2$ 时，墙体荷载应按墙体的均布自重采用，否则应按高度为 $l_n/2$ 墙体的均布自重采用。

三、悬挑构件

在砌体结构房屋中，由于使用功能上的需要，常常将钢筋混凝土梁（板）一端嵌入墙体，一端挑出墙外，称之为**悬挑构件**。

1. 挑梁的受力性能

砌体结构房屋中的悬挑构件，如挑梁，与砌体是共同受力的。挑梁在端部外力 $\boldsymbol{F}$ 及其上部砌体自重作用下，破坏过程经历弹性、界面裂缝和破坏三个阶段。在裂缝出现前，挑梁嵌入墙体部分界面上将产生拉（压）应力，墙边截面处的挑梁内将产生弯矩和剪力，如图 6-24 所示。

如图 6-25 所示，当砌体墙与挑梁的界面上所出现的拉应力超过砌体的抗拉强度时，就会出现水平裂缝①，随着荷载的增大，裂缝不断向内延伸，接着在挑梁嵌入端下界面出现水平裂缝②，随后在嵌入端上方出现阶梯裂缝③，如果砌体局部受压不足，则会出现裂缝④。

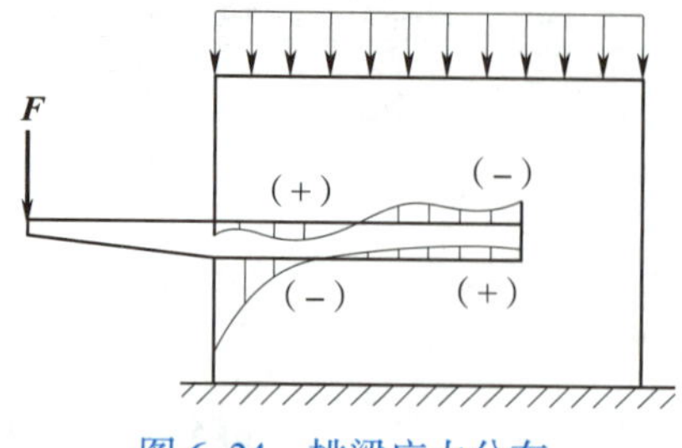

图 6-24　挑梁应力分布

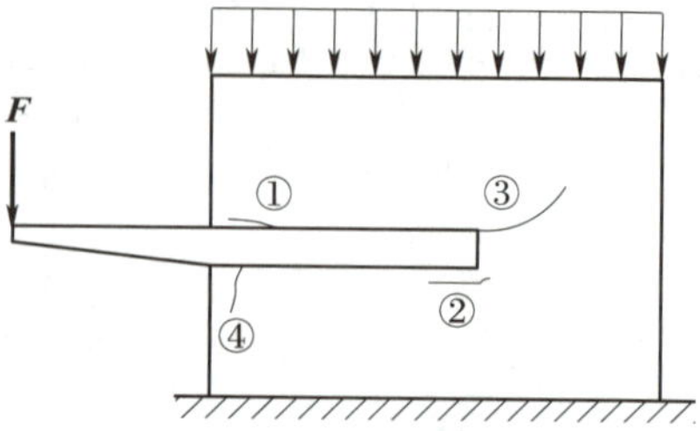

图 6-25　挑梁裂缝

2. 挑梁的破坏形态

挑梁在荷载作用下，可能会发生下面三种破坏形态：

（1）抗倾覆不足而使挑梁发生倾覆破坏，如图 6-26 所示。

（2）挑梁下砌体局部受压破坏，如图 6-27 所示。

（3）挑梁正截面受弯或斜截面受剪破坏。

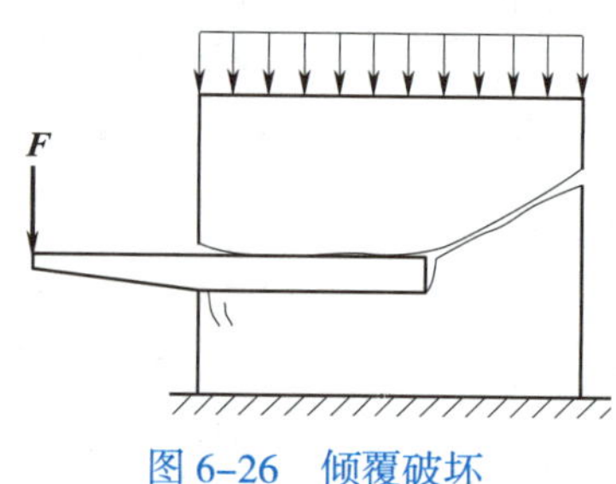

图 6-26　倾覆破坏

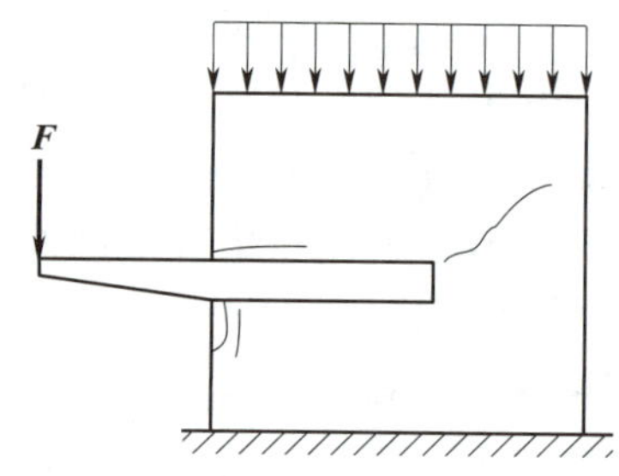

图 6-27　局部受压破坏

3. 挑梁的构造

挑梁设计除应符合现行国家标准《混凝土结构设计规范（2015 年版）》（GB 50010—2010）有关规定外，还应满足下列要求：

（1）纵向受力钢筋至少应有 1/2 的钢筋面积伸入梁尾端，且不少于 2φ12。其余钢筋伸入支座的长度不应小于 $2l_1/3$。

（2）挑梁埋入砌体长度 l_1 与挑出长度 l 之比应大于 1.2；当挑梁埋入段上无砌体时，l_1 与 l 之比应大于 2。

第五节　墙体的构造措施

一、墙、柱的一般构造

砌体结构房屋的墙、柱，除满足承载力和稳定性要求外，还应满足下列一般构造要求。

1. 墙

（1）墙体转角处和纵横墙交接处应沿竖向每隔 400 ~ 500 mm 设拉结钢筋，其数量为每 120 mm 墙厚不少于 1 根直径 6 mm 的钢筋；或采用焊接钢筋网片，埋入长度从墙的转角或交接处算起，对实心砖墙每边不小于 500 mm，对多孔砖墙和砌块墙每边不小于 700 mm。

（2）预制钢筋混凝土板在混凝土圈梁上的支承长度不应小于 80 mm，板端伸出的钢筋应与圈梁可靠连接，且同时浇筑；预制钢筋混凝土板未直接搁置在圈梁上时，在内墙上的支承长度不应小于 100 mm，在外墙上的支承长度不应小于 120 mm，并应按下列方法进行连接：

1）板支承于内墙时，板端钢筋伸出长度不应小于 70 mm，且与支座处沿墙配置的纵筋绑扎，用强度等级不低于 C25 的混凝土浇筑成板带。

2）板支承于外墙时，板端钢筋伸出长度不应小于 100 mm，且与支座处沿墙配置的纵筋绑扎，并用强度等级不低于 C25 的混凝土浇筑成板带。

3）预制钢筋混凝土板与现浇板对接时，预制板端钢筋应与现浇板可靠连接。

（3）不应在截面长边小于 500 mm 的承重墙体、独立柱内埋设管线；不宜在墙体中穿行暗线或预留、开凿沟槽，当无法避免时应采取必要的措施或按削弱后的截面验算墙体的承载力。

（4）支承在墙、柱上的吊车梁、屋架及跨度≥ 9 m（对砖砌体）或 7.2 m（对砌块和料石砌体）的预制梁的端部，应采用锚固件与墙、柱上的垫块锚固。

（5）跨度大于 6 m 的屋架和跨度大于下列数值的梁，应在支承处砌体上设置混凝土或钢筋混凝土垫块；当墙中设有圈梁时，垫块与圈梁宜浇成整体：

1）对砖砌体为 4.8 m。

2）对砌块和料石砌体为 4.2 m。

3）对毛石砌体为 3.9 m。

（6）当梁跨度大于或等于下列数值时，其支承处宜加设壁柱，或采取其他加强措施：

1）对 240 mm 厚的砖墙为 6 m；对 180 mm 厚的砖墙为 4.8 m。

2）对砌块、料石墙为 4.8 m。

（7）山墙处的壁柱或构造柱宜砌至山墙顶部，屋面构件应与山墙可靠拉结。

（8）砌块砌体应分皮错缝搭砌，上下皮搭砌长度不应小于 90 mm。当搭砌长度不满足上述要求时，应在水平灰缝内设置不少于 2 根直径不小于 4 mm 的焊接钢筋网片（横向钢筋的间距不应大于 200 mm，网片每端应伸出该垂直缝不小于 300 mm）。

（9）砌块墙与后砌隔墙交接处，应沿墙高每 400 mm 在水平灰缝内设置不少于 2 根直径不小于 4 mm、横筋间距不大于 200 mm 的焊接钢筋网片，如图 6–28 所示。

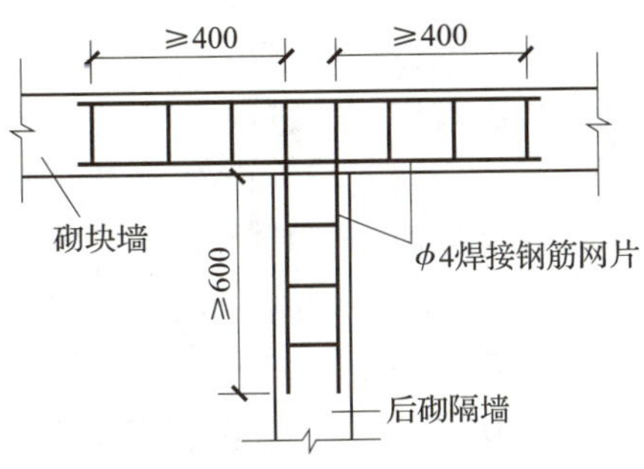

图 6–28 后砌隔墙与砌块墙的连接

（10）混凝土砌块房屋，宜将纵横墙交接处距墙中心线每边不小于 300 mm 范围内的孔洞，采用不低于 Cb20 混凝土沿全墙高灌实。

2. 柱

承重的独立砖柱截面尺寸不应小于 240 mm × 370 mm，毛石墙的厚度不宜小于 350 mm，毛料石柱较小边长不宜小于 400 mm。当有振动荷载时，墙、柱不宜采用毛石砌体。

二、框架填充墙

1. 填充墙的构造要求

（1）填充墙宜选用轻质块体材料，选材应符合《砌体结构通用规范》（GB 55007—2021）要求。

（2）填充墙砌筑砂浆的强度等级不宜低于 M5（Mb5、Ms5）。

（3）填充墙墙体厚度不应小于 90 mm。

（4）用于填充墙的夹心复合砌块，其两个块体之间应有拉结。

2. 填充墙与框架的连接

填充墙与框架的连接可根据设计要求采用脱开或不脱开的方法。有抗震设防要求时宜采用填充墙与框架脱开的方法。

（1）当填充墙与框架采用脱开的方法时，应符合下列规定：

1）填充墙两端与框架柱、填充墙顶面与框架梁之间留出不小于 20 mm 的间隙。

2）填充墙端部应设置构造柱，柱间距宜不大于 20 倍墙厚且不大于 4 000 mm，柱宽度不小于 100 mm。柱竖向钢筋不宜小于 $\phi 10$，箍筋宜为 $\phi R5$，竖向间距不宜大于 400 mm。竖向钢筋与框架梁或其挑出部分的预埋件或预留钢筋连接，绑扎接头时不小于 $30d$，焊接时（单面焊）不小于 $10d$（d 为钢筋直径）。柱顶与框架梁（板）应预留不小于 15 mm 的缝隙，用硅酮胶或其他弹性密封材料封缝。当填充墙有宽度大于 2 100 mm 的洞口时，洞口两侧应加设宽度不小于 50 mm 的单筋混凝土柱。

3）填充墙两端宜卡入设在梁、板底及柱侧的卡口铁件内，墙侧卡口板的竖向间距不宜大于 500 mm，墙顶卡口板的水平间距不宜大于 1 500 mm。

4）墙体高度超过 4 m 时宜在墙高中部设置与柱连通的水平系梁。水平系梁的截面高度不小于 60 mm。填充墙高不宜大于 6 m。

5）填充墙与框架柱、梁的缝隙可采用聚苯乙烯泡沫塑料板条或聚氨酯发泡材料填充，并用硅酮胶或其他弹性密封材料封缝。

6）所有连接用钢筋、金属配件、铁件、预埋件等均应做防腐防锈处理，并应符合耐久性的规定。嵌缝材料应能满足变形和防护要求。

（2）当填充墙与框架采用不脱开的方法时，应符合下列规定：

1）沿柱高每隔 500 mm 配置 2 根直径 6 mm 的拉结钢筋（墙厚大于 240 mm 时配置 3 根直径 6 mm 的拉结钢筋），钢筋伸入填充墙长度不宜小于 700 mm，且拉结钢筋应错开截断，相距不宜小于 200 mm。填充墙墙顶应与框架梁紧密结合。顶面与上部结构接触处宜用一皮砖或配砖斜砌楔紧。

2）当填充墙有洞口时，宜在窗洞口的上端或下端、门洞口的上端设置钢筋混凝土

带，钢筋混凝土带应与过梁的混凝土同时浇筑，其过梁的断面及配筋由设计确定。钢筋混凝土带的混凝土强度等级不应小于 C20。当有洞口的填充墙尽端至门窗洞口边距离小于 240 mm 时，宜采用钢筋混凝土门窗框。

3）填充墙长度超过 5 m 或墙长大于 2 倍层高时，墙顶与梁宜有拉结措施，墙体中部应加设构造柱；墙高度超过 4 m 时宜在墙高中部设置与柱连接的水平系梁，墙高超过 6 m 时，宜沿墙高每 2 m 设置与柱连接的水平系梁，梁的截面高度不小于 60 mm。

思考练习题

1. 砌体结构中块材的种类有哪些？各有何特点？
2. 砂浆的种类有哪些？如何选用？
3. 砌体的种类有几种？
4. 影响砌体抗压强度的因素有哪些？
5. 什么是砌体结构的施工质量控制等级？
6. 混合结构房屋墙体布置方案有几种？各有何特点？
7. 影响砌体结构墙、柱高厚比的因素有哪些？
8. 圈梁与过梁的构造要求有哪些？
9. 框架结构中，填充墙与框架的连接有哪些构造要求？

第七章 钢结构

学习目标

了解钢结构的特点和合理应用范围；熟悉钢结构中常用钢材的种类、规格、性能和质量要求，能正确选用钢材；了解钢结构连接的种类及特点；掌握焊接连接和螺栓连接的质量要求和构造规定；了解钢结构中基本构件的类型、特点和应用范围。

钢结构是指以钢板、钢管、热轧型钢或冷加工成型的型钢通过焊接、铆钉或螺栓连接而成的结构。根据结构层数和跨度的不同，钢结构可分为单层钢结构、多层钢结构、高层钢结构和大跨度钢结构，其结构体系主要有排架、门式刚架、框架、框架－剪力墙板、筒体、框架－筒体、筒中筒、巨型框架、巨型支撑及桁架、网架、实腹钢拱、网壳、悬索结构、索桁架结构等。本章主要介绍钢结构最基本的构造知识。

第一节 钢结构概述

一、钢结构的特点

钢结构是建筑结构中的主要结构类型之一。与其他结构相比，钢结构具有以下特点。

1. 强度高、结构自重小

由于钢材强度高，结构需要的构件截面小，结构自重小，约为混凝土结构的一半，因此钢结构比其他结构能承受更大的荷载，跨越更大的跨度。

2. 塑性和抗震性能好

钢结构破坏前一般都会产生显著的变形，易于被发现，可及时采取补救措施，避免重大事故发生。

钢结构对动力荷载的适应性强，具有良好的吸能能力，抗震性能优越。

3. 均质、各向同性

钢材具有理想的均质与各向同性的性质，钢材在使用阶段接近理想弹塑性体，这使

得理论计算与实际情况相吻合。与其他结构相比，钢结构的计算结果最为准确和可靠。

4. 制作、安装的工业化程度高，施工工期短

钢结构构件一般在专业工厂制造，构件制造完成后，运至施工现场拼装成结构。制作、安装的工业化程度高，且不受气候影响，施工工期短，可尽快发挥投资的经济效益。

5. 密闭性好，不渗漏

钢材本身组织致密，因而具有良好的气密性和水密性。

6. 耐腐蚀性差

钢材容易在潮湿和有腐蚀性介质的环境中锈蚀，所以钢结构必须采取防护措施，避免钢材腐蚀。新建的钢结构需要进行油漆、喷铝、镀锌等防锈涂装，已建成的钢结构应定期维护，所以维修费用较高。

7. 耐热，但不耐火

钢材在表面温度不超过 200 ℃时其性能变化很小，具有较好的耐热性能。温度超过 200 ℃以后，强度和弹性模量显著下降。达 600 ℃时，钢材的承载力几乎完全丧失，所以说钢材不耐火。当结构表面长期受辐射热达 150 ℃以上或短时间内可能受到火焰作用时，应采用有效的防护措施（如加隔热层或水套等）。

8. 低温冷脆增大

在负温度区，钢材的塑性和韧性随着温度降低而变差。

二、钢结构的应用范围

根据钢结构的特点，结合我国的国情，目前钢结构的主要应用范围如下。

1. 大跨度结构

随着结构跨度增大，结构自重在全部荷载中所占比重也就越大，减小自重可获得明显的经济效益。这类结构有大会堂、体育馆、剧院、飞机库、车站以及桥梁等。

2. 高层建筑

当房屋高度的增加和自重的增大造成设计与施工困难时，高层建筑的骨架宜采用钢结构，使其结构自重减小，降低基础工程的造价。

3. 高耸结构

电视塔、发射塔、气象塔、无线电桅杆等高耸结构的高度大，横截面尺寸较小，风荷载、地震作用及自重对结构的影响较大，因此常采用钢结构。

4. 可移动、可拆卸的结构

各种起重运输机械和大型建筑机械的承重骨架、水工闸门、流动式展览馆、移动式平台等多采用钢结构，用螺栓或扣件相连。

5. 轻型结构

当使用荷载较小时，小跨度结构的自重是作用在结构上的主要荷载，在这种情况下，采用冷弯薄壁型钢或小型钢制成的轻型钢结构较为合理。

6. 工业建筑

当工业建筑的跨度和柱距较大，或者设有大吨位吊车，或结构需承受大的动力荷

载时，往往部分或全部采用钢结构，如重型工业厂房、维修车间等。

7. 对密闭性要求高的结构

储液（气）罐、输油（气）管道、水工压力管道、高压容器等常采用钢结构。

综上所述，钢结构是在各种工程中广泛采用的一种重要的结构形式。随着我国经济建设的发展和钢产量的提高，钢结构将会发挥日益重要的作用。

第二节 钢结构材料

一、建筑钢材的力学性能

钢结构在使用过程中会受到各种作用，因此选用的钢材必须具备抵抗各种作用的能力。力学性能良好的钢材，抵抗各种作用的能力较强。

建筑钢材的力学性能指标共有五项：屈服强度（屈服点）f_y、抗拉强度f_u、伸长率δ、冷弯性能、冲击韧性α_k。通过三种标准试验（标准拉伸试验、冷弯试验、冲击韧性试验）测得。

思政小课堂

在讲授钢结构涉及的各类标准与规范时，可切入标准化意识教育，培养学生养成研读标准、规范的习惯和一丝不苟的精神，这也是一个工程人应该具备的职业素养。

1. 屈服强度

从标准拉伸试验所绘制的低碳钢应力－应变图（见图 7–1）可知，钢材的屈服强度（屈服点）f_y——应力应变曲线开始产生塑性流动时对应的应力，它是衡量钢材的承载能力和确定钢材强度设计值的重要指标。虽然钢材的断裂在应力－应变图的最高点而不在屈服点，但仍以屈服点作为建筑钢材静力强度承载力极限状态的依据，这是因为钢材屈服后应变急剧增加，从而使结构的变形迅速增加，以致不能正常使用。

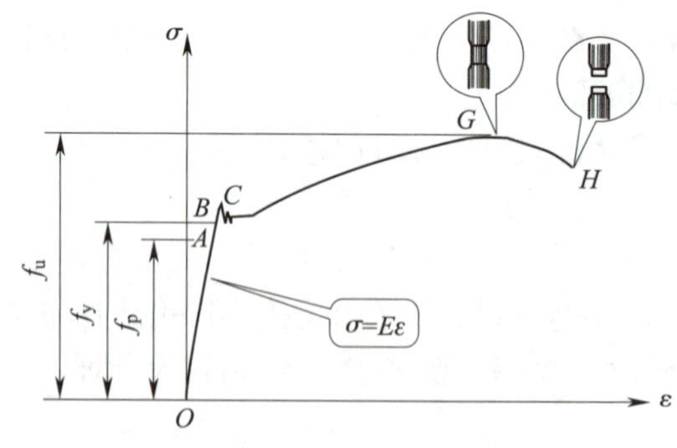

图 7–1　低碳钢应力－应变图

2. 抗拉强度

抗拉强度 f_u——应力－应变图最高点对应的应力值，是衡量钢材极限抗拉能力的指标。抗拉强度与屈服强度的比值称为强屈比，强屈比增加，钢材的安全储备就会增加，钢材的利用率降低。

3. 伸长率

试件断裂时的绝对变形值与原标距长度的百分比称为**伸长率**，用 δ 表示。

$$\delta=\frac{l-l_0}{l_0}\times 100\% \tag{7-1}$$

式中，δ——伸长率；

l_0——试件原标距长度；

l——试件拉断后原标距间的长度。

试件的原标距长度有 10d 及 5d 两种（d 为试件直径），其伸长率分别以 δ_{10} 及 δ_5 表示。

伸长率表示钢材断裂前经受变形的能力，是衡量钢材塑性的重要指标。

4. 冷弯性能

冷弯性能是判别钢材塑性变形能力和冶金质量的综合指标。冷弯试验的方法是在材料试验机上，通过冷弯冲头加压，当试件弯成 180°后，若试件外表面不出现裂纹和分层，即试件冷弯性能合格。

5. 冲击韧性

冲击韧性是衡量钢材在冲击荷载作用下抵抗脆性破坏的能力，其指标用冲击值 α_k 来表示。冲击韧性由冲击韧性试验确定。

二、建筑钢材的种类、规格及选用

1. 建筑钢材的种类

钢结构中常用的建筑钢材基本上都是碳素结构钢和低合金高强度结构钢。

（1）碳素结构钢

碳素结构钢的钢号由四部分组成，依次是屈服点的字母 Q、屈服点数值、质量等级符号（分为 A、B、C、D 四级，A 级最差，D 级最优）和脱氧方法符号（F 代表沸腾钢，b 代表半镇静钢，Z 代表镇静钢，TZ 代表特种镇静钢，其中 Z 和 TZ 在钢号中省略不写）。例如，Q235–A · F 表示屈服强度为 235 N/mm^2 的 A 级沸腾钢。

（2）低合金高强度结构钢

低合金高强度结构钢是在冶炼碳素结构钢时加入一种或几种适量的合金元素而成的钢。其钢材牌号的表示方法与碳素结构钢相似，但质量等级分为 A、B、C、D、E 五级（其中 E 级最优，为特殊镇静钢），且无脱氧方法符号，如 Q345–B、Q390–D、Q420–E 等。

2. 建筑钢材的规格

钢结构所用建筑钢材主要为热轧成型的钢板和型钢，以及冷加工成型的冷轧薄钢板和冷弯薄壁型钢，如图 7–2 所示。

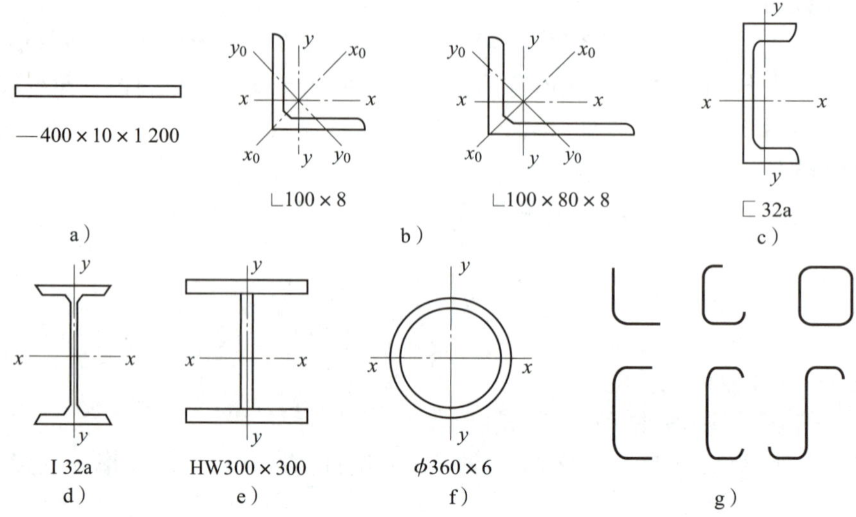

图 7–2　热轧钢板、型钢和冷弯薄壁型钢

a）钢板　b）角钢　c）槽钢　d）工字钢　e）H 型钢　f）钢管　g）薄壁型钢

（1）热轧钢板

热轧钢板有薄钢板（厚度 0.35 ~ 4 mm）、厚钢板（厚度 4.5 ~ 60 mm）、特厚板（板厚 >60 mm）和扁钢（厚度 4 ~ 60 mm，宽度为 12 ~ 200 mm）等，如图 7–2a 所示。钢板用“—宽 × 厚 × 长”表示，单位为 mm，如“—450 × 10 × 1 200”。

（2）热轧型钢

1）角钢。角钢分为等边和不等边角钢两种，如图 7–2b 所示。角钢标注符号是“∟边宽 × 厚度（等边角钢）或∟长边宽 × 短边宽 × 厚度（不等边角钢）”，单位为 mm，如“∟ 100 × 8”和“∟ 100 × 80 × 8”。

2）槽钢。槽钢分为普通槽钢和轻型槽钢两种，如图 7–2c 所示。槽钢型号用符号（普通和轻型槽钢分别为[和 Q[）加截面高度的厘米数表示。20 号以上的工字钢按腹板的厚度不同又分为 a、b、c 等类别，如“[32a、Q [20a”。

3）工字钢。工字钢分为普通工字钢和轻型工字钢两种，如图 7–2d 所示。标注方法与槽钢相同，但槽钢符号“[”应改为“I”，如“I32a”“QI20a”。

4）H 型钢。H 型钢比工字钢的翼缘宽度大并且两者为等厚度，截面抵抗矩较大且质量较小，便于与其他构件连接。H 型钢分为三类：宽翼缘 H 型钢（HW）、中翼缘 H 型钢（HM）和窄翼缘 H 型钢（HN），如图 7–2e 所示。H 型钢的表示方法是先用符号 HW、HM、HN 表示 H 型钢的类别，后面加高度 × 宽度的毫米数，如“HW300 × 300”。

5）钢管。钢结构中常用热轧无缝钢管和焊接钢管，如图 7–2f 所示。用“ϕ 外径 × 壁厚”表示，单位为 mm，例如“ϕ360 × 6”。

（3）冷弯薄壁型钢

薄壁型钢通常是用 2 ~ 6 mm 厚的薄钢板冷加工而成，如图 7–2g 所示，因其壁薄，截面几何形状开展，与相同截面积的热轧型钢相比，其截面抵抗矩大，钢材用量可显著减少，是一种高效经济的截面。缺点是板壁较薄，对锈蚀影响较为敏感，故多用于

跨度小、荷载小的轻型钢结构中。

3. 建筑钢材的选择

（1）钢材的选择原则

钢结构选材应遵循技术可靠、经济合理的原则，综合考虑结构的重要性、荷载特征、结构形式、应力状态、连接方法、钢材厚度、价格和工作环境等因素，选用合适的钢材牌号和材性。

（2）钢材选择的基本要求

钢结构用钢材应为按国家现行标准所规定的性能、技术与质量要求生产的钢材。

1）承重结构的钢材宜采用 Q235 钢、Q355 钢、Q390 钢、Q420 钢、Q460 钢，其质量应分别符合现行国家标准《碳素结构钢》（GB/T 700—2006）、《低合金高强度结构钢》（GB/T 1591—2018）和《建筑结构用钢板》（GB/T 19879—2015）的规定。

2）承重结构采用的钢材应具有屈服强度、伸长率、抗拉强度、冲击韧性和硫、磷含量的合格保证，对于焊接结构还应具有碳含量（或碳当量）的合格保证。焊接承重结构以及重要的非焊接承重结构采用的钢材还应具有冷弯试验的合格保证。当选用 Q235 钢时，其脱氧方法应选用镇静钢。

第三节　钢结构连接

一、钢结构的连接方法和特点

钢结构连接通常有焊接连接、螺栓连接和铆钉连接三种方式，如图 7–3 所示。

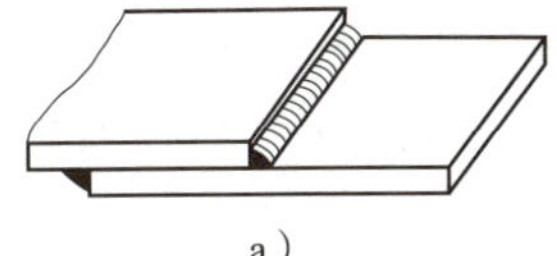
a）

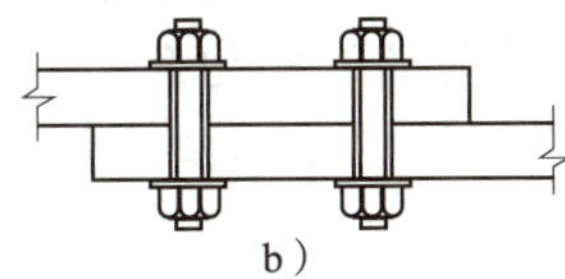
b）

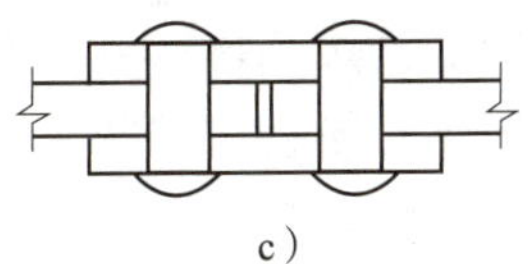
c）

图 7–3　钢结构的连接方法

a）焊接连接　b）螺栓连接　c）铆钉连接

焊接连接是钢结构最主要的连接方式。它的优点是：不削弱构件截面，构造简单，节约钢材，制作加工方便，可实现自动化操作，生产效率高，连接的密闭性好，结构刚度大。缺点是：焊接会产生残余应力和残余变形，使焊缝附近的材质变脆。

螺栓连接是钢结构最基本的连接方式。它的优点是：便于拆卸，施工工艺简单，安装方便，施工进度和质量容易保证，特别适用于工地安装连接及需要拆卸结构的连接。缺点是：需要在板上开孔使构件截面削弱，构造较烦琐且浪费钢材。

铆钉连接是将铆钉插入铆孔后施压使铆钉端部铆合，常用加热铆合，也可在常温下铆合。铆钉连接的塑性、韧性较好，传力可靠，质量易于检查和保证，承受动力荷载时抗疲劳性能好，适合于重型和直接承受动力荷载的结构。但由于铆钉连接费材费工，噪声大，现已很少被采用。

二、焊接连接

1. 焊接方法

钢结构常用的焊接方法有手工电弧焊、自动或半自动埋弧焊、气体保护焊等。

（1）手工电弧焊

利用手工操作的方法，以焊接电弧产生的高温使焊条和焊件熔化，冷却后凝固成焊缝的工艺过程，称为**手工电弧焊**，如图 7–4 所示。

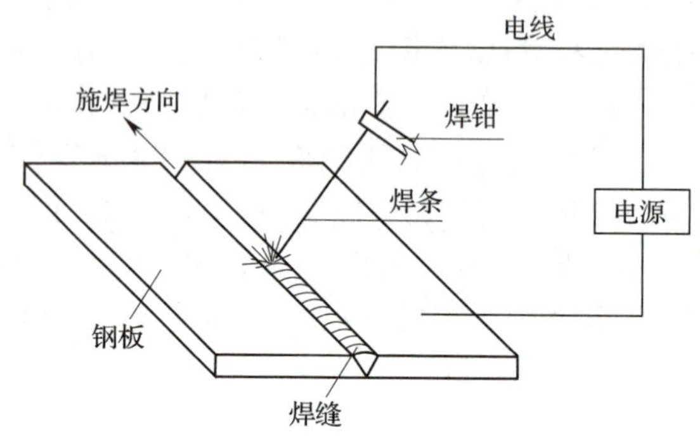

图 7–4　手工电弧焊

手工电弧焊的优点是：设备简单，操作灵活方便，适用性强，特别适用于现场高空焊接和曲折焊缝等。缺点是：生产效率低，劳动强度大，焊接质量取决于焊工的工作状态与技术水平，质量波动大。

（2）自动或半自动埋弧焊

自动或半自动埋弧焊的主要设备是自动电焊机，如图 7–5 所示。自动焊的引弧、焊丝送下、焊剂堆落和焊丝沿焊缝方向的移动都是自动完成。它的优点是：劳动强度低，焊缝质量稳定可靠，焊接速度快，生产效率高。缺点是：灵活性差，施焊位置受到限制，设备投资大。

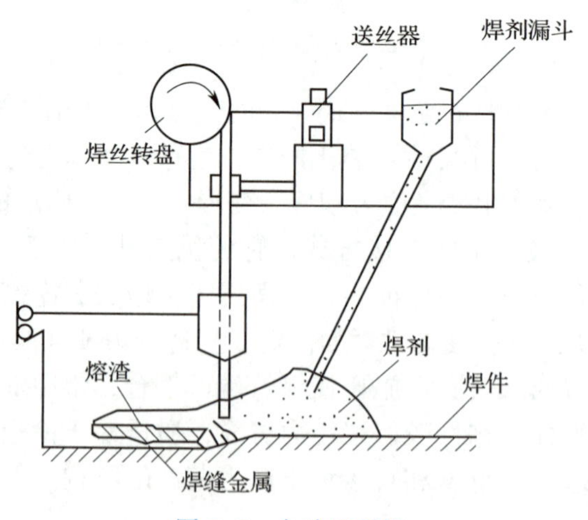

图 7–5　自动埋弧焊

（3）气体保护焊

利用喷枪喷出的惰性气体或二氧化碳气体作为保护介质，将焊接熔池与大气隔离，使焊缝金属不受空气中有害物的侵蚀。它的优点是：电弧加热集中，焊接速度快，熔化深度大，焊缝强度高，塑性好，抗锈能力强。一般用于厚钢板或特厚钢板的焊接。

2. 焊条

我国建筑钢结构常用的焊条有碳钢焊条和低合金钢焊条。碳钢焊条有 E43×× 和 E50×× 两个系列，低合金钢焊条有 E50××-×× 和 E55××-×× 等系列。其中 E 表示焊条，前两位数字为熔融金属的最小抗拉强度（N/mm^2），后两位数字表示适用的焊接位置、药皮类型和电流种类，低合金钢焊条短画线后面的符号表示熔敷金属化学成分分类代号。焊条应和焊件的强度和性能相适应，焊接 Q235 钢材时宜采用 E43 型焊条、焊接 Q345 钢材时宜采用 E50 型焊条、焊接 Q390 和 Q420 钢材时宜采用 E55 型焊条等。

3. 焊缝

焊缝有对接焊缝和角焊缝两种形式。

（1）对接焊缝

连接位于同一平面的构件采用对接焊缝。对接焊缝按所受力的方向分为对接直焊缝和对接斜焊缝，如图 7-6 所示。

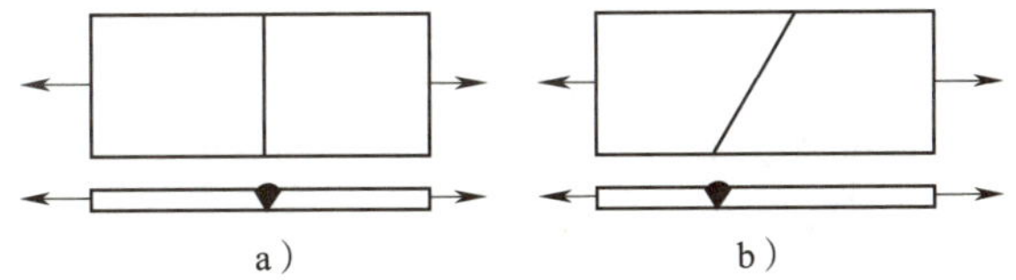

图 7-6 对接直焊缝和对接斜焊缝

a）直焊缝 b）斜焊缝

对接焊缝的焊件常需加工成坡口，故又叫坡口焊缝，如图 7-7 所示。

坡口形式与焊件厚度 t 有关。当 $t\leqslant6$ mm（手工焊）或 $t\leqslant10$ mm（自动焊）时，可不做坡口，采用直边缝，如图 7-7a 所示；当 t=7～20 mm 时，宜采用单边 V 形或 V 形坡口，如图 7-7b、图 7-7c 所示；当 t>20 mm 时，宜采用 U 形、K 形、X 形坡口，如图 7-7d～图 7-7f 所示。图中 c 为焊缝间隙，p 为钝边高度（其作用是托住熔敷金属）。

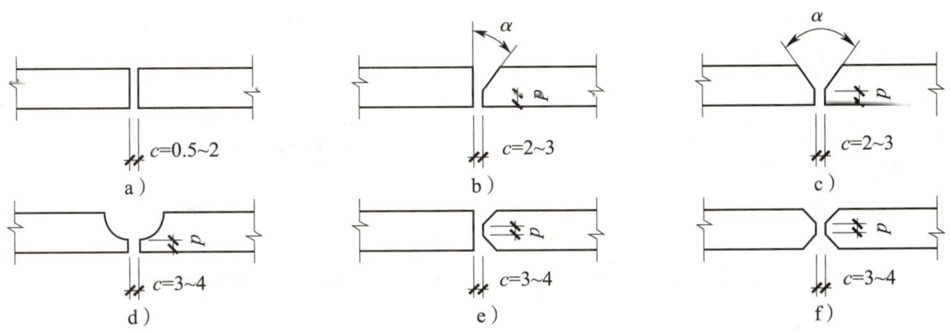

图 7-7 对接焊缝的坡口形式

a）直边坡口 b）单边 V 形坡口 c）V 形坡口 d）U 形坡口 e）K 形坡口 f）X 形坡口

在对接焊缝的拼接处，当焊件的宽度不同或厚度在一侧相差 4 mm 以上时，应分别在宽度方向或厚度方向从一侧或两侧做成坡度不大于 1∶2.5 的斜角，如图 7–8 所示；当厚度不同时，焊缝坡口形式应根据较薄焊件厚度选用坡口形式。直接承受动力荷载且需要进行疲劳计算的结构，斜角坡度不应大于 1∶4。

在焊缝的起灭弧处，常会出现弧坑等缺陷，故焊接时可设置引弧板和引出板，如图 7–9 所示，焊后将它们割除。

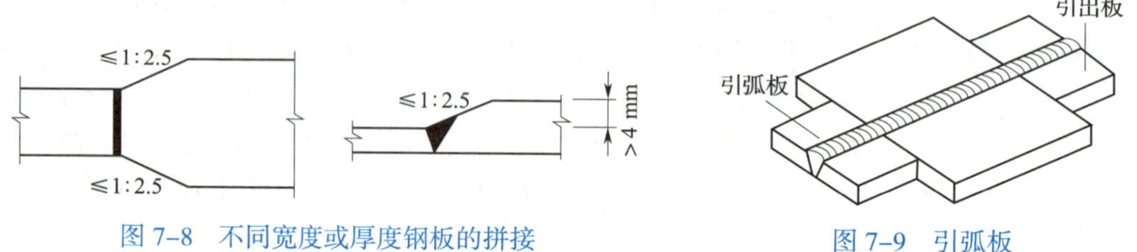

图 7–8　不同宽度或厚度钢板的拼接　　图 7–9　引弧板

对接焊缝可视为构件截面的延续组成部分，焊接中的应力分布情况基本与原有构件相同，所以在垂直于焊缝的轴向力作用下，可按轴向拉压杆的强度计算公式计算焊缝应力。验算公式为：

$$\sigma=\frac{N}{l_w t}\leqslant f$$

式中，N——轴向拉力或轴向压力；

l_w——焊缝长度，为实际焊缝长度减去 10 mm；

t——在对接接头中为连接件的较小厚度；

f——对接焊缝的抗拉、抗压强度设计值。

（2）角焊缝

在相互搭接或 T 形连接构件的边缘所焊截面为三角形的焊缝，称为角焊缝，如图 7–10 所示。

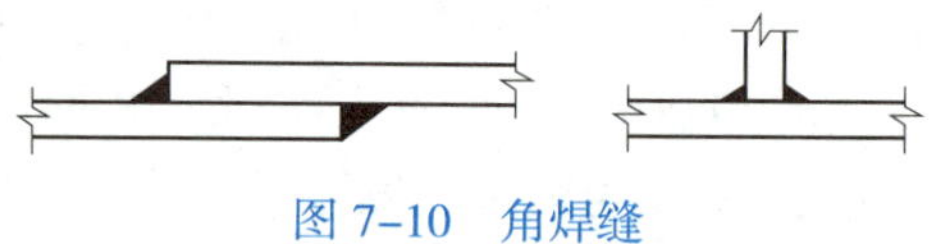

图 7–10　角焊缝

角焊缝按外力作用方向可分为平行于力作用方向的侧焊缝（见图 7–11a）和垂直于力作用方向的正面焊缝或称端焊缝（见图 7–11b）。

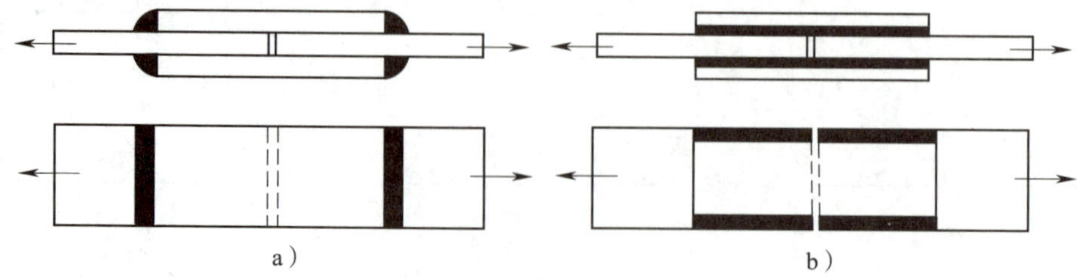

图 7–11　侧焊缝与正面焊缝

a）侧焊缝　b）正面焊缝

角焊缝按截面形式可分为直角角焊缝和斜角角焊缝。两焊脚边的夹角为直角的称为**直角角焊缝**，如图 7–12 所示；夹角为锐角或钝角的称为**斜角角焊缝**，如图 7–13 所示。钢结构中最常用的是等腰式直角角焊缝，如图 7–12a 所示。在直接承受动力荷载的结构中，正面焊缝通常焊成平坡式，如图 7–12b 所示，侧面焊缝则焊成凹面式，如图 7–12c 所示。斜焊缝常用于钢管结构中，对于夹角大于 135°或小于 60°的斜角角焊缝，除钢管结构外，不宜用作受力焊缝。

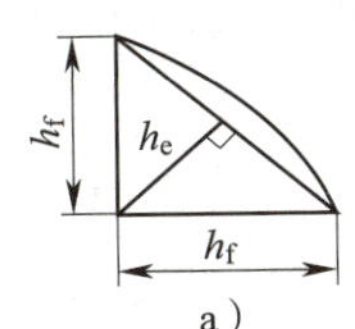

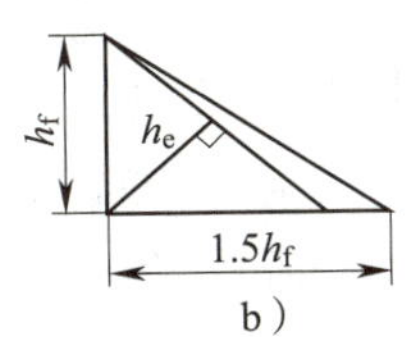

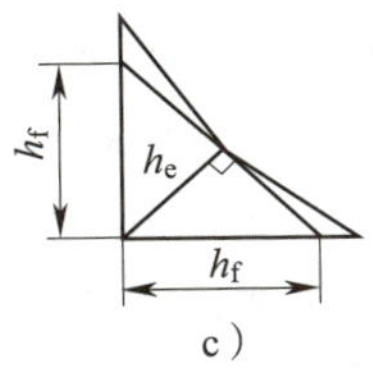

图 7–12　直角角焊缝

a）等腰式直角角焊缝　b）平坡式直角角焊缝　c）凹面式直角角焊缝

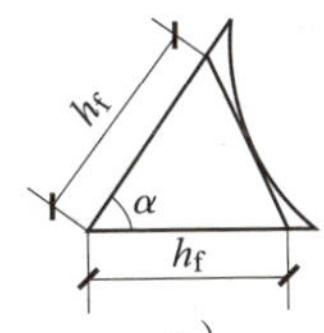

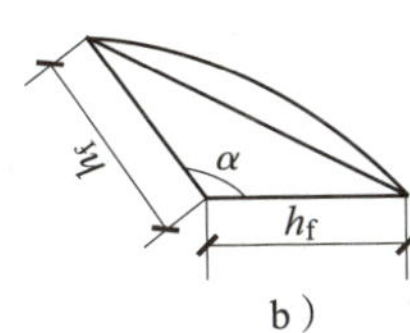

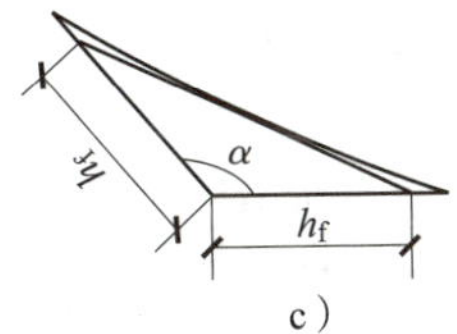

图 7–13　斜角角焊缝

a）锐角角焊缝　b）、c）钝角角焊缝

直角角焊缝的直角边的边长 h_f 称为焊脚尺寸，与 h_f 成 45°的高 h_e 称为焊缝的有效厚度，$h_e=\cos45° \times h_f=0.7\,h_f$。

对于角焊缝的尺寸，现行国家标准《钢结构设计标准》（GB 50017—2017）中有如下规定：

1）角焊缝最小焊角尺寸宜按表 7–1 取值。

表 7–1　角焊缝最小焊角尺寸　mm

母材厚度 t	角焊缝最小焊角尺寸 h_f
$t \leqslant 6$	3
$6 < t \leqslant 12$	5
$12 < t \leqslant 20$	6
$t > 20$	8

2）角焊缝的焊脚尺寸不宜大于较薄焊件厚度的 1.2 倍（钢管结构除外），但板件（厚度为 t）边缘的角焊缝最大焊脚尺寸尚应符合下列要求：

当 $t \leqslant 6$ mm 时，$h_f \leqslant t$；

当 $t>6$ mm 时，$h_f \leqslant t-$（1 ~ 2）mm。

3）角焊缝的计算长度小于 8 h_f 或 40 mm 时不应用作受力焊缝。

4）侧面角焊缝的计算长度不宜大于 60 h_f。若内力沿侧面角焊缝全长分布时，其计算长度不受此限。

5）圆形塞焊缝的直径不应小于 t+8 mm，t 为开孔焊件的厚度，且焊脚尺寸应符合下列要求：

①当 $t \leqslant 16$ mm 时，$h_f = t$；

②当 $t > 16$ mm 时，$h_f > t/2$ 且 $h_f > 16$ mm。

6）在次要构件或次要焊接连接中，可采用断续角焊缝。断续角焊缝焊段的长度不得小于 $10h_f$ 或 50 mm，其净距不应大于 $15t$（对受压构件）或 $30t$（对受拉构件），t 为较薄焊件厚度。腐蚀环境中不宜采用断续角焊缝。

7）角焊缝连接，应符合下列规定：板件的端部仅有两侧面焊缝连接时，如图 7-14 所示，每条侧面角焊缝长度不宜小于两侧面角焊缝之间的距离；同时两侧面角焊缝之间的距离不宜大于 $16t$，t 为较薄焊件的厚度。

当角焊缝的端部在构件的转角做长度为 $2h_f$ 的绕角焊时，如图 7-15 所示，转角处必须连续施焊。

在搭接连接中，如图 7-16 所示，搭接长度不得小于焊件较小厚度的 5 倍，并不得小于 25 mm。

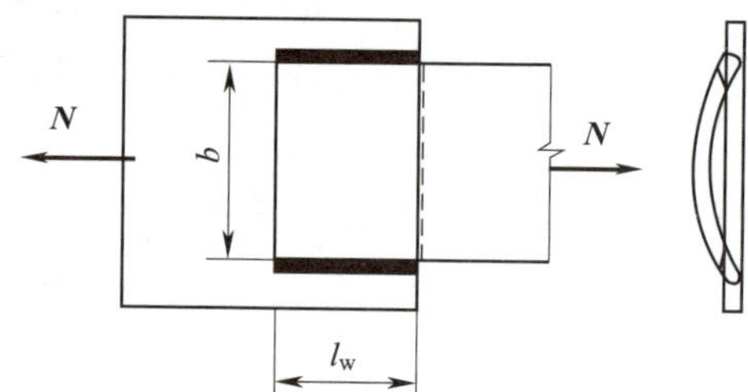

图 7-14　两侧焊缝连接

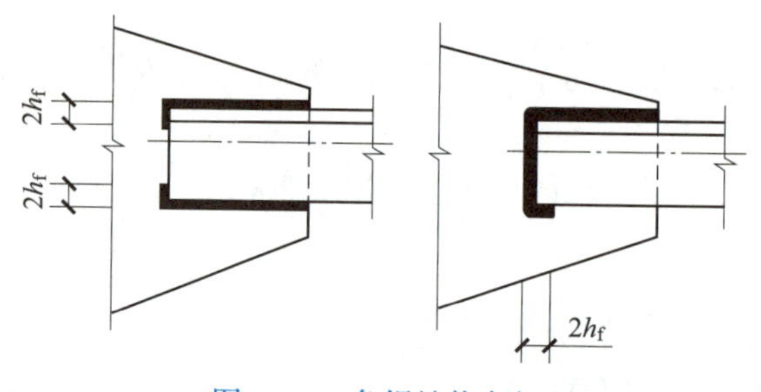

图 7-15　角焊缝绕角焊

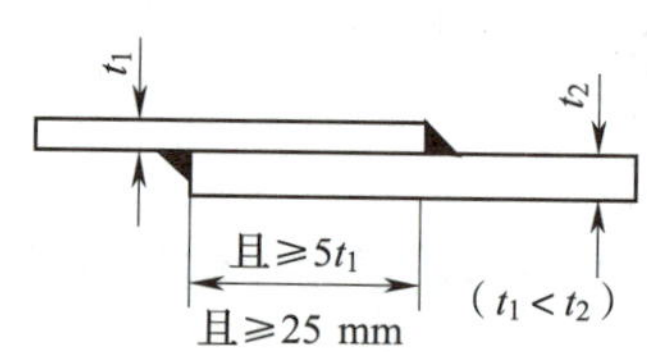

图 7-16　搭接长度

4. 焊缝缺陷及焊缝质量检验

（1）焊缝缺陷

钢结构在施焊过程中，因受焊接环境、焊接工艺及钢材化学成分等的影响，通常会在焊缝及其附近热影响区的钢材内部或表面产生缺陷。常见的焊缝缺陷有裂纹、焊瘤、烧穿、弧坑、气孔、夹渣、咬边、未熔合、未焊透及焊缝尺寸偏差等，如图 7-17 所示。以上缺陷均会对焊缝的质量产生不利影响，尤其是裂纹缺陷对焊缝的受力危害最大，因此，若发现焊缝有裂纹，应彻底铲除后补焊。

（2）焊缝质量检验

焊缝质量检验一般可用外观检查及内部无损检验，前者检查外观缺陷和几何尺寸，后者检验内部缺陷。内部无损检验目前广泛采用超声波检验、X 射线或 γ 射线透照或拍片，其中 X 射线应用较广。

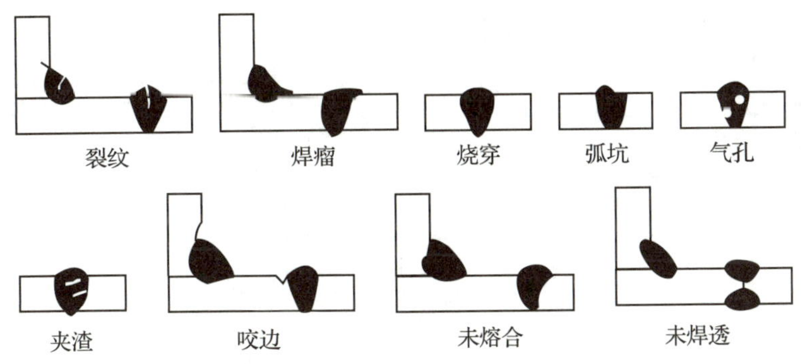

图 7-17　焊缝缺陷

国家标准《钢结构工程施工质量验收标准》（GB 50205—2020）规定，焊缝按其检验方法和质量要求分为一级、二级和三级。三级焊缝只要求对全部焊缝做外观检查且符合三级质量标准；一级、二级焊缝则除外观检查外，还应采用超声波探伤进行内部缺陷的检验。超声波探伤不能对缺陷做出判断时，应采用射线探伤检验，并应符合国家相应质量标准的要求。一级焊缝超声波探伤和射线探伤的比例均为 100%，二级焊缝超声波探伤和射线探伤的比例均为 20% 且均不小于 200 mm。当焊缝长度小于 200 mm 时，应对整条焊缝探伤。

焊缝质量等级须在施工图中标注，但三级焊缝不需标注。

5. 焊缝符号及标注方法

（1）焊缝符号

焊缝符号由引出线、图形符号和辅助符号三部分组成。引出线由横线和带箭头的斜线组成，横线上下用来标注各种符号和焊缝尺寸，箭头指向焊缝处；图形符号表示焊缝剖面的基本形式，如 V 表示 V 形坡口对接焊缝，◺表示单面角焊缝；辅助符号表示焊缝的辅助要求，如⼕表示三面围焊，○表示周边围焊。

（2）标注方法

钢结构施工图中焊缝的标注方法按国家标准《建筑结构制图标准》（GB/T 50105—2010）和《焊缝符号表示法》（GB/T 324—2008）的规定执行。

1）单面焊缝的标注方法应符合下列规定：

①当箭头指向焊缝所在的一面时，应将图形符号和尺寸标注在横线的上方，如图 7-18a 所示；当箭头指向焊缝所在另一面（相对应的那面）时，应将图形符号和尺寸标注在横线的下方，如图 7-18b 所示。

②表示环绕工作件周围的焊缝时，其围焊焊缝符号为圆圈，绘在引出线的转折处，并标注焊角尺寸 K，如图 7-18c 所示。

2）双面焊缝的标注，应在横线的上、下都标注符号和尺寸。上方表示箭头一面的符号和尺寸，下方表示另一面的符号和尺寸，如图 7-19a 所示；当两面的焊缝尺寸相同时，只需在横线上方标注焊缝的符号和尺寸，如图 7-19b、图 7-19c、图 7-19d 所示。

3）相互焊接的 2 个焊件中，当只有 1 个焊件带坡口时（如单面 V 形），引出线箭头必须指向带坡口的焊件，如图 7-20 所示。

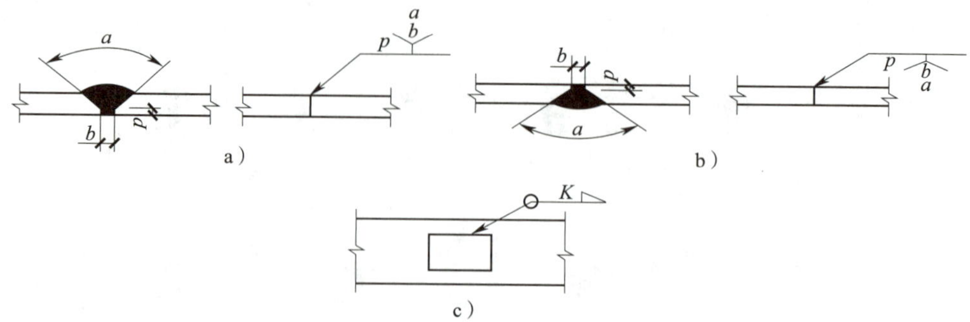

图 7–18　单面焊缝的标注方法

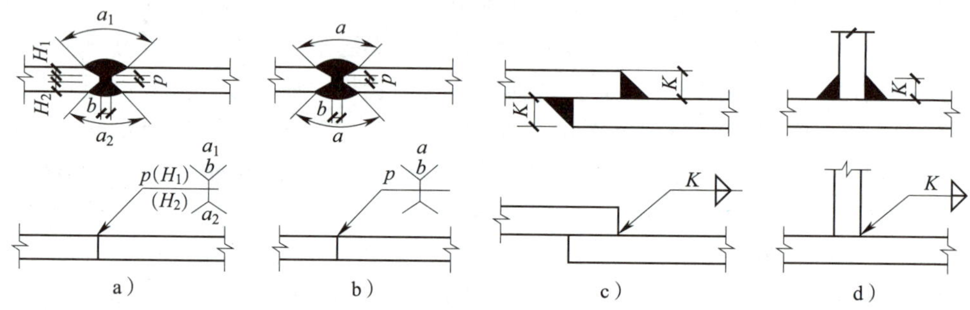

图 7–19　双面焊缝的标注方法

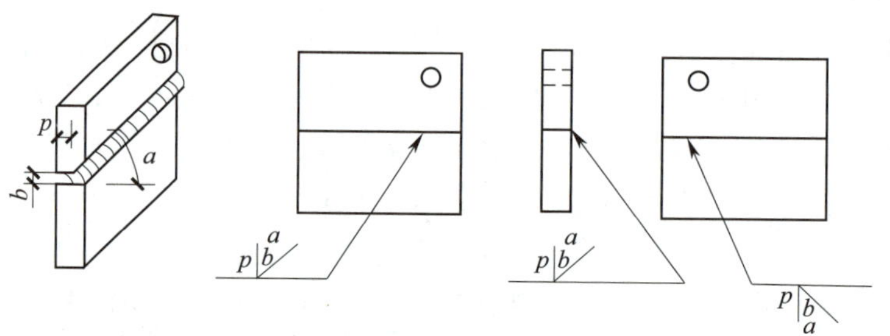

图 7–20　1 个焊件带坡口的焊缝标注方法

4）相互焊接的 2 个焊件，当为单面带双边不对称坡口焊缝时，引出线箭头必须指向较大坡口的焊件，如图 7–21 所示。

5）3 个和 3 个以上的焊件相互焊接的焊缝，不得作为双面焊缝标注，其焊缝符号和尺寸应分别标注，如图 7–22 所示。

6）当焊缝分布不规则时，在标注焊缝符号的同时，宜在焊缝处加中实线（表示可见焊缝）或加细栅线（表示不可见焊缝），如图 7–23 所示。

7）相同焊缝符号应按下列方法表示：

①在同一图形上，当焊缝形式、断面尺寸和辅

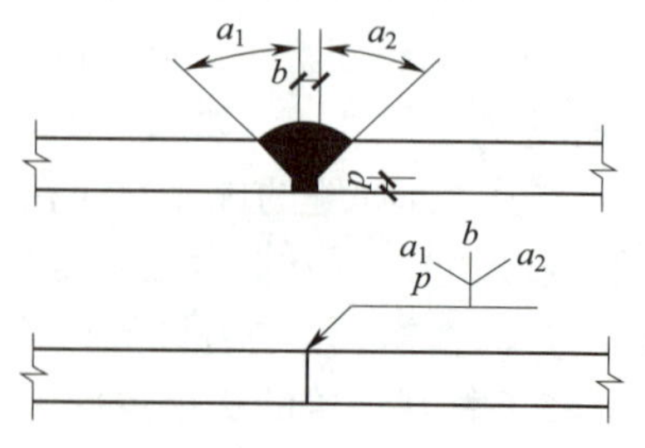

图 7–21　不对称坡口焊缝的标注方法

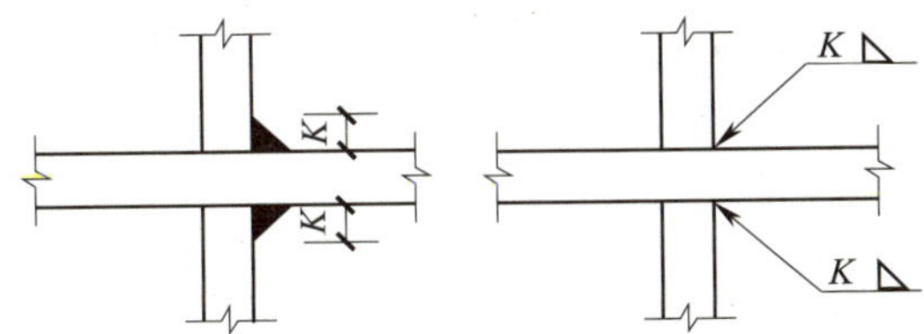

图 7-22　3 个和 3 个以上的焊件焊缝隙的标注方法

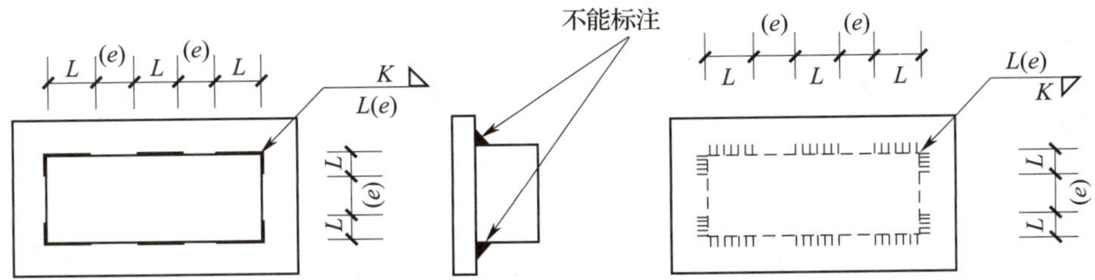

图 7-23　不规则焊缝的标注方法

助要求均相同时，可只选择一处标注焊缝的符号和尺寸，并加注“相同焊缝符号”，相同焊缝符号为 3/4 圆弧，绘在引出线的转折处，如图 7-24a 所示。

②在同一图形上，当有数种相同的焊缝时，可将焊缝分类编号标注。在同一类焊缝中可选择一处标注焊缝符号和尺寸。分类编号采用大写的拉丁字母 A、B、C…，如图 7-24b 所示。

8）需要在施工现场进行焊接的焊件焊缝，应标注“现场焊缝”符号。现场焊缝符号为涂黑的三角形旗号，绘在引出线的转折处，如图 7-25 所示。

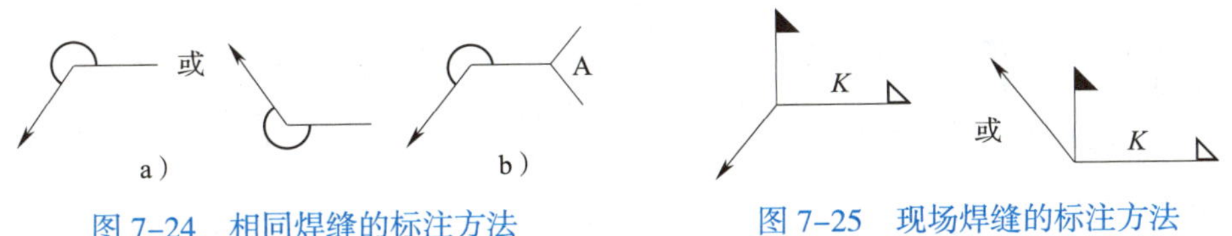

图 7-24　相同焊缝的标注方法

图 7-25　现场焊缝的标注方法

9）图样中较长的角焊缝（如焊接实腹钢梁的翼缘焊缝），可不用引出线标注，而直接在角焊缝旁标注焊缝尺寸值 K，如图 7-26 所示。

10）熔透角焊缝的符号为涂黑的圆圈，绘在引出线的转折处，如图 7-27 所示。

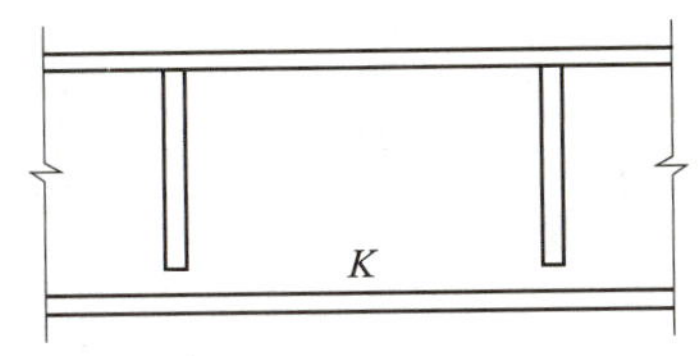

图 7-26　较长焊缝的标注方法

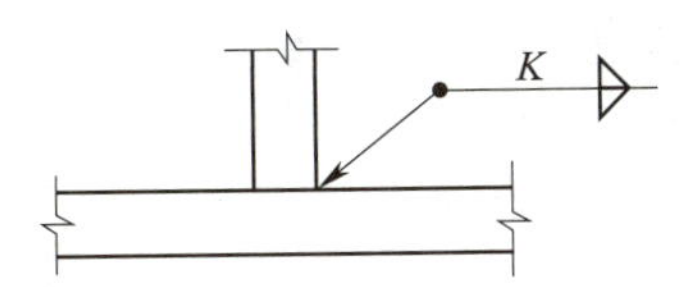

图 7-27　熔透角焊缝的标注方法

6. 焊接应力与焊接变形

钢结构在焊接过程中，由于钢材局部受到剧烈的温度作用，构件中会产生焊接应

力与焊接变形。焊接应力会使结构的刚度、整体稳定性和耐疲劳性降低，同时增加了钢材低温脆断倾向。焊接变形影响构件的尺寸和外形美观，使构件装配困难，过大的变形将显著降低结构的承载能力，引起事故。

为了减小和限制焊接应力和焊接变形，可以采取以下措施：

（1）在保证安全的前提下，尽量减小焊缝的厚度、长度和数量，避免焊缝过于集中和交叉，焊缝在构件上尽量对称布置。

（2）采用合理的施焊顺序。可采用分段退焊、分层焊、跳焊、分块拼接等，如图 7–28 所示。

（3）采用反变形处理。施焊前对构件实施反变形以抵消焊后的焊接变形，如图 7–29 所示。

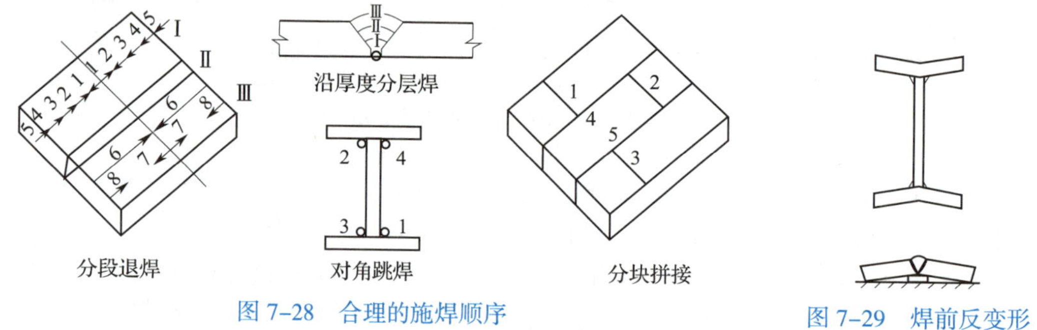

图 7–28　合理的施焊顺序

图 7–29　焊前反变形

（4）小尺寸焊件，应采用焊前预热或焊后回火、锤击等方法处理。

焊接的最低预热温度和层间温度取值参考表 7–2。

表 7–2　　**最低预热温度和层间温度**　　℃

钢材牌号	接头最厚部件厚度 t/mm				
	t<20	20≤t≤40	40<t≤60	60<t≤80	t>80
Q235	—	—	40	50	80
Q345	—	40	60	80	100
Q390、Q420	20	60	80	100	120
Q460	20	80	100	120	150

三、螺栓连接

1. 螺栓连接的种类和特性

螺栓连接分为普通螺栓连接和高强度螺栓连接。

（1）普通螺栓连接

普通螺栓由 Q235 钢制成，强度性能等级为 4.6、4.8、5.6、8.8 级。性能等级的含义：如 4.6 级中，4 表示螺栓材料的抗拉强度≥400 N/mm^2，0.6 表示屈强比为 0.6。

普通螺栓的外形为大六角头型，如图 7–30a 所示。代号用字母 M 与公称直径的毫米数表示，如 M16、M18、M20、M22、M24、M27、M30。

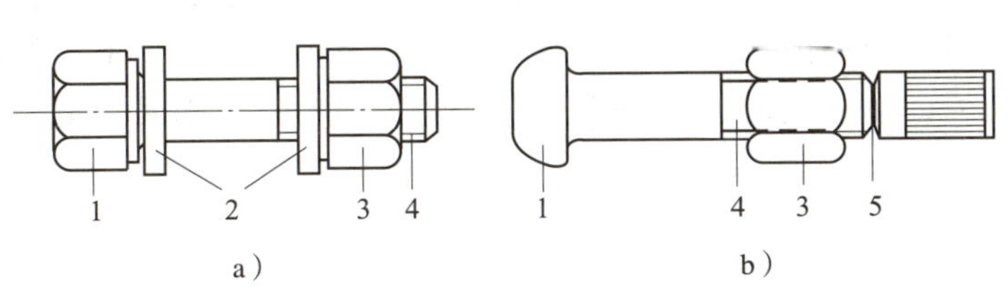

图 7-30　大六角头螺栓和扭剪型螺栓

a）大六角头螺栓　b）扭剪型螺栓　c）螺栓实物图

1—螺栓　2—垫圈　3—螺母　4—螺丝　5—横口

普通螺栓连接分为 A、B、C 三级。A 级与 B 级为精制螺栓，经车削加工精制而成，表面光滑，尺寸准确，要求Ⅰ类孔，其螺栓孔径 d_0 比螺栓直径 d 仅大 0.2 ~ 0.5 mm，受力性能较 C 级螺栓好，但制作和安装复杂，成本高，在钢结构中已很少被采用；C 级为粗制螺栓，用圆钢制成，杆身粗糙，尺寸不够准确，只要求Ⅱ类孔，其螺栓孔径 d_0 比螺栓直径 d 大 1.0 ~ 1.5 mm，便于制作和安装，成本低，但连接变形大，工作性能较差，一般用于沿其杆轴方向受拉的连接及次要的抗剪连接和安装的临时固定。

（2）高强度螺栓连接

高强度螺栓是现代钢结构最主要的连接方法之一。它具有施工简单、连接紧密、耐疲劳，在动载作用下不松动等优点，是很有发展前景的连接方式。

高强度螺栓由 45 号、40B 和 20MnTiB 钢加工而成，并经过热处理，其强度性能等级为 8.8 级、10.9 级。螺栓的直径规格同普通螺栓。

高强度螺栓连接分为摩擦型高强度螺栓连接和承压型高强度螺栓连接。前者通过板件间摩擦力传递内力，破坏准则为摩擦力被克服；后者依靠螺栓杆与孔壁承压传力，以螺栓杆被剪坏或孔壁被压坏作为承载能力的极限状态。承压型的承载力比摩擦型高得多，但变形大，不适用于承受动荷载作用的结构。我国在钢结构中常用摩擦型高强度螺栓连接。

摩擦型高强度螺栓连接需用特制扳手以较大的扭矩拧紧螺帽，使螺杆受到拉伸作用而产生巨大的预拉力，通过预拉力将被连接板件夹紧，使板件接触面上产生较大的摩擦力，板件便不会滑移，连接就不会受到破坏，这就是摩擦型高强度螺栓连接的原理。为了提高摩擦力，对构件的接触面应进行除锈和喷砂处理。

高强度螺栓的预拉力 P 直接影响连接的承载力，为了保证能通过摩擦力传递剪力，高强度螺栓的预拉力 P 的准确控制非常重要。高强度螺栓也分大六角头型和扭剪型两种，如图 7-30 所示，两者预拉力控制方法各不相同。

1）大六角头螺栓的预拉力控制方法。

①转角法。先用普通扳手初拧至不动，使板件紧贴，再以初拧位置为起点，改用长扳手再拧过一定的角度（一般为 120° ~ 180°），完成终拧。此法无须专用扳手，简单、适用，所需费用少，但不够精确。

②力矩法。先用普通扳手初拧至拧紧力矩的 30% ~ 50%，使板件紧贴，然后按 100% 拧紧力矩用电动扳手终拧。拧紧力矩可由试验确定，务必使施工时控制的预拉

力为设计预拉力的 1.1 倍。此法简单、有效，但要注意防止欠拧、漏拧和超拧。

2）扭断螺栓杆尾部法（扭剪型高强度螺栓）。利用特制电动扳手的内外套，分别套住螺杆尾部的卡头和螺母，通过内外套的相对旋转，对螺母施加扭矩，最后螺杆尾部的梅花卡头被剪断扭掉，即达到规定的预拉力。此法施工简单，技术要求低，易实施，质量易保证。

高强度螺栓预拉力 P 的取值见表 7–3。

表 7–3　　高强度螺栓预拉力 P 值　　kN

螺栓的性能等级	螺栓公称直径					
	M16	M20	M22	M24	M27	M30
8.8 级	80	125	150	175	230	280
10.9 级	100	155	190	225	290	355

2. 螺栓的排列

（1）排列形式分类

螺栓的排列应简单、统一而又紧凑，满足受力要求，构造合理又便于安装。

螺栓排列的方式有并列和错列两种基本形式，如图 7–31 所示。并列式简单整齐，但螺栓孔对构件截面的削弱大；错列式较紧凑，可以减小螺栓孔对截面的削弱，但排列较繁杂。

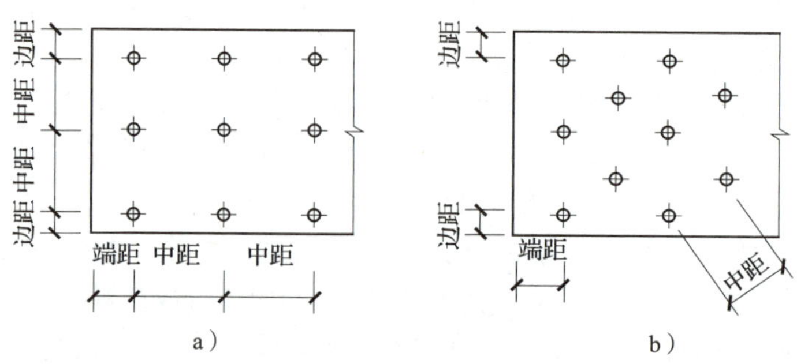

图 7–31　螺栓排列的方式

a）并列　b）错列

（2）螺栓排列的要求

1）受力要求。在平行于受力方向：螺栓的端距不能过小，否则板端有剪断或撕裂的可能；构件受压时，螺栓的中距不能过大，否则被连接板件间易发生鼓曲和张口现象。

在垂直于受力方向：各排螺栓的中距及边距不能过小，否则会使钢板的截面削弱过多，构件有沿直线或折线破坏的可能。

2）构造要求。螺栓的边距和中距不宜过大，中距过大，连接板件间不密实，潮气容易侵入，造成板件锈蚀。

3）施工要求。要保证有一定的空间，以便转动扳手，拧紧螺母。

根据上述要求，规范规定了螺栓或铆钉的最大、最小允许距离，见表 7–4。

表 7-4 螺栓或铆钉的最大、最小允许距离

<table>
<tr><th>名称</th><th colspan="3">位置和方向</th><th>最大允许距离（取两者的较小值）</th><th>最小允许距离</th></tr>
<tr><td rowspan="5">中心间距</td><td colspan="3">外排（垂直内力方向或顺内力方向）</td><td>$8d_0$ 或 $12t$</td><td rowspan="5">$3d_0$</td></tr>
<tr><td rowspan="3">中间排</td><td colspan="2">垂直内力方向</td><td>$16d_0$ 或 $24t$</td></tr>
<tr><td rowspan="2">顺内力方向</td><td>构件受压力</td><td>$12d_0$ 或 $18t$</td></tr>
<tr><td>构件受拉力</td><td>$16d_0$ 或 $24t$</td></tr>
<tr><td colspan="3">沿对角线方向</td><td>—</td></tr>
<tr><td rowspan="4">中心至构件边缘距离</td><td colspan="3">顺内力方向</td><td rowspan="4">$4d_0$ 或 $8t$</td><td>$2d_0$</td></tr>
<tr><td rowspan="3">垂直内力方向</td><td colspan="2">剪切边或手工切割边</td><td rowspan="2">$1.5d_0$</td></tr>
<tr><td rowspan="2">轧制边、自动气割或锯割边</td><td>高强度螺栓</td></tr>
<tr><td>其他螺栓或铆钉</td><td>$1.2d_0$</td></tr>
</table>

注：1. d_0 为螺栓或铆钉的孔距，t 为外层较薄板件的厚度。

2. 钢板边缘与刚性构件（如角钢、槽钢等）相连的高强度螺栓的最大间距可按中间排的数值采用。

3. 螺栓连接的构造要求

螺栓连接除了满足上述螺栓排列的容许距离外，根据不同情况还应满足下列构造要求。

（1）螺栓孔孔型尺寸

1）B 级普通螺栓的孔径 d_0 比螺栓公称直径 d 大 0.2 ~ 0.5 mm，C 级普通螺栓的孔径 d_0 比螺栓公称直径 d 大 1.0 ~ 1.5 mm。

2）承压型高强度螺栓连接采用标准圆孔，其孔径 d_0 可按表 7-5 采用。

表 7-5 高强度螺栓连接的孔型尺寸匹配 mm

<table>
<tr><th></th><th colspan="2">螺栓公称直径</th><th>M12</th><th>M16</th><th>M20</th><th>M22</th><th>M24</th><th>M27</th><th>M30</th></tr>
<tr><td rowspan="4">孔型</td><td>标准孔</td><td>直径</td><td>13.5</td><td>17.5</td><td>22</td><td>24</td><td>26</td><td>30</td><td>33</td></tr>
<tr><td>大圆孔</td><td>直径</td><td>16</td><td>20</td><td>24</td><td>28</td><td>30</td><td>35</td><td>38</td></tr>
<tr><td rowspan="2">槽孔</td><td>短向</td><td>13.5</td><td>17.5</td><td>22</td><td>24</td><td>26</td><td>30</td><td>33</td></tr>
<tr><td>长向</td><td>22</td><td>30</td><td>37</td><td>40</td><td>45</td><td>50</td><td>55</td></tr>
</table>

3）摩擦型高强度螺栓连接可采用标准孔、大圆孔和槽孔，孔型尺寸可按表 7-5 采用。同一连接面只能在盖板和芯板其中之一采用相应的扩大孔，其余仍采用标准孔。

（2）C 级螺栓宜用于沿杆轴方向受拉的连接，在下列情况下可用于受剪连接：

1）承受静力荷载或间接承受动力荷载的结构中的次要连接。

2）承受静载的可拆卸结构的连接。

3）临时固定构件的安装连接。

（3）对直接承受动力荷载的普通螺栓受拉连接应采用双螺帽或其他能防止螺帽松动的有效措施。例如采用弹簧垫圈，或将螺帽或螺杆焊死等方法。

（4）当型钢构件采用高强度螺栓连接时，为保证接触面紧密，应采用钢板而不能采用型钢作为拼接件。

（5）为了保证连接的可靠性，每个杆件的节点或拼接接头一端，永久性的螺栓数不宜少于 2 个。对组合构件的缀条，其端部连接可采用 1 个螺栓。

第四节 轴心受力构件

一、轴心受力构件的截面形式及特点

在钢结构中，轴心受力构件的应用十分广泛，如桁架、网架、塔架、网壳等结构中的杆件，因两端均假设为铰接，且荷载作用在节点上，故这些构件均为轴心受压或轴心受拉构件。

轴心受力构件的截面形式可分为型钢截面和组合截面，如图 7–32 所示。型钢截面又分热轧型钢截面（如图 7–32a 中的工字钢、H 型钢、槽钢、角钢、T 型钢、圆钢、圆管、方管等）和冷弯薄壁型钢截面（如图 7–32b 中的冷弯角钢、冷弯槽钢和冷弯方管等），型钢截面制造简单，省工省时，适用于受力较小的构件。组合截面又分实腹式组合截面（见图 7–32c）和格构式组合截面（见图 7–32d），组合截面的形状和尺寸不受限制，截面开展，可以节约钢材，但费工费时，适用于受力较大的构件。

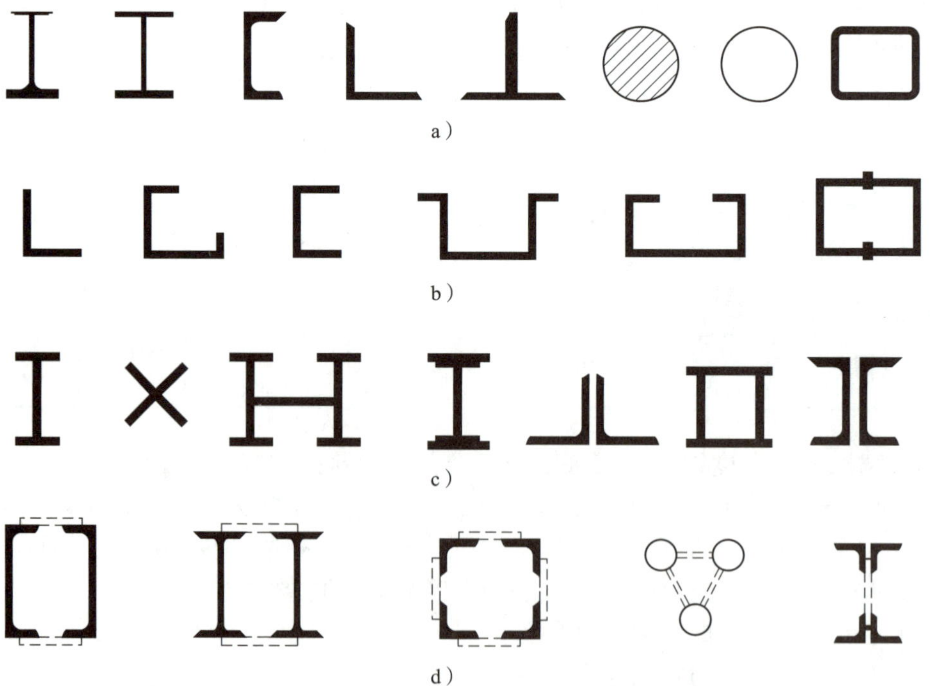

图 7–32　轴心受力构件的截面形式

a）热轧型钢截面　b）冷弯薄壁型钢截面　c）实腹式组合截面　d）格构式组合截面

二、轴心受力构件的强度和刚度

轴心受力构件在荷载作用下必须满足强度、刚度和稳定性的要求。轴心受拉构件的承载力应由截面强度决定；轴心受压构件的承载力应由截面强度和构件稳定性的较低值决定。

1. 轴心受力构件的强度计算

轴心受力构件，当端部连接（及中部拼接）处组成截面的各板件都由连接件直接传力时，除采用摩擦型高强度螺栓连接者外，其截面强度计算应符合下列规定：

毛截面屈服：

$$\sigma=N/A\leqslant f \tag{7-2a}$$

净截面断裂：

$$\sigma=N/A_n\leqslant 0.7f_u \tag{7-2b}$$

式中，N——轴心拉力或轴心压力设计值，N；

A——构件的毛截面面积，mm^2；

A_n——构件的净截面面积，mm^2，当构件多个截面有孔时，取最不利的截面；

f——钢材抗拉或抗压强度设计值，N/mm^2；

f_u——钢材极限抗拉强度最小值，N/mm^2。

用摩擦型高强度螺栓连接的构件，其截面强度计算应符合下列规定：

（1）当构件为沿全长都有排列较密螺栓的组合构件时，其截面强度应按下式计算：

$$\sigma=N/A_n\leqslant f \tag{7-3a}$$

（2）除第1款的情形外，其毛截面强度计算应采用式（7-2a），净截面强度应按下式计算：

$$\sigma=\left(1-0.5\frac{n_1}{n}\right)\frac{N}{A_n}\leqslant 0.7f_u \tag{7-3b}$$

式中，n——在节点或拼接处，构件一端连接的高强度螺栓数目；

n_1——所计算截面（最外列螺栓处）上高强度螺栓数目。

2. 轴心受力构件的刚度计算

构件的刚度随长细比的增加而降低。当构件的长细比过大时，会使构件在运输和安装过程中产生过大的弯曲变形、在使用过程中因自重而发生挠曲变形、在动力荷载作用下发生较大的振动。因此，为了保证构件具有足够的刚度，必须限制构件的长细比。即：

$$\lambda=\frac{l_0}{i}\leqslant[\lambda] \tag{7-4}$$

式中，λ——构件的最大长细比；

l_0——构件计算长度，取决于其两端支承情况；

i——截面回转半径；

$[\lambda]$——容许长细比，见表7-6和表7-7。

表 7-6　受拉构件的容许长细比

构件名称	承受静力荷载或间接动力荷载的结构			直接承受动力荷载的结构
	一般建筑结构	对腹杆提供面外支点的弦杆	有重级工作制起重机的厂房	
桁架构件	350	250	250	250
吊车梁或吊车桁架以下柱间支撑	300	200	200	—
其他拉杆、支撑、系杆等（张紧的圆钢除外）	400	—	350	—

表 7-7　受压构件的容许长细比

构件名称	容许长细比
轴压柱、桁架和天窗架中的压杆	150
柱的缀条、吊车梁或吊车桁架以下的柱间支撑	150
支撑（吊车梁或吊车桁架以下的柱间支撑除外）	200
用以减小受压构件计算长度的杆件	200

三、轴心受力构件的稳定性

1. 轴心受压构件的整体稳定

细长的轴心受压构件通常在截面还未达到强度破坏之前，便发生侧向的屈曲破坏，此破坏称为**整体失稳**。

多数情况下，轴心受压构件的承载力都会受到稳定的控制，其整体稳定按下式计算：

$$N \leqslant \varphi A f \qquad (7\text{-}5)$$

式中，N——轴心压力设计值，N；

A——构件的毛截面面积，mm^2；

f——钢材抗压强度设计值，N/mm^2；

φ——轴心受力构件的整体稳定系数，根据构件的长细比、钢材屈服强度和截面分类确定。

2. 实腹式轴压构件的局部稳定

为了增加实腹式轴压构件的整体稳定性，通常选用宽而薄的钢板组成比较开展的截面（如 H 形截面）。因钢板过宽、过薄，可能在构件丧失整体稳定之前，钢板便会产生局部凹凸鼓曲现象，这种现象称为**局部失稳**。为了保证构件局部失稳不先于整体失稳，必须限制板件的宽厚比。H 形截面构件的具体规定如下：

腹板计算高度 h_0 与其厚度 t_w 之比，应符合：

$$h_0/t_w \leqslant (25+0.5\lambda)\sqrt{\frac{235}{f_{yk}}} \quad (7\text{-}6)$$

翼缘板自由外伸宽度 b 与其厚度 t_f 之比，应符合：

$$b/t_f \leqslant (10+0.1\lambda)\sqrt{\frac{235}{f_{yk}}} \quad (7\text{-}7)$$

式中，λ——构件的较大长细比；当 $\lambda < 30$ 时，取值为 30，当 $\lambda > 100$ 时，取值为 100；

f_{yk}——钢材牌号所指屈服点。

对焊接构件 h_0 取为腹板高度 h_w，对热轧构件取 $h_0=h_w-2t_f$，但不小于 h_w-40 mm；对焊接构件 b 取为翼缘板宽度 B 的一半，对热轧构件取 $b=B/2-t_f$，但不小于 $B/2-20$ mm。

对于箱形截面、T 形截面构件，翼缘宽厚比和腹板高厚比的限值参见国家标准《钢结构设计标准》（GB 50017—2017）。

轴压构件的腹板局部稳定不满足时的解决措施：增加腹板厚度，此法不一定经济；设纵向加劲肋，纵向加劲肋宜在腹板两侧成对配置，其一侧的外伸宽度不应小于 $10t_w$，厚度不应小于 $0.75t_w$。

第五节　钢梁

一、钢梁的类型和应用

钢梁按制作方法可分为型钢梁和组合梁两大类，如图 7-33 所示。

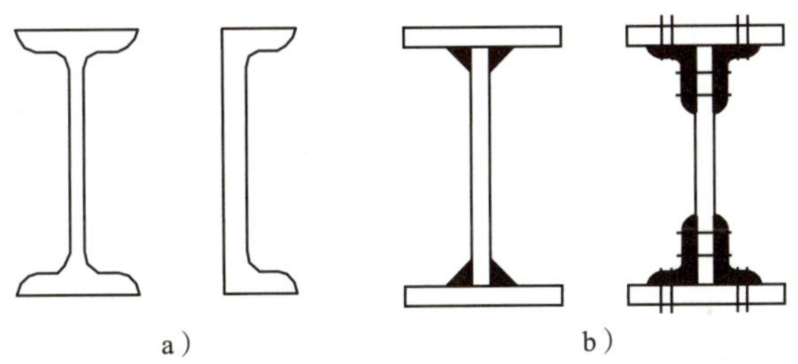

图 7-33　钢梁类别

a）型钢梁　b）组合梁

型钢梁构造简单、成本低，应优先采用。但由于受轧制的限制，当型钢梁的尺寸和规格不能满足承载力和刚度的要求时，就必须采用组合梁。

组合梁是用钢板或型钢焊接而成的，其截面开展，承载力和刚度均较型钢梁大，但制作麻烦，费时费工，适用于荷载或跨度较大时，如大跨度的楼盖主梁、重型吊车梁等常采用由钢板焊接而成的组合工字钢梁或箱形截面梁。

二、钢梁的拼接和连接

1. 钢梁的拼接

钢梁的拼接分为工厂拼接和工地拼接。

（1）工厂拼接

受钢板尺寸的限制，在工厂制作组合截面梁的过程中，通常需要将钢板接宽接长，此拼接称为工厂拼接。为避免焊缝过于密集带来的不利影响，翼缘和腹板的拼接位置应错开，并且不得与加劲肋和次梁重合。腹板拼接焊缝与加劲肋的距离至少为 $10t_w$，如图 7–34 所示。

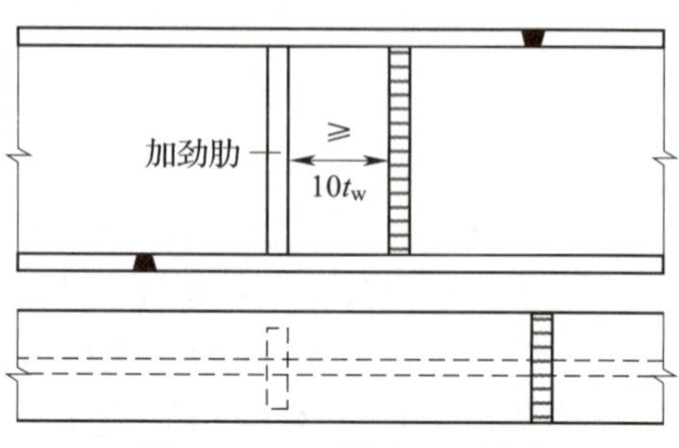

图 7–34　组合梁工厂拼接

（2）工地拼接

大型梁受运输条件的限制，一般都在工厂分段制作，运至工地后再拼接成整体，此拼接称为工地拼接。工地拼接的方法有焊缝连接和高强度螺栓连接。

采用焊接连接时，运输单元端部常做成如图 7–35 所示的形式。图 7–35a 所示形式的优点是便于运输，缺点是焊缝过于集中，易产生较大的应力集中，施焊时可采用跳焊施焊的顺序以缓解应力集中；图 7–35b 所示形式的优点是翼缘与腹板不在同一截面上，受力较好，但运输时端头突出部位易破坏，须加以保护。两种拼接的上下翼缘对接焊缝应开坡口。运输单元端部翼缘与腹板间的焊缝留出约 500 mm，待对接焊缝完成以后焊接。

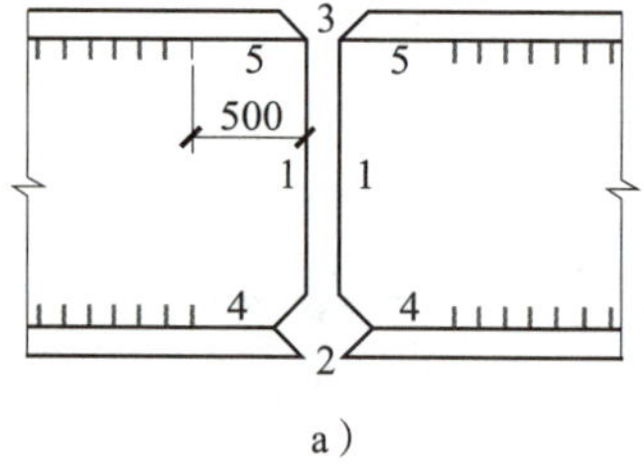

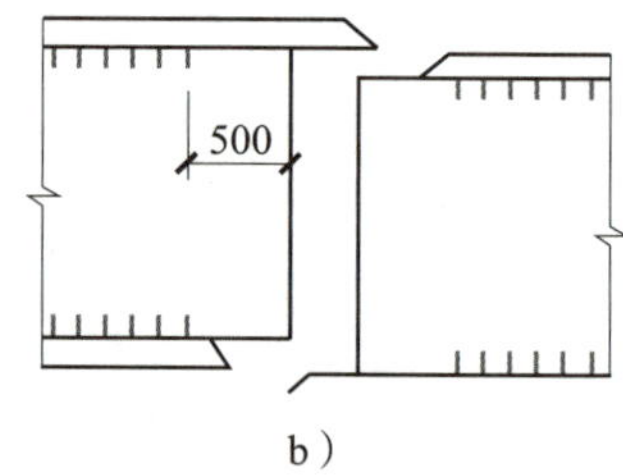

图 7–35　组合梁的工地拼接

焊缝连接受施焊条件的限制，质量不易保证。因此，对较重要的或直接承受动荷载的梁宜采用高强度螺栓连接，如图 7–36 所示。

2. 次梁与主梁的连接

次梁与主梁的连接必须遵循安全可靠、传力明确、制造简单、安装方便的原则。从受力角度区分，次梁与主梁的连接分为铰接和刚接。按梁的相对位置可分为叠接和平接。

（1）次梁与主梁叠接

次梁与主梁叠接是指将次梁直接安放在主梁上，通过螺栓或者焊缝相连，有铰接和刚接两种连接方法，如图 7–37 所示。这种连接构造简单、施工方便，但结构所占的空间较大。

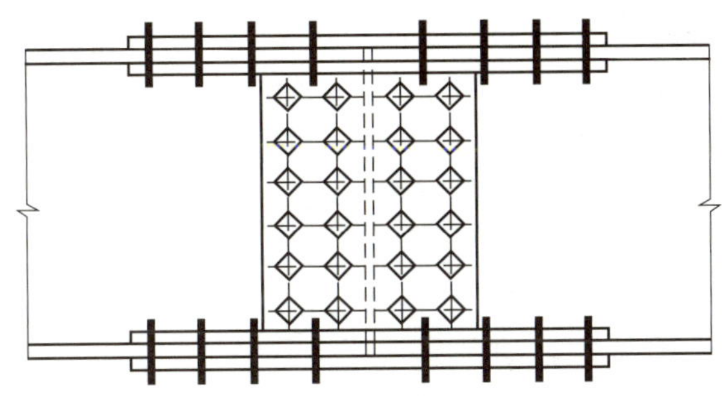
图 7-36　采用高强度螺栓连接的工地拼接

（2）次梁与主梁平接

次梁与主梁平接是指将次梁从侧面连接于主梁的加劲肋上，如图 7-38 所示。这种连接所占的空间较小，广泛用于主、次梁的连接。

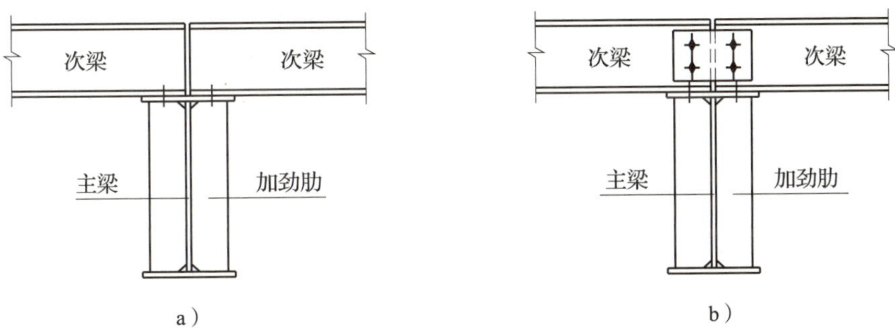

图 7-37　次梁与主梁叠接
a）铰接　b）刚接

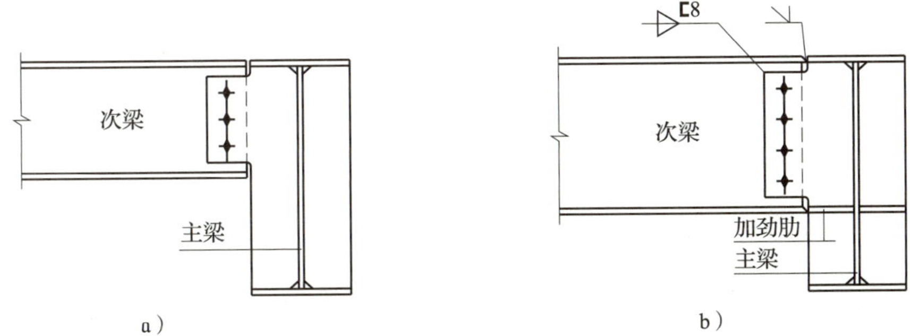

图 7-38　次梁与主梁平接
a）铰接　b）刚接

1. 简述钢结构的特点及其合理应用范围。
2. 建筑钢材的力学性能指标有哪些？分别衡量钢材的何种性质？

3. 建筑钢材的选择应满足哪些基本要求？
4. 钢结构中常用的连接方法有哪几种？各有何特点？
5. 钢结构设计标准中对角焊缝的尺寸做了哪些规定？
6. 焊缝存在哪些缺陷？焊缝质量如何检验？
7. 减小焊接应力和焊接变形的措施有哪些？
8. 螺栓连接的种类有哪些？各有何特性？
9. 螺栓排列的方式及其要求有哪些？
10. 轴心受力构件在荷载作用下应满足哪些要求？
11. 轴压构件的腹板局部稳定不满足时如何解决？
12. 简述钢梁的类型、特点及应用范围。
13. 钢梁的拼接有哪几种？有哪些注意事项？

第八章 多层与高层房屋结构

学习目标

熟悉常见多层、高层建筑结构体系的组成、特点及构造要求，了解高层结构布置的一般原则。

《高层建筑混凝土结构技术规程》（JGJ 3—2010）规定，10层及10层以上的住宅和高度大于24 m的其他建筑为高层建筑（不包括建筑高度大于24 m的单层公共建筑），2 ~ 9层或高度不大于24 m的为多层建筑。

多层房屋常采用混合结构、钢筋混凝土结构；高层房屋常采用钢筋混凝土结构、钢结构、钢－混凝土组合结构。

第一节 多层与高层建筑结构体系

目前，多层与高层建筑常用的结构体系有框架体系、剪力墙体系、框架－剪力墙体系、筒体体系等。

思政小课堂

历史上，我国建造了很多高耸建筑，具有独特的建造和设计工艺，如应县木塔、黄鹤楼等。如今，“一带一路”倡议将我国的基建产能服务于世界，在帮助沿线国家和地区建筑产业发展的同时也带动国内经济的增长，可以此引导学生坚定“四个自信”。

一、框架结构

1. 框架结构组成及特点

框架结构是由梁、柱和基础组成的承受竖向和水平作用的承重骨架。若干榀框架通过连系梁组成框架结构（见图8–1），墙只起围护、分隔作用。框架结构平面布置灵活，空间划分方便，易于满足生产工艺和使用要求，具有较高的承载力和较好的整体性，因此，广泛应用于多层和高层办公楼、医院、旅馆、教学楼、住宅和多层工业

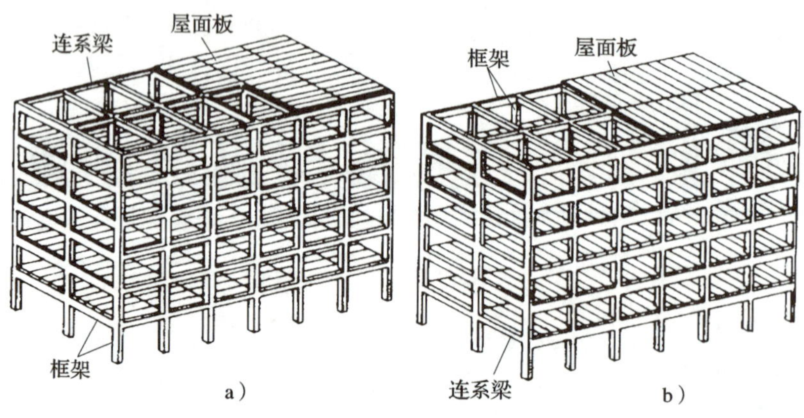

图 8–1　框架结构

a）横向承重框架体系　b）纵向承重框架体系

厂房。框架结构属于柔性结构，在水平荷载作用下表现出抗侧移刚度小、水平位移大的特点。框架结构的适用高度为 6 ~ 15 层，在非地震区其也可用于 15 ~ 20 层的建筑。

2. 框架结构体系的布置

根据不同需要，框架结构体系可以有三种不同的布置方案。

（1）横向主框架承重

它的主要承重结构是由横向主梁和柱组成，用纵向连系梁将横向框架连接成整体，如图 8–2a 所示。横向主框架承受大部分竖向荷载和横向水平作用，纵向框架仅承受小部分竖向荷载和纵向水平作用。因此，常采用较大截面的横梁来增加框架的横向刚度和抗力，而纵向连系梁的截面高度相对较小。在实际结构中，此布置方案常被采用。

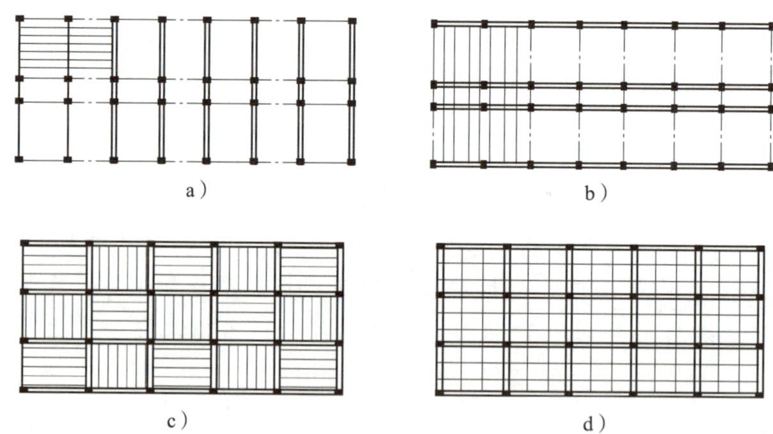

图 8–2　承重框架布置方案

a）横向布置方案　b）纵向布置方案　c）、d）纵横向布置方案

（2）纵向主框架承重

纵向的梁和柱组成的纵向框架为主要承重框架，横向布置次梁，如图 8–2b 所示。由于大部分竖向荷载由纵向框架承受，横向框架仅承受少部分竖向结构自重和横向水平作用，因此，横向连系梁可采用较小的截面尺寸，这样可以使楼层净高被有效地利

用，以设置较多的架空管道。这种布置方法因横向刚度较差，仅适用于某些工业厂房，在民用建筑中一般较少采用。

（3）纵横向框架混合承重

纵横向框架均为主要承重框架，如图 8–2c、图 8–2d 所示，即纵横向框架共同承担竖向荷载和水平作用。当柱网平面尺寸接近正方形时，或采用大柱网时，或楼面有较大活荷载时，常采用这种方案。

3. 框架结构的受力特点

框架结构是由若干平面框架通过连系梁连接形成的空间结构体系，但在一般情况下，可以忽略它们之间的空间联系，即取出单独一片框架作为计算单元，按平面框架计算。框架在竖向荷载作用下的内力图如图 8–3b 所示。从图中可以看出，框架在荷载作用下，节点处有较大的内力。框架在水平荷载作用下的内力图如图 8–3c 所示。

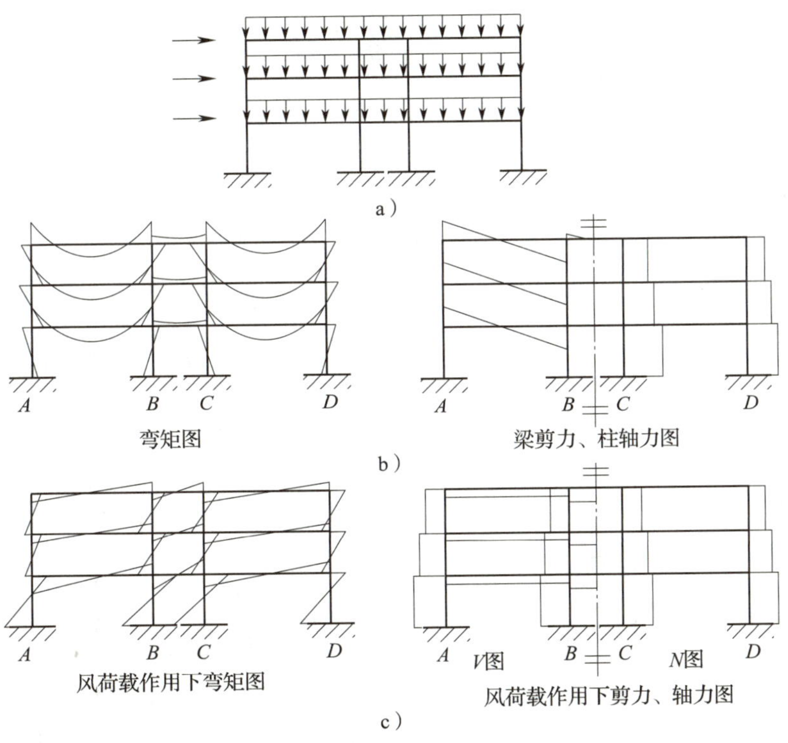

图 8–3　框架结构的内力图

a）计算简图　b）竖向荷载作用下的内力图　c）左向水平荷载作用下的内力图

4. 非抗震现浇框架的构造要求

（1）框架柱

框架柱纵向钢筋的接头可采用绑扎搭接、机械连接或焊接等方式，宜优先采用焊接或机械连接（见图 8–4）。柱相邻纵筋连接接头应相互错开，在同一截面内的钢筋接头面积百分率为：对于绑扎搭接和机械连接不宜大于 50%，对于焊接连接不应大于 50%。

在绑扎搭接接头中，纵筋搭接长度不得小于 l_1（$l_1=\xi_1 l_a$，ξ_1 为搭接长度修正系数，与接头面积百分率有关），且不应小于 300 mm；相邻接头间距为：机械连接时为 35d，

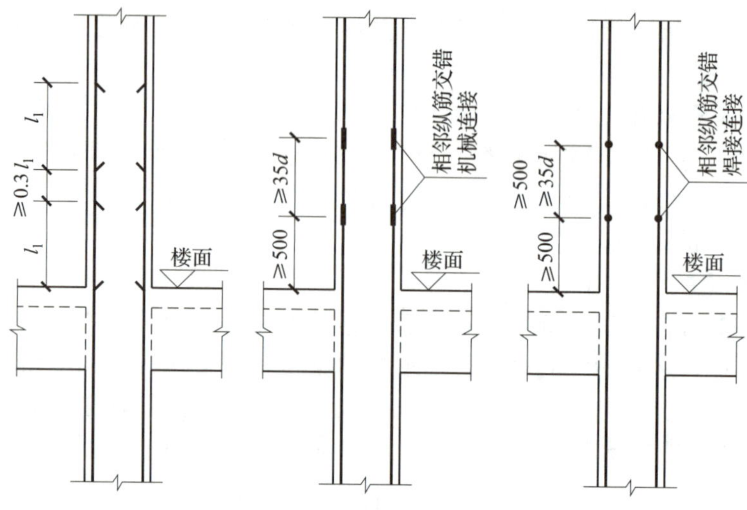

图 8–4　纵筋连接构造

搭接时不得小于 600 mm，焊接时不得小于 500 mm 且不小于 35d。当上、下柱纵筋的直径或根数不相同时，其连接构造如图 8–5 所示。当纵筋直径大于 28d 时不宜采用绑扎搭接接头。在柱的纵向钢筋搭接长度范围内，当纵筋受压时，箍筋间距不应大于 10d，且不应大于 200 mm；当纵筋受拉时，箍筋间距不应大于 5d，且不应大于 100 mm。箍筋弯钩要适当加长，以绕过搭接的两根纵筋。

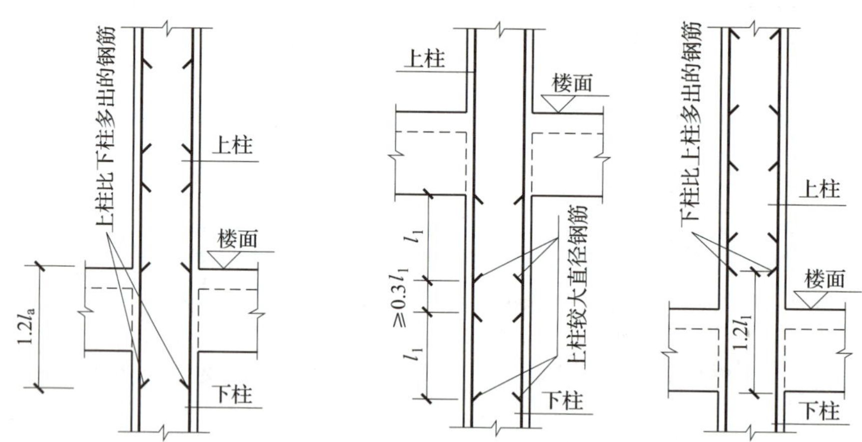

图 8–5　上、下柱纵筋直径或根数不同时纵筋连接构造

（2）框架梁

框架梁除应满足一般梁的有关构造规定外，在跨中上部至少应配置 2ϕ12 的钢筋与横梁支座的负弯矩钢筋搭接，搭接长度不应小于 1.2l_a（l_a 为纵向受拉钢筋的最小锚固长度）。

（3）现浇框架节点构造

梁、柱节点构造是保证框架结构整体性的重要措施。现浇框架的梁、柱节点应做成刚性节点，节点区的混凝土强度等级应不低于柱的混凝土强度等级。

1）顶层中间节点。顶层中间节点的柱纵向钢筋可用直线方式锚固，其锚固长度从梁

底标高算起不应小于 l_a，且必须伸至柱顶，如图 8–6a 所示。当节点处梁截面高度不足时，柱纵筋应伸至柱顶并向节点内水平弯折，当充分利用纵向钢筋的抗拉强度时，弯折前的竖直投影长度不应小于 $0.5l_{ab}$，弯折后的水平投影长度不应小于 12d（d 为纵向钢筋的直径），如图 8–6b 所示。也可采用带锚头的机械锚固措施，此时，包括锚头在内的竖向锚固长度不应小于 $0.5l_{ab}$，如图 8–6c 所示。当柱顶有现浇板且板厚不小于 100 mm 时，柱纵向钢筋也可向外弯入框架梁和现浇板内，弯折后的水平投影长度不宜小于 12d，如图 8–6b 所示。

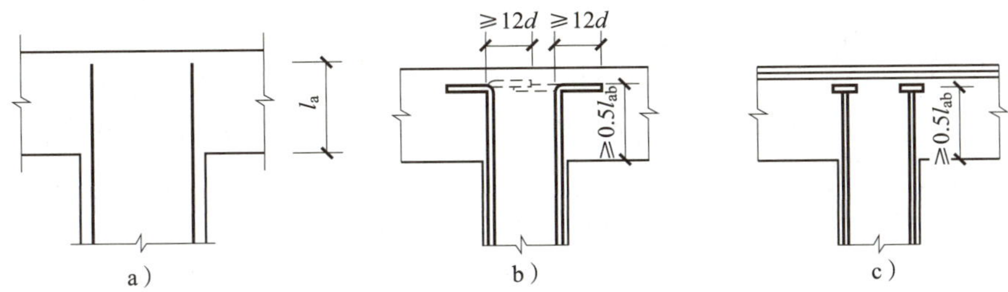

图 8–6　顶层中间节点柱纵向钢筋的锚固

a）直线锚固形式　b）90° 弯折锚固　c）端头加锚板锚固

2）顶层端节点。柱内侧纵向钢筋的锚固要求与顶层中间节点的纵向钢筋相同。该节点的梁、柱端均主要受负弯矩作用，相当于一段 90° 的折梁。为了保证钢筋在节点区的搭接传力，应将柱外侧纵向钢筋的相应部分弯入梁内作梁上部纵向钢筋使用，或将梁上部纵向钢筋与柱外侧纵向钢筋在顶层端节点及其附近搭接，而不允许采用将柱筋伸至柱顶、将梁上部钢筋锚入节点的做法，如图 8–7 所示。

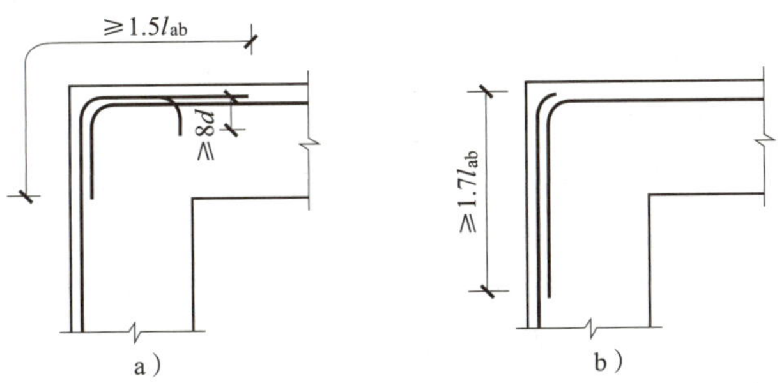

图 8–7　梁上部钢筋和柱外侧钢筋在顶层端节点的搭接

a）搭接接头沿顶层端节点外侧和梁端顶部布置　b）搭接接头沿节点外侧直线布置

①搭接接头沿顶层端节点外侧和梁端顶部布置，如图 8–7a 所示。此时，搭接长不应小于 $1.5l_{ab}$，伸入梁内的外侧柱筋截面面积不宜小于外侧柱筋全部截面面积的 65%；梁宽范围以外的外侧柱筋宜沿节点顶部伸至柱内边，当柱纵筋位于柱顶第一层时，至柱内边后宜向下弯折不小于 8d（d 为柱外侧纵筋直径）后截断；当柱纵筋位于柱顶第二层时，可不向下弯折。当有现浇板且板厚不小于 100 mm 时，梁宽范围以外的外侧柱筋可伸入现浇板内，其长度与伸入梁内的柱筋相同。当外侧柱筋配筋率大于 1.2%，伸入梁内的柱筋除满足上述规定之外，还应分两批截断，其截断点之间的距离不小于 20d。梁上部纵筋应伸至节点外侧并向下弯至梁下边缘高度后截断。此方案的优点是梁的上部钢筋不伸

入柱内，利于在梁底标高处设置混凝土施工缝。但如果梁上部和柱外侧钢筋数量过多，则不利于节点混凝土浇筑。故此方案主要适用于梁上部和柱外侧钢筋不太多的情况。

②搭接接头沿柱顶外侧直线布置，如图 8–7b 所示。此时，搭接长度竖直段不应小于 $1.7l_{ab}$。当梁上部纵筋配筋率大于 1.2% 时，弯入柱外侧的梁上部纵筋除应满足搭接长度竖直段不应小于 $1.7l_{ab}$ 外，还应分两批截断，其截断点之间的距离不宜小于 $20d$（d 为梁上部纵筋的直径）。柱外侧纵筋伸至柱顶。此方案适用于梁上部和柱外侧钢筋较多的情况。

3）中间层中间节点。框架梁的上部纵筋应贯穿中间节点。框架梁的下部纵向钢筋伸入中间节点范围内的锚固长度应满足：当计算中不利用其强度时，其伸入节点的锚固长度不应小于 $12d$（带肋钢筋）或 $15d$（不带肋钢筋），其中 d 为纵向钢筋直径，如图 8–8a 所示；当计算中利用钢筋的抗拉强度时，应锚固在节点内的长度为 l_a。可采用直线锚固形式，也可采用带 90° 弯折的锚固形式，如图 8–8b 所示。也可伸过节点范围并在梁中弯矩较小的地方设置搭接接头，如图 8–8c 所示。

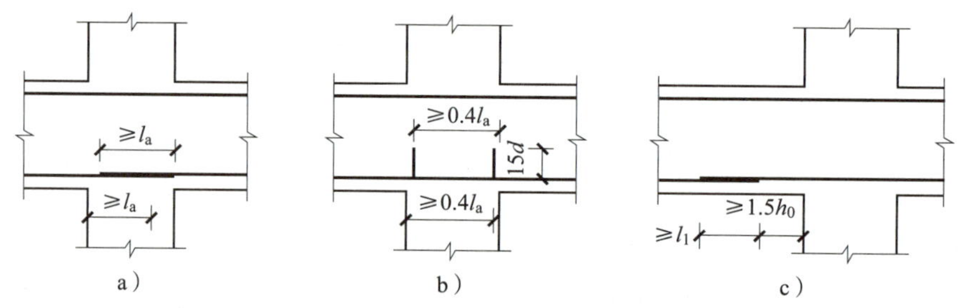

图 8–8　中间层中间节点的钢筋锚固与搭接

a）节点中的直线锚固　b）节点中的弯折锚固　c）节点范围外的搭接

4）中间层端节点。当采用直线锚固时，梁上部纵筋在端节点的锚固长度不应小于 l_a，且应伸过柱中心线不宜小于 $5d$，如图 8–9a 所示；当柱截面尺寸较小时，可采用在钢筋端部加机械锚头的锚固形式，此时梁上部纵筋宜伸至柱外侧纵向钢筋内边，包括机械锚头在内的水平投影锚固长度不应小于 $0.4l_{ab}$，如图 8–9b 所示；可采用弯折锚固的形式，此时梁上部纵筋应伸至节点对边并向下弯折，需保证弯折前的水平投影长度不应小于 $0.4l_{ab}$，弯折后的竖直投影长度不应小于 $15d$，如图 8–9c 所示。

梁下部纵筋伸入端节点范围内的锚固要求与中间层节点相同。

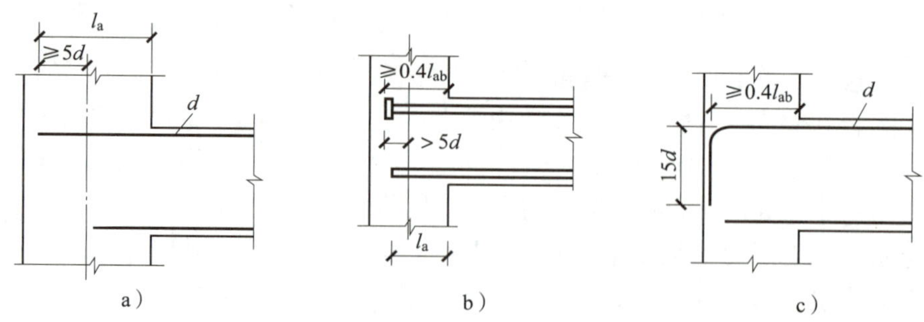

图 8–9　框架梁中间层端节点纵向钢筋的锚固

a）直线锚固形式　b）钢筋端部的锚头锚固　c）钢筋末端 90° 弯折锚固

二、剪力墙结构

1. 剪力墙结构的组成及特点

利用建筑物的墙体作为竖向承重和抵抗侧力的结构称为**剪力墙结构**。所谓剪力墙，实质上是固结于基础的钢筋混凝土墙片，具有很高的抗侧移能力。

一般情况下，剪力墙结构楼盖内不设梁，楼板直接支承在墙上，墙体既是承重构件，又起围护和分隔作用，如图 8-10 所示。

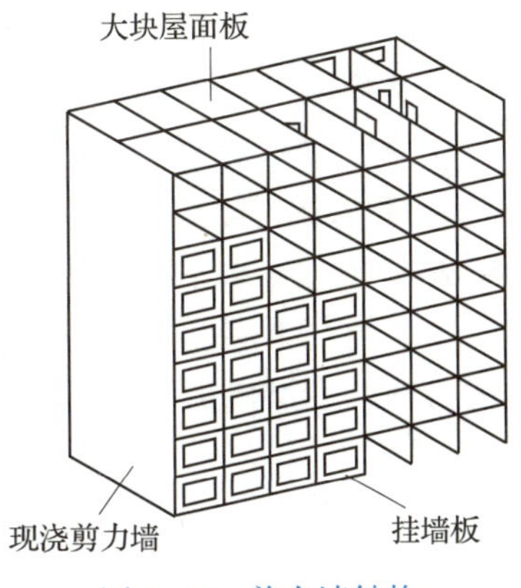

图 8-10　剪力墙结构

钢筋混凝土剪力墙结构横墙多，侧向刚度大，整体性好，对承受水平力有利；无凸出墙面的梁柱，整齐美观，特别适合居住建筑，并可使用滑模方法施工，有利于缩短工期，节省人力。但剪力墙的房间划分受到较大限制，因此用于一般住宅、旅馆等开间要求较小的建筑，适用高度为 15 ~ 50 层。

※2. 剪力墙结构的布置

如前所述，剪力墙是既承受竖向荷载，又承受水平荷载的钢筋混凝土实体墙，其中以承受水平荷载为主。剪力墙在平面内的刚度很大，但在平面外的刚度很小，为保证剪力墙的侧向稳定性，需要各层楼盖对它起支撑作用。通常，剪力墙的下部固结于基础内，形成竖向的悬臂构件，在水平荷载作用下，墙体处于压、弯、剪的复合受力状态。在抗震设防区，水平荷载还包括水平地震作用，因此剪力墙常被称为抗震墙。

剪力墙宜沿结构的主轴方向布置成双向或多向，使两个方向的刚度接近。剪力墙的墙肢截面应简单、规则，墙体宜沿建筑物高度方向对齐贯通、上下不错层，以避免刚度的突变。较长的剪力墙可用楼板或连梁分成若干独立的墙段，各独立墙段的总高与长度之比不宜小于 2。剪力墙中的洞口宜上下对齐布置，以形成明显的墙肢和连梁，不宜采用错洞墙。墙肢截面长度与厚度之比不宜小于 3。

开洞剪力墙由墙肢和连梁两种构件组成，不开洞的剪力墙仅有墙肢。根据墙面的开洞情况，剪力墙可分为四类：整截面剪力墙、整体小开口剪力墙、联肢剪力墙和壁式框架，如图 8-11 所示。

（1）整截面剪力墙

不开洞或所开洞口面积不大于 15% 的剪力墙，称为**整截面剪力墙**。它在水平荷载作用下，如同一整体的悬臂弯曲构件，在墙肢的整个高度上，弯矩图无突变也无反弯点，其变形以弯曲变形为主，结构上部的层间位移较大，越往下层间位移越小，如图 8-11a 所示。

（2）整体小开口剪力墙

门窗洞口沿竖向成列布置，洞口总面积大于 15% 但相对仍较小、整体性较好的开洞剪力墙称为**整体小开口剪力墙**。在水平荷载下其弯矩图在连梁处发生突变，但在整个墙肢高度上没有或者仅仅在个别楼层中出现反弯点，变形仍以弯曲型为主，如图 8–11b 所示。

（3）联肢剪力墙

洞口成列布置且开口较大的剪力墙称为**双肢或多肢剪力墙**，其特点与整体小开口剪力墙相似，如图 8–11c 所示。

（4）壁式框架

剪力墙上有多列洞口且洞口尺寸大，连梁线刚度大于或接近墙肢线刚度的墙称为**壁式框架**。在水平荷载下，整个剪力墙的受力特点与框架相似，结构上部的层间位移较小，越往下层间位移越大。弯矩图在层间位置有突变，并且在多数楼层出现反弯点，剪力墙的变形以剪切为主，如图 8–11d 所示。

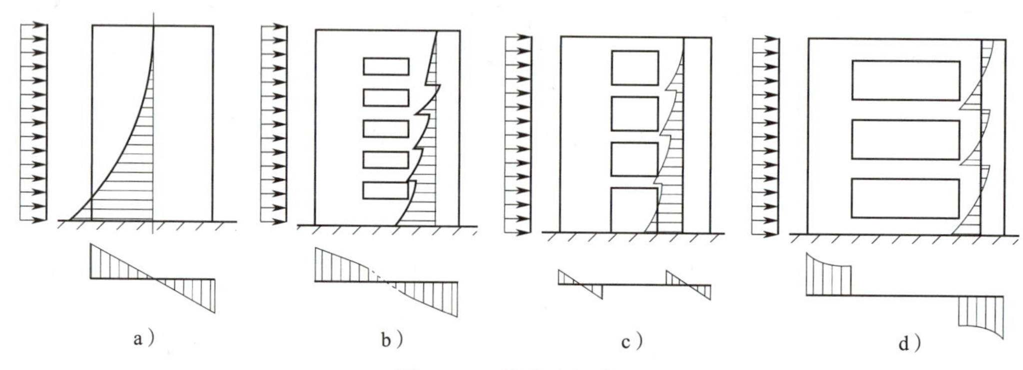

图 8–11　剪力墙的类型

a）整截面剪力墙　b）整体小开口剪力墙　c）联肢剪力墙　d）壁式框架

3. 剪力墙结构构件的受力特点

（1）墙肢

在整截面剪力墙中，墙肢处于压、弯、剪复合应力状态；开洞剪力墙的墙肢处于压（拉）、弯、剪复合应力状态。在墙肢中，弯矩和剪力的最大值均出现在墙底部位，故墙底截面是剪力墙设计的控制截面。

墙肢的截面配筋计算与偏心受压柱和偏心受拉杆相似，但由于剪力墙截面高度很大，在墙肢内除在端部（正应力较大的位置）设置竖向钢筋外，还应在剪力墙腹板中设置分布钢筋。其中，截面端部的竖向钢筋与竖向分布钢筋共同抵抗压弯作用，而水平分布钢筋则承担剪力作用。竖向分布钢筋和水平分布钢筋构成网状，以抵抗墙面混凝土的收缩及温度应力。

（2）连梁

剪力墙中的连梁承担弯矩、剪力、轴力的共同作用，是受弯构件，配筋时应选择内力最大的连梁作为计算对象。通过正截面承载力计算确定连梁的纵向受力钢筋（上、下配筋），通过斜截面承载力计算来确定箍筋的用量。一般情况下，连梁常采用对称配筋。

4. 剪力墙结构的构造要求

（1）材料选择

钢筋混凝土剪力墙中，混凝土强度等级不宜低于 C25。墙内分布钢筋和箍筋宜采用 HPB300 级钢筋，纵向钢筋可用 HRB400 级或 HRB500 级钢筋。

（2）剪力墙的最小厚度

为保证墙体平面的刚度和稳定性以及浇筑混凝土的质量，混凝土剪力墙的厚度不应过小，高层建筑应不小于 160 mm，多层建筑应不小于 140 mm。

（3）墙肢配筋构造

1）墙肢端部的纵向钢筋。剪力墙两端和洞口两侧边缘应力较大的部位，应按规定设置由竖向钢筋和箍筋组成的边缘构件。边缘构件可分为约束边缘构件（边缘压应力较大时采用）和构造边缘构件（边缘压应力较小时采用）。

在墙肢两端应集中配置直径较大的竖向受力钢筋，与墙内的竖向分布钢筋共同承担正截面受弯承载力。端部竖筋应位于由箍筋或水平分布钢筋和拉筋约束的边缘构件内。剪力墙端部需按构造要求配置不小于 4 根直径 12 mm 的竖向受力钢筋；沿竖向钢筋方向宜配置直径不小于 6 mm、间距为 250 mm 的拉筋。纵向钢筋宜采用 HRB400 级钢筋。

端柱及暗柱内纵向钢筋的连接和锚固要求宜与框架柱相同。在非抗震设计时，剪力墙纵向钢筋的最小锚固长度应取 l_a。

2）墙身内分布钢筋。剪力墙身应配置水平和竖向分布钢筋，使剪力墙有一定的延性，减少和防止温度裂缝的产生及当剪力墙产生裂缝时控制裂缝的持续发展。剪力墙的配筋方式有单排和多排两种，其中单排配筋施工简单，但剪力墙厚度较大时不宜采用。

①当剪力墙厚度大于 160 mm 时，应布置双排分布钢筋网，结构中重要部位的剪力墙，当其厚度不大于 160 mm 时，也宜布置双排分布钢筋网。双排分布钢筋网应沿墙的两侧表面布置，且采用拉筋联系，同时应保证拉筋与外皮钢筋勾牢。

施工时先立竖筋后绑水平分布筋。为方便起见，竖向钢筋宜在内侧，水平钢筋宜在外侧，且水平和竖向分布钢筋的直径、间距一般宜相同。

②水平和竖向分布钢筋的配筋率，一、二和三级抗震等级时都不应小于 0.25%，四级抗震等级时不应小于 0.2%。钢筋直径不应小于 8 mm，间距不宜大于 300 mm；拉筋的直径不应小于 6 mm，间距不宜大于 600 mm。

③水平分布钢筋应伸至墙端并向内水平弯折 $10d$ 后截断，其中 d 为水平分布钢筋的直径。当剪力墙端部有转角墙或翼墙时，内墙两侧的水平分布钢筋和外墙内侧的水平分布钢筋应伸至转角墙或翼墙的外边缘，并分别向两侧水平弯折 $15d$ 后截断。在转角墙处，外墙外侧的水平分布钢筋应在墙端外角位置弯入翼墙并与翼墙外侧水平分布钢筋相互搭接，其搭接长度 $l_1 \geq 1.2l_a$。剪力墙水平分布钢筋的连接构造如图 8–12a、图 8–12b 所示。

④剪力墙内水平分布钢筋的搭接长度 $l_1 \geq 1.2l_a$。同排水平分布钢筋的搭接接头间及上、下相邻水平分布钢筋的搭接接头间，沿水平方向的净间距不宜小于 500 mm，如图 8–12c 所示。

⑤剪力墙中竖向分布钢筋可在同一高度位置搭接，搭接长度 $l_1 \geq 1.2l_a$，且不应小于 300 mm。当分布钢筋的直径大于 25 mm 时，不宜采用搭接接头。

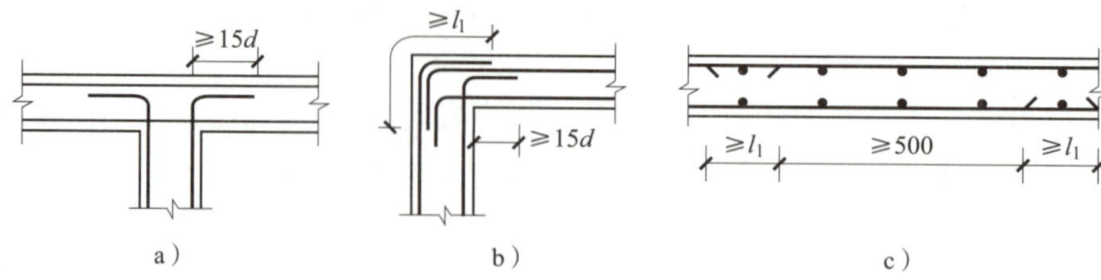

图 8-12　剪力墙水平分布钢筋的连接构造

a）丁字节点　b）转角节点　c）墙体水平钢筋连接（沿高度每隔一根错开搭接）

3）连梁的配筋构造。连梁是一个受到反弯矩作用的梁，且通常跨高比较小，容易出现剪切斜裂缝，为防止斜裂缝出现后连梁发生脆性破坏，《高层建筑混凝土结构技术规程》（JGJ 3—2010）规定了连梁在构造上的一些特殊要求。

①剪力墙连梁顶面、底面纵向受力钢筋伸入墙内的长度不应小于 l_a，且不应小于 600 mm。

②应沿连梁全长配置箍筋，箍筋的直径不应小于 6 mm，间距不应大于 150 mm。

③顶层连梁中，纵向钢筋伸入墙体的长度范围内应配置间距不大于 150 mm、直径不小于 6 mm 的构造箍筋。

④墙体内水平分布钢筋应当作连梁的腰筋在连梁范围内拉通连续布置。当连梁的截面高度大于 700 mm 时，其两侧面沿梁高范围设置的纵向构造钢筋（腰筋）的直径不应小于 10 mm，间距不应大于 200 mm。对跨高比不大于 2.5 的连梁，梁两侧的纵向构造钢筋（腰筋）的面积配筋率不应小于 0.3%。采用现浇楼板时连梁配筋构造如图 8-13 所示。

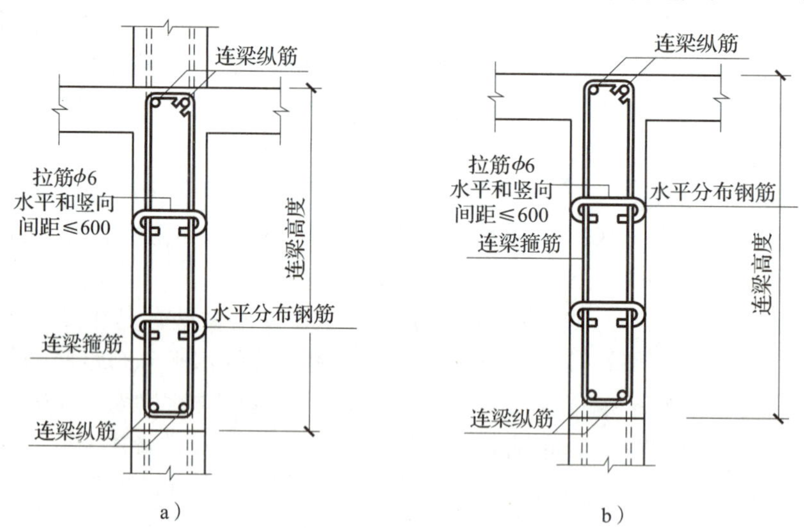

图 8-13　采用现浇楼板时连梁配筋构造

a）楼层剪力墙连梁　b）顶层剪力墙连梁

4）墙面和连梁开洞时的构造。剪力墙墙面开洞较小时，除了要集中在洞口边缘补足切断的分布钢筋外，还要进一步补强以抵抗洞口的应力集中。连梁是剪力墙中的薄弱位置，同样要重视连梁开洞后的补强措施。《高层建筑混凝土结构技术规程》（JGJ 3—2010）

规定，当剪力墙墙面开有非连续小洞口（各边长度小于 800 mm）时，应将洞口处被切断的分布筋量分别集中配置在洞口上、下和左、右两侧，且钢筋直径不应小于 12 mm，从洞口边伸入墙内的长度不应小于 l_a（抗震设计中取 l_{aE}），如图 8–14a 所示。剪力墙洞口上、下两侧的水平纵向钢筋除了要满足洞口连梁的正截面受弯承载力外，其面积不宜小于洞口截断水平分布钢筋总面积的一半，并不应少于 2 根。

穿过连梁的管道宜预埋套管，洞口上、下的有效高度不宜小于梁高的 1/3，且不宜小于 200 mm，并且洞口处应配置补强钢筋，如图 8–14b 所示。

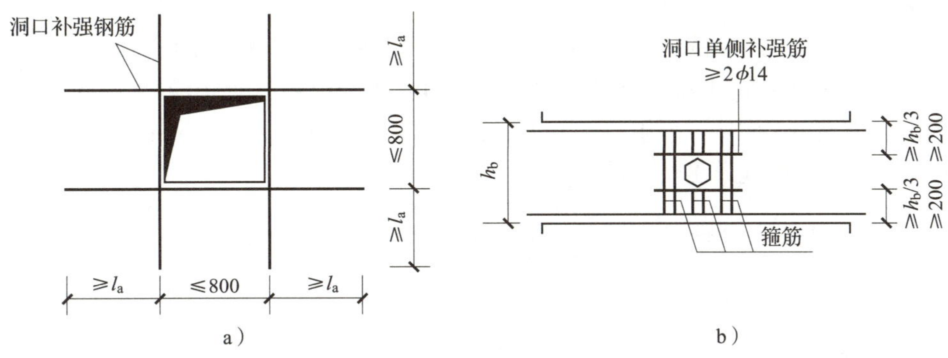

图 8–14　洞口补强配筋

a）剪力墙洞口补强　b）连梁洞口补强

三、框架 – 剪力墙结构

在框架结构中适当布置剪力墙，可以组成框架 – 剪力墙结构。在框架 – 剪力墙结构中，剪力墙将负担绝大部分水平荷载，而框架则以负担竖向荷载为主。这样则可以大大减小柱的截面尺寸。框架 – 剪力墙结构一般用于 16 ~ 25 层房屋。

1. 剪力墙结构的布置

在框架 – 剪力墙结构中，剪力墙应沿平面的主轴方向布置，一般应遵循“均匀、对称、分散、周边”的布置原则。横向剪力墙宜均匀对称地设置在楼（电）梯间、建筑物的端部附近、平面形状变化处及恒载较大的部位。横向剪力墙的间距应满足表 8–1 的规定，如剪力墙之间的楼盖开有比较大的洞口时，剪力墙的间距应适当减小。纵向剪力墙宜布置在单元的中间区段内，当房屋纵向较长时，纵向剪力墙不宜布置在房屋的两端。建筑物中各片剪力墙的刚度不宜差距过大，剪力墙宜贯通建筑物全高，墙体厚度可随高度逐渐减薄，以避免刚度沿高度方向发生突变。

表 8–1　　横向剪力墙的间距要求

楼盖的形式	非抗震设计	抗震设防烈度		
		6、7 度	8 度	9 度
现浇式	≤5 *B* 且≤60 m	≤4 *B* 且≤50 m	≤3 *B* 且≤40 m	≤2 *B* 且≤30 m
装配式	≤3.5 *B* 且≤50 m	≤3 *B* 且≤40 m	≤2.5 *B* 且≤30 m	不允许

注：*B* 为楼面宽度；现浇部分厚度大于 60 mm 的预应力或非预应力叠合楼板可看作现浇板。

框架 – 剪力墙结构中的楼盖结构是框架和剪力墙能够协同工作的基础，宜采用现浇楼盖。

2. 框架 – 剪力墙结构的受力特点

框架 – 剪力墙结构是由框架和剪力墙两种不同的抗侧力单元组成的受力体系。其中，剪力墙的变形以弯曲为主，如图 8–15a 所示；框架的变形以剪切型为主，如图 8–15b 所示；而由楼盖连接起来的框架 – 剪力墙结构将产生共同的变形，如图 8–15c 所示，其协同变形曲线如图 8–15d 所示。在水平荷载作用下，框架 – 剪力墙的变形及受力特点如下：

（1）剪力墙的变形特点是其层间相对水平位移越往上越大，如图 8–15a 所示。框架变形的特点是其层间相对水平位移越往上越小，如图 8–15b 所示。从协同变形曲线可以看出，框架 – 剪力墙结构的层间变形在下部小于纯框架，在上部小于纯剪力墙，因此各层的层间变形也将趋于均匀化。

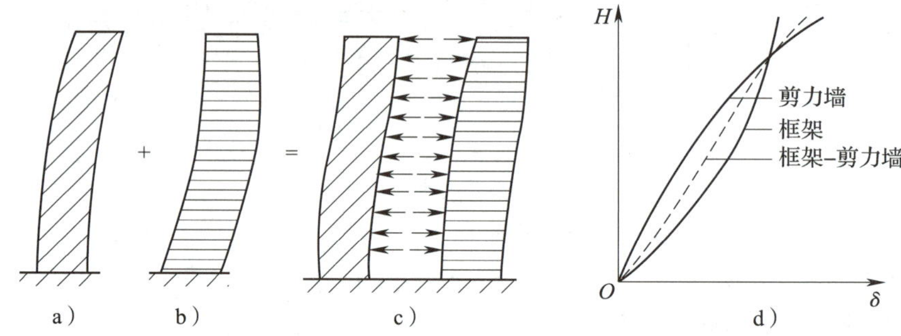

图 8–15　框架 – 剪力墙结构的变形特点

a）剪力墙的弯曲变形　b）框架的剪切变形

c）框架 – 剪力墙结构的共同变形　d）框架 – 剪力墙结构的变形曲线

（2）框架 – 剪力墙结构共同工作时，由于剪力墙的刚度比框架大很多，因此剪力墙承担绝大部分水平剪力（占 70%～90%），框架只承担小部分剪力。同时，框架和剪力墙承担水平剪力的比例，也随房屋高度的变化而变化。在房屋上部，剪力墙承担剪力较少，而框架承担剪力较多。在房屋下部，由于剪力墙变形增大，框架变形减小，使得下部剪力墙承担更多的剪力，而框架下部承担的剪力较少。

四、筒体结构

筒体结构是框架 – 剪力墙结构和剪力墙结构的演变和发展。它是由若干片剪力墙或密柱框架围合而成的封闭井筒式结构（或框筒）。

根据开孔的多少，筒体有空腹筒和实腹筒之分。如图 8–16a 所示，实腹筒一般由楼梯间、电梯井、管道井等组成，开孔少，常位于房屋中部，故又称核心筒。空腹筒又称框筒，由布置在房屋四周的密排立柱和截面高度很大的横梁组成，如图 8–16b 所示，其中立柱柱距一般为 1.2～3 m，横梁的梁高一般为 0.6～1.2 m。

根据所受水平力及房屋高度的不同，筒体体系可以布置成筒中筒结构、成束筒结构、框架 – 核心筒结构和多重筒结构形式，如图 8–17 所示。其中，筒中筒结构通常

用框架作外筒，实腹筒作内筒。筒体体系因为刚度大，可以形成较大的内部空间而且平面布置灵活，广泛应用于写字楼等超高层公共建筑。

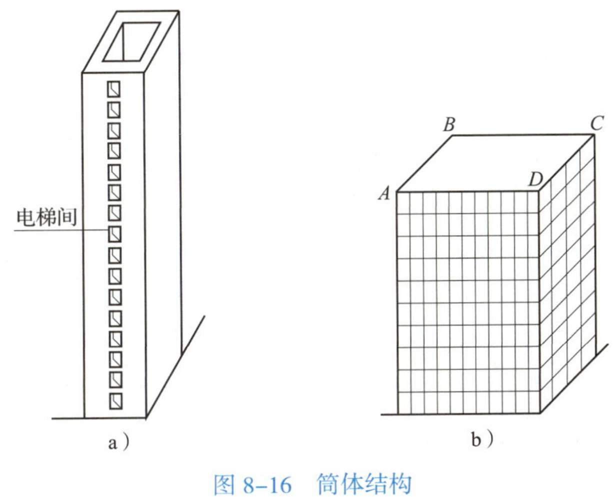

图 8-16　筒体结构

a）实腹筒　b）空腹筒

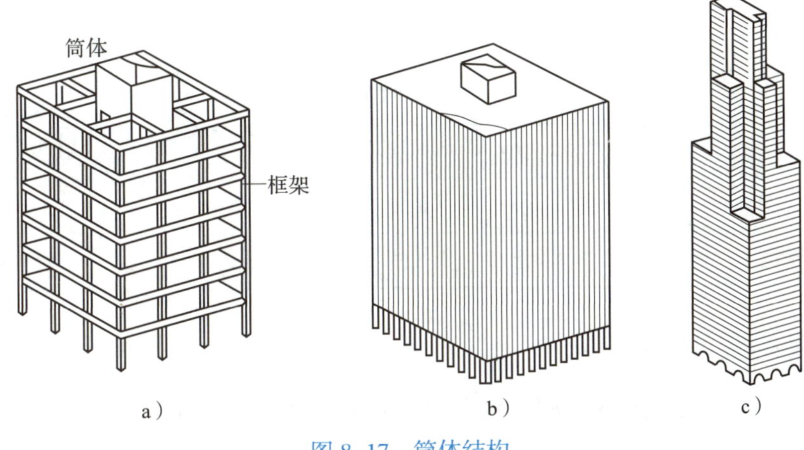

图 8-17　筒体结构

a）框架核心筒　b）筒中筒　c）成束筒

第二节　高层结构布置的一般原则

在高层建筑中，除了要根据结构的高度选择合理的结构体系外，还要恰当地设计和选择建筑物的平面形状、剖面和总体形。

一、结构平面布置

在高层建筑的一个独立结构单元内，宜使结构平面形状简单、规则，刚度及承载力分布均匀，不宜采用严重不规则的平面布置。平面宜简单、规则、对称，减少偏心；平面长度 L 不宜过长，突出部分长度 l 不宜过大，如图 8–18 所示，L、l 等值应满足表 8–2 中的要求。

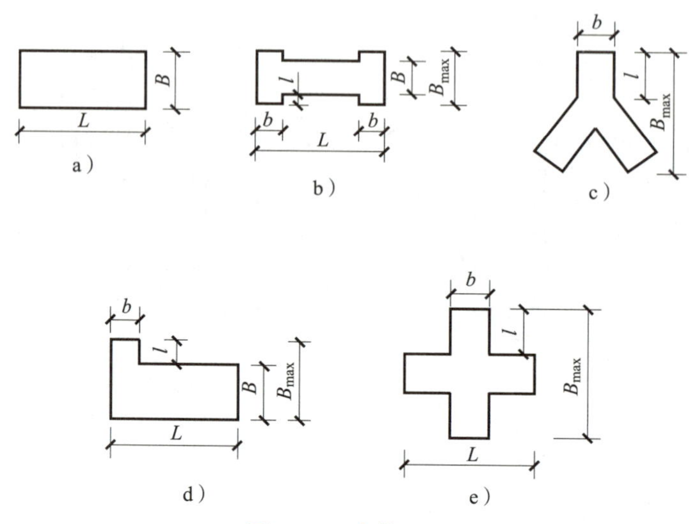

图 8–18　建筑平面

表 8–2　L、l 的限值

设防烈度	L/B	l/B_{max}	l/b
6、7 度	≤6.0	≤0.35	≤2.0
8、9 度	≤5.0	≤0.3	≤1.5

二、结构竖向布置

高层建筑的竖向体形宜规则、均匀，避免有过大的外挑和内收。结构的侧向刚度宜下大上小，逐渐均匀变化，不应采用竖向布置严重不规则的结构。为了使房屋具有必要的侧移刚度、整体性、承载能力，房屋的高宽比不宜过大，应满足一定要求。上述各方面具体规定详见有关规程。

三、缝的设置

在多层与高层建筑中，为防止结构因温度变化和混凝土收缩而产生裂缝，常隔一定距离用伸缩缝分开；在高层与低层部分之间，由于沉降不同，可由沉降缝分开；在抗震设防地区，建筑物各部分层数、质量、刚度差异过大，或有错层时，也用防震缝分开。

高层房屋的总长度宜控制在最大伸缩缝间距之内，现行规程最大伸缩缝间距见表 8–3。

表 8-3　伸缩缝的最大间距

结构体系	施工方法	最大间距 /m
框架结构	现浇	55
剪力墙结构	现浇	45

当房屋长度超过上述规定时，可设伸缩缝将房屋划分成两段或若干段。高层建筑设置伸缩缝往往给建筑结构和建筑构造带来困难，所以对长度超过允许值的房屋常不设缝，而是通过温度和收缩应力计算，适当增加结构配筋的办法来加强，并可通过建筑、结构或施工的办法来减小结构中的温度和收缩应力。目前工程设计中也大都倾向于不设抗震缝。

四、基础设置一般原则

高层建筑的基础应力求类型、埋深一致，且基础本身刚度宜尽可能大些。箱形基础及筏形基础是高层建筑结构常用的形式。当采用桩基础时，应尽可能采用单根、单排大直径桩或扩底墩，使上部结构的荷载直接由柱或墙传至桩顶；基础底板因受力较小可以做得较薄，如果采用多根或多排小直径桩，基础底板就会因受较大的弯矩和剪力而需增大厚度。

1. 怎样区分多层与高层建筑？多层与高层建筑常用的结构体系有哪些？
2. 现浇框架节点的构造有哪些？
3. 现浇框架顶层端节点中梁、柱钢筋的搭接方案有哪几种？其适用条件是什么？
4. 剪力墙结构中分布筋的作用是什么？构造要求有哪些？

第九章 结构抗震知识

学习目标

了解地震的概念及分类；理解地震震级、烈度、抗震设防烈度、结构抗震等级的概念；了解建筑抗震设防目标、分类及标准；熟悉不同建筑结构形式的抗震构造措施。

地震是一种常见的自然现象，是地壳运动的一种表现，即地球内部缓慢积累的能量突然释放而引起的地球表层的振动。据统计，地球平均每年发生500万次左右的地震，其中5级以上的破坏性地震约为1 000次。我国是地震频发的国家，尤其是近几十年来，唐山、汶川、玉树等大地震灾害的发生，给我国人民的生命和财产带来了极大的危害。为了抵御和减轻地震灾害，有必要对工程结构进行抗震设防，增强其抗震能力。

第一节 地震基本知识

一、地震的分类

地震按产生的原因不同，可分为火山地震、陷落地震、人工诱发地震和构造地震等。火山地震是由火山爆发所导致的地面震动；陷落地震是由溶洞或采空区等塌陷所引起的地面震动；人工诱发地震则是由水库蓄水、注液、地下抽液、采矿、工业爆破、核爆炸等人类活动引起的地面震动；构造地震是由地壳构造运动使岩层发生断裂、错动而引起的地面震动。构造地震发生频率高，破坏性大，占破坏性地震总量的90%以上。在建筑抗震设计中，仅考虑构造地震作用下的结构设防问题。

根据地震发生的部位，可将其划分为浅源地震（震源深度小于60 km）、中源地震（震源深度为60～300 km）和深源地震（震源深度大于300 km）。震源深度越小，地震对地面造成的破坏性越大。我国发生的地震绝大多数震源深度在10～20 km，属于浅源地震。

思政小课堂

在认知结构抗震时，可以汶川地震为案例引入救援及抗震设计方法，让学生从中感受中国共产党领导下的社会主义制度优越性，不断坚定“四个自信”。

二、震源、地震波及传播

如图 9–1 所示，地震发生时岩层断裂或错动产生的部位，称为**震源**。震源至地面的垂直距离称为**震源深度**。震源在地表的垂直投影点称为**震中**。地震发生时地面振动和破坏最大的地区称为**震中区**。受地震影响地区至震中的距离称为**震中距**。在同一地震中，具有相同地震烈度地点的连线称为**等震线**。

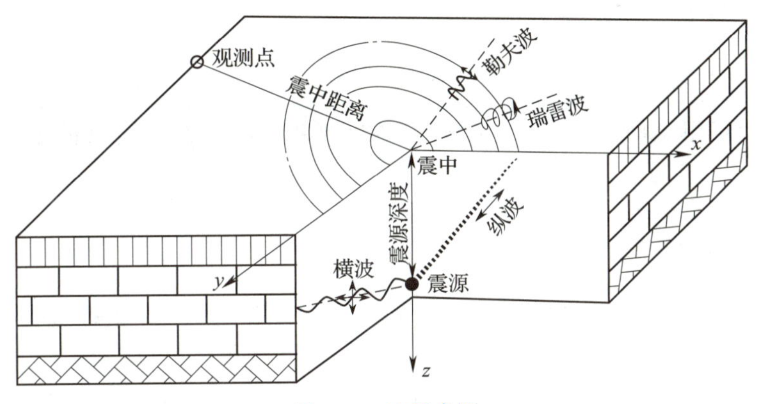

图 9–1　地震术语

地震时，地下岩体断裂、错动并产生振动。振动以波的形式从振源向外传播，就形成了地震波，其中在地球内部传播的波称为**体波**，而沿地球表面传播的波称为**面波**。体波有纵波和横波两种形式。纵波是由震源向外传递的压缩波，其介质质点的运动方向与波的前进方向一致。纵波一般周期短、振幅较小，在地面引起上下颠簸振动。横波是由振源向外传递的剪切波，其质点运动的方向与波的前进方向相垂直。横波一般周期较长，振幅较大，引起地面水平方向的运动。面波主要有瑞雷波和勒夫波两种形式。瑞雷波传播时，质点在波的前进方向与地面法向组成的平面内做逆向的椭圆运动，这种运动形式被认为是形成地面晃动的主要原因。勒夫波传播时，质点在与波的前进方向相垂直的水平方向运动，在地面上表现为蛇形运动。面波周期长，振幅大。由于面波比体波衰减慢，故能传播到很远的地方。地震波的传播速度，以纵波最快，横波次之，面波最慢。所以，在地震发生的中心地区人们的感觉是：先上下颠簸，后左右摇晃。当横波或面波到达时，地面振动最为猛烈，产生的破坏作用也最大。在离震中较远的地方，由于地震波在传播过程中能量逐渐衰减，地面振动减弱，破坏作用也逐渐减轻。

三、震级与烈度

地震的震级是衡量一次地震大小的等级。它是以地震仪测定的地震活动释放的能量多少来确定的，用符号 M 表示。由于该震级的定义是里克特于 1935 年给出的，因此习惯称之为里氏震级。实际测量中，震级是根据地震仪对地震波所作的记录计算出来的。我国目前使用国际上通用的里氏分级表，共分 9 个等级。震级每相差 1 级，地震释放的能量约相差 32 倍。

一般来说，$M<2$ 的地震，人们感觉不到，称为微震；$M=2\sim4$ 的地震称为有感地震；$M>5$ 的地震称为破坏性地震，建筑物有不同程度的破坏；$M=7\sim8$ 的地震称为强烈地震或大地震；$M>8$ 的地震称为特大地震。

地震烈度是指地震时某一地点震动的强烈程度。影响地震烈度的因素有地震震级、距震源的距离、地面状况和地层构造等。实际测量中，地震烈度是根据地震时人的感觉和器物的反应、地表及建筑物破坏程度等各方面情况，从宏观角度来评定的。我国使用的是 12 烈度表，见表 9–1。

表 9–1　中国地震烈度

烈度	在地面上人的感觉	房屋震害现象	其他震害现象
Ⅰ	无感	—	—
Ⅱ	室内个别静止中人有感觉	—	—
Ⅲ	室内少数静止中人有感觉	门、窗微作响	悬挂物微动
Ⅳ	室内多数人、室外少数人有感觉，少数人梦中惊醒	门、窗作响	悬挂物明显摆动，器皿作响
Ⅴ	室内普遍、室外多数人有感觉，多数人在梦中惊醒	门窗、屋顶、屋架颤动作响，灰土掉落，抹灰出现微细裂缝，有檐瓦掉落，个别屋顶烟囱掉砖	不稳定器物摇动或翻转
Ⅵ	多数人站立不稳，少数人惊逃户外	损坏——墙体出现裂缝，檐瓦掉落，少数屋顶烟囱裂缝、掉落	河岸和松软土地出现裂缝，饱和砂层出现喷砂冒水；有的独立砖烟囱裂缝
Ⅶ	大多数人惊逃户外，骑自行车的人有感觉，行驶中的汽车驾乘人员有感觉	轻度损坏——局部破坏，开裂，小修或不需要修理可继续使用	河岸出现塌方；饱和砂层常见喷砂冒水，松软土地上裂缝较多；大多数独立砖烟囱中等破坏
Ⅷ	多数人摇晃颠簸，行走困难	中等破坏——结构破坏，需要修复才能使用	干硬土上亦出现裂缝；大多数独立砖烟囱严重破坏；树梢折断；房屋破坏导致人畜伤亡

续表

烈度	在地面上人的感觉	房屋震害现象	其他震害现象
Ⅸ	行走的人摔倒	严重破坏——结构严重破坏，局部倒塌，修复困难	干硬土上许多地方出现裂缝；基岩可能出现裂缝、错动；滑坡塌方常见；许多独立砖烟囱倒塌
Ⅹ	处于不稳定状态的人会摔离原地，有抛起感	大多数倒塌	山崩和地震断裂出现；基岩上拱桥破坏；大多数独立砖烟囱从根部破坏或倒毁
Ⅺ	—	绝大多数破坏	地震断裂延续很大；大量山崩滑坡
Ⅻ	—	几乎全部毁坏	地面剧烈变化，山河改观

对于一次地震，震级只有一个，但它对不同的地点影响程度是不一样的，也就是说，在一次地震中，不同地点的地震烈度可能是不相同的。一般而言，离震中越远，受地震的影响就越小，烈度也就越低，震中区的烈度（称为震中烈度）最大。

第二节　建筑抗震设防

一、抗震设防烈度

作为一个地区抗震设防依据的烈度称为**抗震设防烈度**。抗震设防烈度必须按国家规定确定。一般情况下，抗震设防烈度取 50 年内超越概率为 10% 的地震烈度。

二、抗震设防目标

《建筑抗震设计规范》（GB 50011—2010）提出了“三水准”的抗震设防目标。

第一水准：当遭受到低于本地区抗震设防烈度的多遇地震影响时，主体结构不受损坏或不需修理仍能继续使用，即能保证人的生产、生活、经济活动正常进行。

第二水准：当遭受到相当于本地区抗震设防烈度的中等地震影响时，可能发生损坏，经一般性修理仍可继续使用，既能保证人身安全，又能减少经济损失。

第三水准：当遭受到高于本地区抗震设防烈度的罕遇地震影响时，不致倒塌或发生危及生命的严重损坏，即能保证人身安全。

第一水准的烈度称为多遇地震，俗称小震，其重现期为 50 年，50 年内的超越概率为 63%；第二水准的烈度称为设防烈度，俗称中震，其重现期为 475 年，50 年内的超越概率为 10%；第三水准的烈度称为罕遇地震，俗称大震，其重现期为 1 600 ~ 2 400 年，50 年内的超越概率为 2% ~ 3%。因此，上述设防目标，概括起来就是：小震不坏，中震可修，大震不倒。

三、抗震设防分类

在进行建筑设计时，应根据建筑物的重要性不同，采取不同的抗震设防标准。《建筑工程抗震设防分类标准》(GB 50223—2008）将建筑物按其重要程度不同分为以下四类。

1. 甲类建筑

特殊设防类建筑（简称甲类建筑）是指使用上有特殊设施，涉及国家公共安全的重大建筑工程和地震时可能发生严重次生灾害等特别重大灾害结果，需要进行特殊设防的建筑，如国家和区域的电力调度中心，三级医院中承担特别重要医疗任务的门诊、住院用房，存放具有高放射性物品的建筑等。

2. 乙类建筑

重点设防类建筑（简称乙类建筑）是指地震时使用功能不能中断或需尽快恢复的生命线相关建筑，以及地震时可能导致大量人员伤亡等重大灾害后果，需要提高标准的建筑，如省、自治区、直辖市的电力调度中心，大型电影院，幼儿园、小学、中学的教学用房以及学生宿舍和食堂等。

3. 丙类建筑

标准设防类建筑（简称丙类建筑）是指除甲、乙、丁类之外按标准要求进行设防的建筑，如居住建筑等。

4. 丁类建筑

适度设防类建筑（简称丁类建筑）是指使用上人员稀少且震损不致产生次生灾害，允许在一定条件下适度降低要求的建筑，如储存物品价值低、人员活动少、无次生灾害的单层仓库等。

四、抗震设防标准

《建筑与市政工程抗震通用规范》(GB 55002—2021）规定，抗震设防烈度为 6 度及以上地区的各类新建、扩建和改建建筑，必须进行抗震设防。对于建筑抗震能力要求的高低，既取决于抗震设防烈度，又取决于建筑使用功能的重要性。抗震设防标准就是衡量建筑抗震能力要求高低的综合尺度。

《建筑工程抗震设防分类标准》(GB 50223—2008）规定，各类建筑的抗震措施应符合以下要求：

1. 标准设防类

应按本地区抗震设防烈度确定其抗震措施和地震作用，达到在遭遇高于当地抗震设防烈度的预估罕遇地震影响时不致倒塌或发生危及生命安全的严重破坏的抗震设防目标。

2. 重点设防类

应按高于本地区抗震设防烈度 1 度的要求加强其抗震措施；但抗震设防烈度为 9 度时应按比 9 度更高的要求采取抗震措施。地基基础的抗震措施，应符合有关规定。

同时，应按本地区抗震设防烈度确定其地震作用。

3. 特殊设防类

应按高于本地区抗震设防烈度1度的要求加强其抗震措施；但抗震设防烈度为9度时应按比9度更高的要求采取抗震措施。同时，应按批准的地震安全性评价的结果且高于本地区抗震设防烈度的要求确定其地震作用。

4. 适度设防类

允许在本地区抗震设防烈度的要求基础上适当降低其抗震措施，但抗震设防烈度为6度时不应降低。一般情况下，仍应按本地区抗震设防烈度确定其地震作用。

五、抗震等级

抗震等级是结构构件抗震设防的标准。钢筋混凝土房屋应根据烈度、结构类型和房屋高度采用不同的抗震等级，并应符合相应的计算和构造措施要求。抗震等级体现了不同的抗震要求，共分四级，其中一级抗震要求最高。丙类建筑的抗震等级应按表9–2确定。

表9–2 丙类建筑的抗震等级

结构类型		烈度									
		6度		7度			8度			9度	
框架结构	高度/m	≤24	25～60	≤24	25～50		≤24	25～40		≤24	
	框架	四	三	三	二		二	一		一	
	跨度不小于18 m的框架	三		二			一			一	
框架–剪力墙结构	高度/m	≤60	61～130	≤24	25～60	61～120	≤24	25～60	61～100	≤24	25～50
	框架	四	三	四	三	二	三	二	一	二	一
	剪力墙	三		三	二		二	一		一	
剪力墙结构	高度/m	≤80	81～140	≤24	25～80	81～120	≤24	25～80	81～100	≤24	25～60
	剪力墙	四	三	四	三	二	三	二	一	二	一

第三节 建筑结构抗震构造

一、钢筋混凝土结构抗震构造

1. 框架结构抗震构造

（1）框架梁抗震构造

1）梁的截面尺寸。梁截面宽度不应小于200 mm，截面高宽比不宜大于4，净跨与截面高度之比不宜小于4。

2）梁的配筋布置应符合下列要求：

①梁端计入受压钢筋的混凝土受压区高度和有效高度之比，一级不应大于 0.25，二、三级不应大于 0.35。

②梁端截面的底面和顶面纵向钢筋的配筋比值，除按计算确定外，一级不应小于 0.5，二、三级不应小于 0.3。

③梁端纵向受拉钢筋的配筋率不宜大于 2.5%。梁沿全长顶面和底面的配筋，一、二级不应小于 2ϕ14，且分别不应少于梁顶面、底面两端纵向配筋中较大截面面积的 1/4；三、四级不应小于 2ϕ12。

④一、二、三级框架梁内贯通中柱的每根纵向钢筋的直径，不应大于矩形截面柱在该方向截面尺寸的 1/20，或纵向钢筋所在位置圆形截面柱弦长的 1/20。

⑤梁端加密区箍筋肢距，一级不宜大于 200 mm 和 20 倍箍筋直径的较大值，二、三级不宜大于 250 mm 和 20 倍箍筋直径的较大值，四级不宜大于 300 mm。

⑥梁端箍筋加密区长度、箍筋最大间距和最小直径应按表 9–3 采用，当梁端纵向受拉钢筋配筋率大于 2% 时，表中箍筋最小直径数值应增大 2 mm。

表 9–3　梁端箍筋加密区长度、箍筋最大间距和最小直径　mm

抗震等级	加密区长度（取较大值）	箍筋最大间距（取最小值）	箍筋最小直径
一	$2h_b$，500	$h_b/4$，$6d$，100	10
二	$1.5h_b$，500	$h_b/4$，$8d$，100	8
三	$1.5h_b$，500	$h_b/4$，$8d$，150	8
四	$1.5h_b$，500	$h_b/4$，$8d$，150	6

注：d 为纵向钢筋直径，h_b 为梁截面高度。

（2）框架柱抗震构造措施

1）柱的截面尺寸应符合下列要求：

①柱的截面宽度和高度，一、二、三级且超过两层时不宜小于 400 mm；圆柱的直径，四级或不超过两层时不宜小于 350 mm，一、二、三级且超过两层时不宜小于 450 mm。

②剪跨比宜大于 2。

③截面长边与短边的边长比不宜大于 3。

2）柱的钢筋配置应符合下列各项要求：

①柱纵向受力钢筋的最小总配筋率应按表 9–4 采用，同时每一侧配筋率不应小于 0.2%；对于建造于Ⅳ类场地且较高的高层建筑，最小总配筋率应增加 0.1%。

②柱箍筋在下列范围内应加密：柱端取截面高度（圆柱取直径）、柱净高的 1/6 和 500 mm 三者的最大值；底层柱的下端不应小于柱净高的 1/3；刚性地面上、下各 500 mm；剪跨比不大于 2 的柱和柱净高与柱截面高度之比不大于 4 的柱、框支柱，一级及二级框架的角柱，取全高，如图 9–2 所示。

表 9-4 柱截面纵向钢筋的最小总配筋率

类别	抗震等级			
	一	二	三	四
中柱和边柱	0.9（1.0）	0.7（0.8）	0.6（0.7）	0.5（0.6）
角柱、框支柱	1.1	0.9	0.8	0.7

注：1. 表中括号内数值用于框架结构的柱。

2. 采用 400 MPa 纵向受力钢筋时，应分别按表中数值增加 0.05。

3. 当混凝土强度等级为 C60 以上时，应按表中数值增加 0.1 采用。

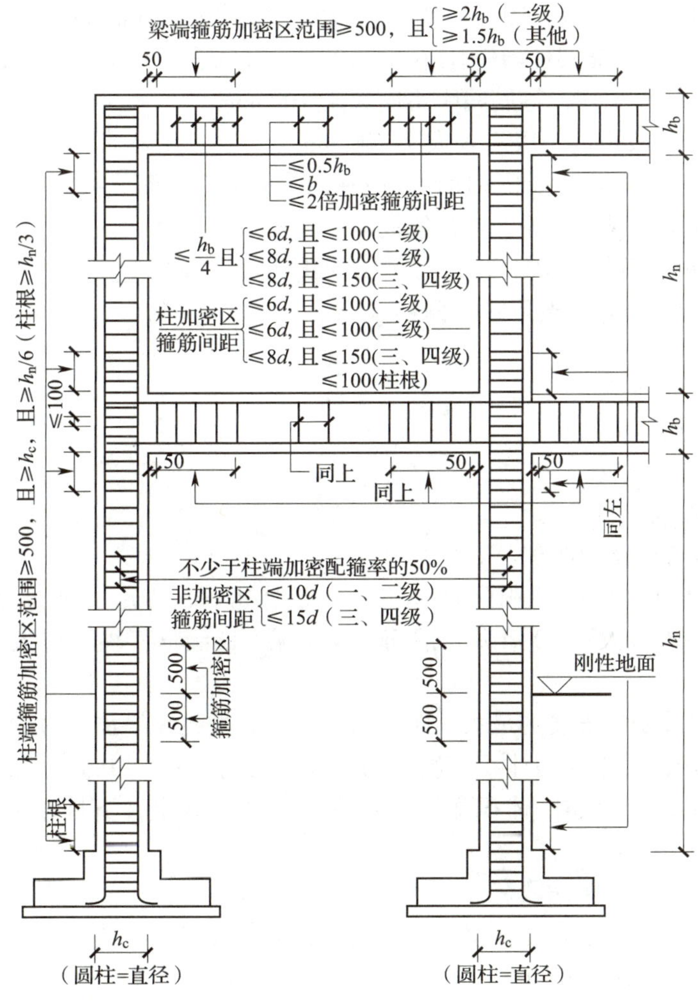

图 9-2 梁、柱箍筋设置

③加密区的箍筋间距和直径，一般情况下，箍筋的最大间距和最小直径应按表 9-5 采用。

表 9–5　　柱箍筋加密区的箍筋最大间距和最小直径

抗震等级	箍筋最大间距 /mm（采用较小值）	箍筋最小直径 /mm
一级	6d，100	10
二级	8d，100	8
三级、四级	8d，150（柱根 100）	8

注：1. d 为柱纵筋最小直径。

2. 柱根指底层柱下端箍筋加密区。

但对一级框架柱的箍筋直径不小于 12 mm 且箍筋肢距不大于 150 mm，二级框架柱的箍筋直径不小于 10 mm 且箍筋肢距不大于 200 mm 时，除底层柱下端外，最大间距允许采用 150 mm；三级、四级框架柱的截面尺寸不大于 400 mm 时，箍筋最小直径允许采用 6 mm；四级框架柱剪跨比不大于 2 时，箍筋直径不应小于 8 mm；框支柱和剪跨比不大于 2 的框架柱，箍筋间距不应大于 100 mm。

④加密区箍筋肢距，一级不宜大于 200 mm，二、三级不宜大于 250 mm，四级不宜大于 300 mm。至少每隔一根纵向钢筋应在两个方向有箍筋或拉筋约束。采用拉筋复合箍时，拉筋宜紧靠纵向钢筋并钩住箍筋。

⑤柱箍筋加密区的体积配箍率 ρ_v，一级不应小于 0.8%，二级不应小于 0.6%，三、四级不应小于 0.4%。ρ_v 应按下式计算：

$$\rho_v=\frac{A_v l}{sA_0} \tag{9–1}$$

式中，A_v——箍筋截面面积；

l——箍筋长度；

s——箍筋间距；

A_0——核心区截面面积。

⑥柱箍筋非加密区的体积配箍率不宜小于加密区的 50%。非加密区箍筋间距，一、二级框架柱不应大于 10 倍纵向钢筋直径，三、四级框架柱不应大于 15 倍纵向钢筋直径。

⑦框架节点核心区箍筋的最大间距和最小直径宜按柱箍筋加密区的要求采用。一、二、三级框架节点核心区的体积配箍率分别不宜小于 0.6%、0.5%、0.4%。柱剪跨比不大于 2 的框架节点核心区体积配箍率不宜小于核心区上、下柱端的较大体积配箍率。

（3）框架梁、柱纵向钢筋在节点区的锚固和搭接

在框架中间层中间节点处，梁的上部纵向钢筋应贯穿中间节点。

对于框架中间层中间节点、中间层端节点、顶层中间节点以及顶层端节点，梁、柱纵向钢筋在节点部位的锚固和搭接，应符合图 9–3 所示的相关构造规定。图中 l_{abE} 按下式取用：

$$l_{abE}=\zeta_{aE}l_{ab} \tag{9–2}$$

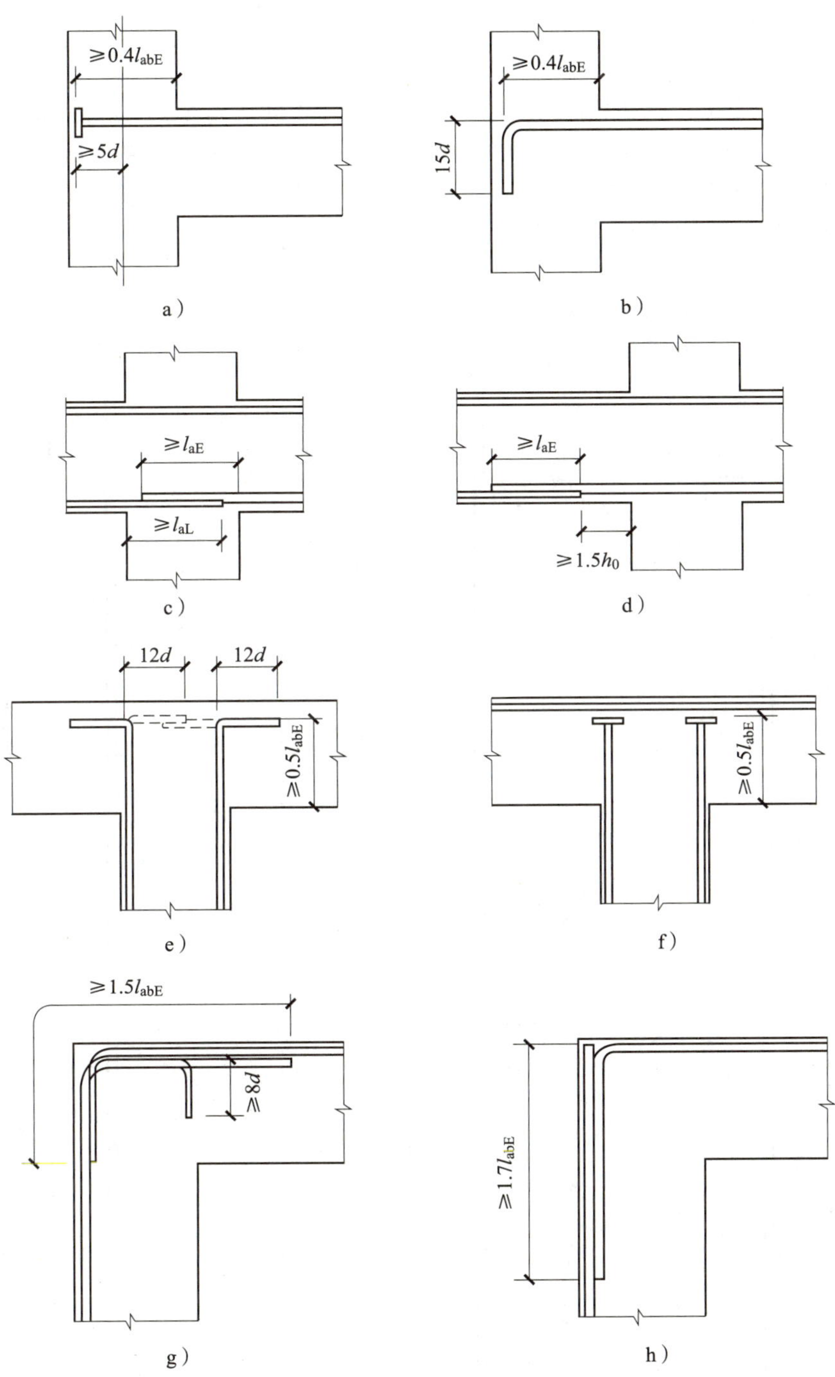

图 9–3　梁和柱纵向受力钢筋在节点区的锚固和搭接

a）中间层端节点梁筋加锚头（锚板）锚固　b）中间层端节点梁筋 90°弯折锚固
c）中间层中间节点梁筋在节点内直锚固　d）中间层中间节点梁筋在节点外搭接
e）顶层中间节点柱筋 90°弯折锚固　f）顶层中间节点柱筋加锚头（锚板）锚固
g）钢筋在顶层端节点外侧和梁端顶部弯折搭接　h）钢筋在顶层端节点外侧直线搭接

式中，ζ_{aE}——纵向受拉钢筋锚固长度修正系数，一、二级取 1.15，三级取 1.05，四级取 1.0；

l_{ab}——钢筋中间节点长度。

梁下部纵向钢筋在顶层端节点中的锚固措施和中间层端节点处梁上部纵向钢筋的锚固措施相同。柱内侧纵向钢筋在顶层端节点中的锚固措施与顶层中间节点处柱纵向钢筋的锚固措施相同。当柱为对称配筋时，柱内侧纵向钢筋在顶层端节点中的锚固要求可适当放宽，但柱内侧纵向钢筋应伸至柱顶。

（4）柱的纵向钢筋连接

现浇钢筋混凝土框架柱纵向钢筋连接构造如图 9-4 所示。

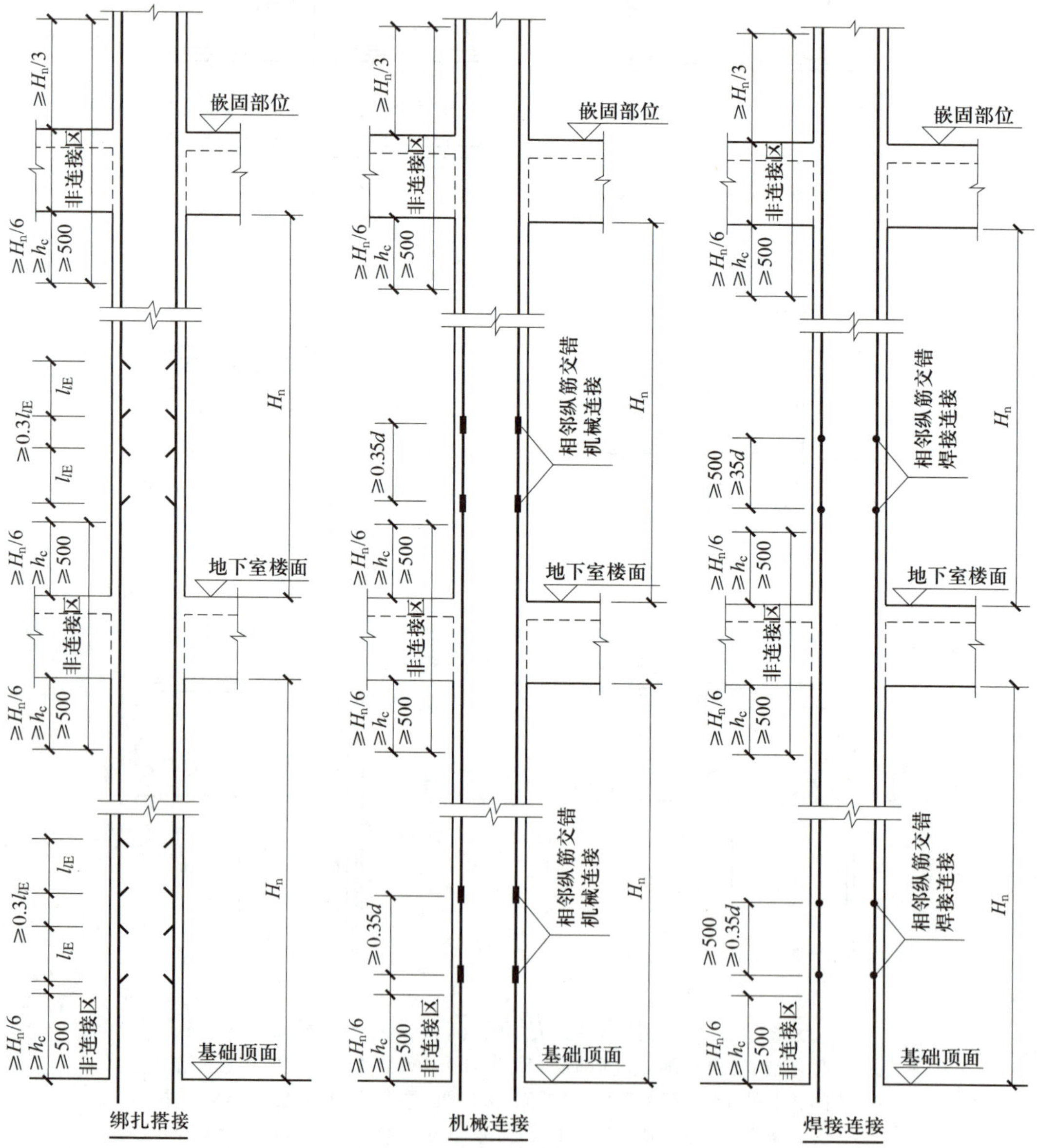

绑扎搭接　　机械连接　　焊接连接

图 9-4　现浇钢筋混凝土框架柱纵向钢筋连接构造

2. 剪力墙结构抗震构造措施

（1）剪力墙的截面尺寸

根据不同的抗震等级：一、二级剪力墙厚度不小于净层高的 1/20，三、四级不小于净层高的 1/25。同时考虑房屋高度：高层建筑剪力墙厚度不小于 160 mm，多层建筑剪力墙厚度不小于 140 mm。

（2）剪力墙的边缘构件

剪力墙墙肢两端应设置边缘构件，分为约束边缘构件（见图 9–5）和构造边缘构件（见图 9–6）两类。剪力墙结构可以通过设置约束边缘构件，获得较大的塑性变形能力。

约束边缘构件沿墙肢方向的长度 l_c 和箍筋配箍特征值 λ_v 应符合表 9–6 的要求，且一、二级抗震设计时箍筋直径不应小于 8 mm、箍筋间距分别不应大于 100 mm 和 150 mm。箍筋的配筋范围如图 9–5 中阴影面积所示。

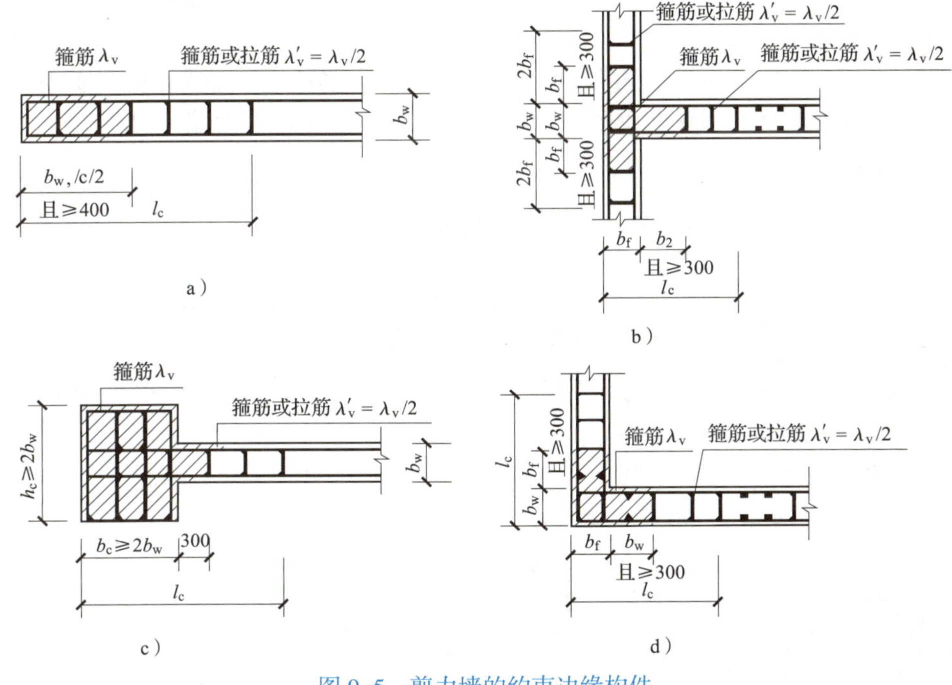

图 9–5　剪力墙的约束边缘构件

a）暗柱　b）翼墙　c）端柱　d）转角墙

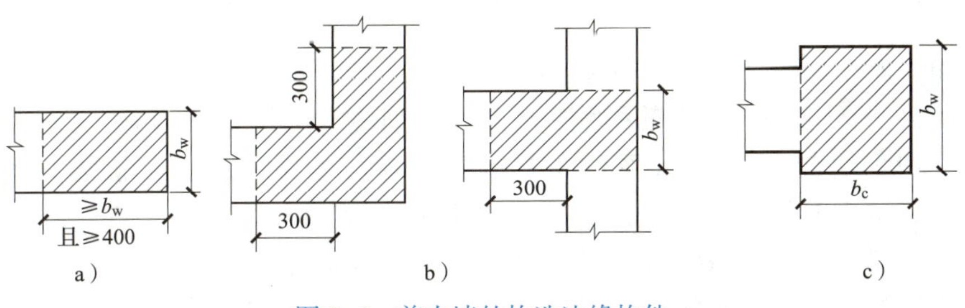

图 9–6　剪力墙的构造边缘构件

a）暗柱　b）翼柱　c）端柱

表 9–6　约束边缘构件沿墙肢方向的长度 l_c 和箍筋配箍特征值 λ_v

项目		一级（9 度）	一级（7、8 度）	二级
λ_v		0.2	0.2	0.2
l_c/mm	暗柱	$0.25h_w$	$0.2h_w$	$0.2h_w$
	端柱、翼墙或转角柱	$0.2h_w$	$0.15h_w$	$0.15h_w$

注：1. h_w 为剪力墙墙肢长度。

2. l_c 为约束边缘构件沿墙肢方向的长度，不应小于表中数值、$1.5h_w$、450 mm 三者中的最大值。当有端柱、翼墙或转角墙时，尚不应小于翼墙厚度或端柱沿墙肢方向截面高度加 300 mm。

3. 翼墙长度小于其厚度 3 倍或端柱截面边长小于墙厚 2 倍时，视为无翼墙或无端柱剪力墙。

约束边缘构件纵向钢筋的配筋范围不应小于图 9–5 中阴影面积所示，其纵向钢筋最小截面面积，一、二级抗震不应小于图中阴影面积的 1.2% 和 1.0%，并分别不应小于 8ϕ16 和 6ϕ16。

构造边缘构件的最小配筋应符合表 9–7 的规定，箍筋的无肢长度不应大于 300 mm，拉筋的水平间距不应大于纵向钢筋间距的 2 倍。当剪力墙端部为端柱时，端柱中纵向钢筋宜按框架柱的构造要求配置。

表 9–7　剪力墙构造边缘构件的配筋要求

抗震等级	底部加强部位			其他部位		
	纵向钢筋最小量（取较大值）	箍筋或拉筋		纵向钢筋最小量（取较大值）	箍筋或拉筋	
		最小直径 / mm	最大间距 / mm		最小直径 / mm	最大间距 / mm
一	$0.01A_c$，6ϕ16	8	100	$0.008A_c$，6ϕ14	8	150
二	$0.008A_c$，6ϕ14	8	150	$0.006A_c$，6ϕ12	8	200
三	$0.006A_c$，6ϕ12	6	150	$0.005A_c$，4ϕ12	6	200
四	$0.005A_c$，4ϕ12	6	200	$0.004A_c$，4ϕ12	6	250

注：1. 符号 ϕ 表示钢筋直径。

2. A_c 为图 9–6 中所示的阴影面积。

3. 对其他部位，拉筋的水平间距不应大于纵向钢筋间距的 2 倍，转角处宜设置箍筋。

4. 当端柱承受集中荷载时，应满足框架柱配筋要求。

（3）剪力墙的水平和竖向分布筋的配置

剪力墙的水平和竖向分布筋的配置应符合下列规定：

1）一般剪力墙竖向和水平分布筋的配筋率，一、二、三级抗震均不应小于 0.25%；四级抗震时不应小于 0.2%，分布筋间距不应大于 300 mm，其直径不应小于 8 mm；剪力墙竖向和水平分布筋的直径不应大于墙肢截面厚度的 1/10。

2）部分框支剪力墙结构的剪力墙加强部位，水平和竖向分布钢筋的配筋率不应小于 0.3%，钢筋间距不应大于 200 mm，钢筋直径不应小于 8 mm。

（4）剪力墙钢筋的锚固和连接

剪力墙竖向及水平分布钢筋的搭接连接如图 9–7 所示，一、二级抗震等级剪力墙的加强部位，接头位置应错开，每次连接的钢筋数量不宜超过总数量的 50%，错开净距不宜小于 500 mm；抗震设计时，分布钢筋的搭接长度不应小于 $1.2l_{aE}$（l_{aE} 为抗震设计时，纵向受拉钢筋的最小锚固长度）。

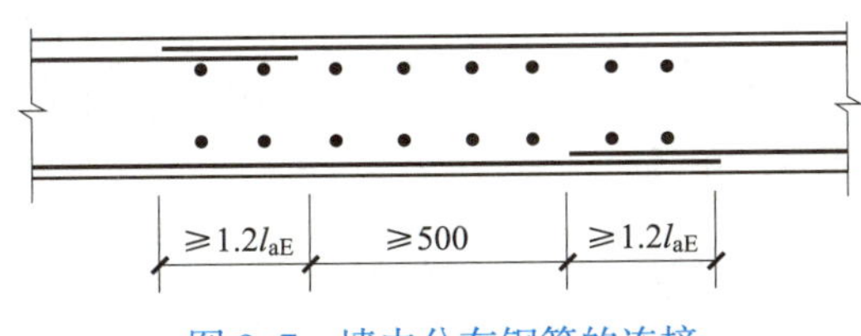

图 9–7　墙内分布钢筋的连接

3. 框架 – 剪力墙结构抗震构造措施

（1）剪力墙的厚度和边框设置应符合下列要求：

1）剪力墙的厚度与剪力墙结构中墙体厚度要求相同。

2）有端柱时，墙体在楼盖处宜设置暗梁，暗梁的截面高度不宜小于墙厚和 400 mm 的较大值；端柱截面宜与同层框架柱相同；剪力墙底部加强部位的端柱和紧靠剪力墙洞口的端柱宜按柱箍筋加密区的要求沿全高加密箍筋。

（2）剪力墙的竖向和横向分布钢筋，配筋率均不应小于 0.25%。钢筋直径不宜小于 10 mm，间距不宜大于 300 mm，并应双排布置，双排分布钢筋间应设置拉筋。

（3）楼面梁与剪力墙平面外连接时，不宜支撑在洞口连梁上；沿梁轴线方向宜设置与梁连接的剪力墙，梁的纵筋应锚固在墙内。

框架 – 剪力墙结构的其他抗震构造措施与框架结构、剪力墙结构相同。

二、砌体结构的抗震构造

1. 多层砖砌体房屋的抗震构造

（1）钢筋混凝土构造柱的设置

构造柱对提高砌体的受剪承载力是有限的，但是对墙体的约束和防止墙体开裂后砖的散落却有非常显著的作用。构造柱与圈梁一起将墙体分片包围，能限制开裂后砌体裂缝的延伸和砌体的错位，使砌体能够维持竖向承载力，避免墙体倒塌。

1）构造柱设置部位和要求。构造柱的设置部位，一般情况应符合表 9–8 的要求。

外廊式和单面走廊式的多层房屋，应根据房屋增加一层后的层数，按表 9–8 的要求设置构造柱，且单面走廊两侧的纵墙均应按外墙处理。

横墙较少的房屋，应根据房屋增加一层后的层数，按表 9–8 的要求设置构造柱；当横墙较少的房屋为外廊式或单面走廊式时，应按上述外廊式或单面走廊式多层房屋的要求设置构造柱，但 6 度不超过四层、7 度不超过三层和 8 度不超过二层时，应按增加二层后的层数对待。

各层横墙较少的房屋，应按增加二层的层数设置构造柱。

采用蒸压灰砂砖和蒸压粉煤灰砖的砌体房屋，当砌体的抗剪强度仅达到普通黏土砖砌体的 70% 时，应根据增加一层的层数按上述要求设置构造柱；但 6 度不超过四层、7 度不超过三层和 8 度不超过二层时，应按增加二层后的层数对待。

2）构造柱截面尺寸、配筋和连接。如图 9–8 所示，构造柱的最小截面可采用 180 mm × 240 mm（墙厚 190 mm 时为 180 mm × 190 mm），纵向钢筋宜采用 4ϕ12，箍筋间距不宜大于 250 mm，且在柱上、下端应适当加密；6、7 度时超过六层、8 度时超过五层和 9 度时，构造柱纵向钢筋宜采用 4ϕ14，箍筋间距不应大于 200 mm；房屋四角的构造柱可适当加大截面和配筋。

表 9–8　多层砖砌体房屋构造柱设置要求

<table>
<tr><th colspan="4">房屋层数</th><th colspan="2" rowspan="2">设置部位</th></tr>
<tr><th>6 度</th><th>7 度</th><th>8 度</th><th>9 度</th></tr>
<tr><td>四、五</td><td>三、四</td><td>二、三</td><td></td><td rowspan="3">楼梯、电梯间四角，楼梯斜梯段上、下端对应的墙体处；外墙四角和对应转角；错层部位横墙与外纵墙交接处；大房间内外墙交接处；较大洞口两端</td><td>隔 12 m 或单元横墙与外纵墙交接处；楼梯间对应的另一侧内横墙与外纵墙交接处</td></tr>
<tr><td>六</td><td>五</td><td>四</td><td>二</td><td>隔开间横墙（轴线）与外墙交接处；山墙与内纵墙交接处</td></tr>
<tr><td>七</td><td>≥六</td><td>≥五</td><td>≥三</td><td>内墙（轴线）与外墙交接处；内墙的局部较小墙垛处；内纵墙与横墙（轴线）交接处</td></tr>
</table>

注：内墙指不小于 2.1 m 的洞口，外墙在内外墙交接处已设置构造柱时应允许适当放宽，洞侧墙体应加强。

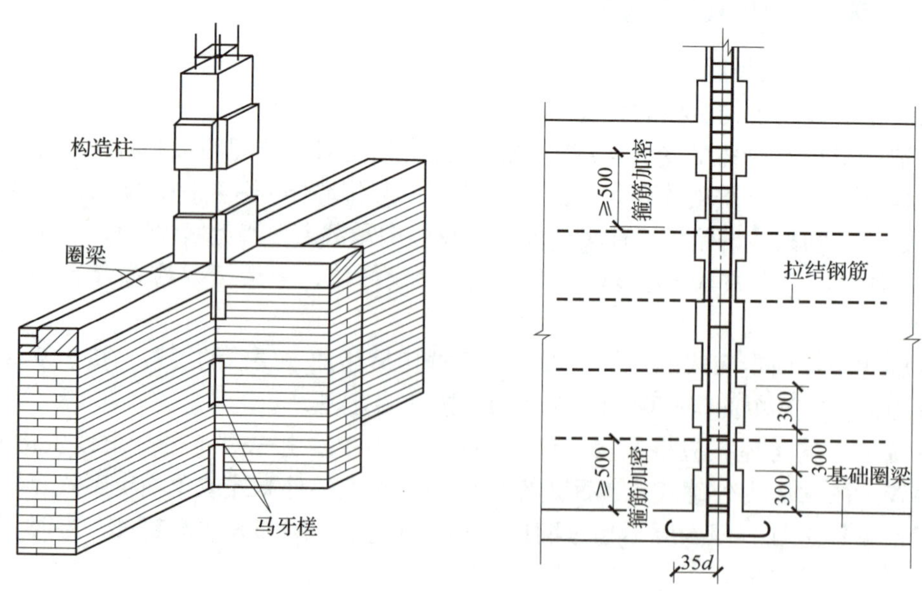

图 9–8　构造柱

构造柱与墙体连接处宜砌成马牙槎，并且应沿墙高每隔 500 mm 设置 2ϕ6 水平钢筋和 ϕ4 分布短筋平面内点焊组成的拉结网片或 ϕ4 点焊钢筋网片，每边伸入墙内不宜小于 1 m。6、7 度时底部 1/2 楼层，9 度时全部楼层，上述拉结钢筋网片应沿墙体水平通长设置。

构造柱与圈梁连接处，构造柱的纵筋应在圈梁内侧穿过圈梁，保证构造柱纵筋上下贯通。

构造柱可以不单独设置基础，但应伸入室外地面以下 500 mm，或与基础埋深小于 500 mm 的基础圈梁相连。

（2）钢筋混凝土圈梁的设置

设置钢筋混凝土圈梁是多层砖房有效的抗震措施之一。圈梁可以增强房屋的整体性、限制墙体斜裂缝的开展和延伸、减轻地震时地基不均匀沉降对房屋的影响、提高楼盖的水平刚度。设置在基础顶面和檐口部位的圈梁对抵抗不均匀沉降最有效；当房屋中部沉降较两端大时，基础顶面圈梁作用大；当房屋两端沉降较中部大时，檐口圈梁作用大。

1）圈梁的设置要求。多层砖砌体房屋的现浇钢筋混凝土圈梁设置应符合下列要求：装配式钢筋混凝土楼盖、屋盖或木屋盖的砖房，应按照表 9–9 的要求设置圈梁，纵墙承重时抗震横墙上的圈梁间距应比表 9–9 的要求适当加密。

现浇或装配式钢筋混凝土楼、屋盖与墙体有可靠连接的房屋，应允许不另设圈梁，但楼板沿抗震墙体周边均应加强配筋并与相应的构造柱钢筋可靠连接。

表 9–9 多层砖砌体房屋现浇钢筋混凝土圈梁设置要求

墙类	烈度		
	6、7	8	9
外墙和内纵墙	屋盖处及每层楼盖处	屋盖处及每层楼盖处	屋盖处及每层楼盖处
内横墙	屋盖处及每层楼盖处；屋盖处间距不应大于 4.5 m；楼盖处间距不应大于 7.2 m；构造柱对应部位	屋盖处及每层楼盖处；各层所有横墙，且间距不应大于 4.5 m；构造柱对应部位	屋盖处及每层楼盖处；各层所有横墙

2）圈梁的构造。圈梁应闭合，遇有洞口应上、下搭接，圈梁宜与预制板设在同一标高处或紧靠板底。圈梁的截面高度不应小于 120 mm，宽度不应小于 190 mm，配筋不小于 4ϕ12，箍筋间距不应大于 200 mm。圈梁在表 9–9 要求的间距内无横墙时，应利用梁或板缝中配筋代替圈梁。

当多层房屋的地基为软弱黏性土、液化土、新近填土或严重不均匀，且基础圈梁作为减少地基不均匀沉降的措施时，基础圈梁的高度不应小于 180 mm、配筋不小于 4ϕ12。

（3）墙体之间的连接

6、7 度时大于 7.2 m 的大房间，以及 8 度和 9 度时，外墙转角及内外墙交接处，应沿墙高每隔 500 mm 配置 $2\phi6$ 通长钢筋和 $\phi4$ 分布短筋平面内点焊组成的拉结网片或 $\phi4$ 点焊网片。后砌的非承重隔墙应沿墙高每隔 500～600 mm 配置 $2\phi6$ 拉结钢筋与承重墙或柱拉结，每边伸入墙内不应小于 500 mm；8 度和 9 度时，长度大于 5 m 的后砌隔墙，墙顶应与楼板或梁拉结，独立墙肢端部及大门洞边宜设钢筋混凝土构造柱。

（4）楼盖与墙体之间的拉结

现浇钢筋混凝土楼板或屋面板伸进纵横墙内的长度，均不应小于 120 mm。

装配式钢筋混凝土楼板或屋面板，当圈梁未设在同一标高时，板端伸进外墙的长度不应小于 120 mm，伸进内墙的长度不应小于 100 mm，在梁上不应小于 80 mm 或采用硬架支模连接。

当板的跨度大于 4.8 m 并与外墙平行时，靠外墙的预制板侧边应与墙或圈梁拉结。房屋端部大房间的楼盖，8 度时房屋的屋盖和 9 度时房屋的楼、屋盖，当圈梁设在板底时，钢筋混凝土预制板应相互拉结，并应与梁、墙或圈梁拉结。

楼、屋盖的钢筋混凝土梁或屋架应与墙、柱（包括构造柱）或圈梁可靠连接，不得采用独立砖柱。跨度不小于 6 m 大梁的支承构件应采用组合砌体等加强措施，并满足承载力的要求。

坡屋顶房屋的屋架应与顶层圈梁可靠连接，檩条或屋面板应与墙及屋架可靠连接，房屋出入口的檐口瓦应与屋面构件锚固。采用硬山搁檩时，顶层内纵墙顶宜增砌支承山墙的踏步式墙垛，并设置构造柱。

门窗洞口处不应采用砖过梁。过梁的支承长度 6～8 度时不应小于 240 mm，9 度时不应小于 360 mm。

预制阳台，6、7 度时应与圈梁和楼板的现浇板带可靠连接，8、9 度时不应采用预制阳台。

（5）楼梯间构造

历次地震震害表明，楼梯间由于比较空旷常常破坏严重，因此必须采取一系列有效措施。为了加强楼梯间的整体性，楼梯间应符合下列要求：

1）顶层楼梯间横墙和外墙应沿墙高每隔 500 mm 设 $2\phi6$ 通长钢筋和 $\phi4$ 分布短钢筋平面内点焊组成的拉结网片或 $\phi4$ 点焊网片；7～9 度时其他各层楼梯间墙体应在休息平台或楼层半高处设置 60 mm 厚钢筋混凝土带或配筋砖带，配筋砖带不小于 3 皮，每皮的配筋不小于 $2\phi6$，砂浆强度等级不应低于 M7.5 且不低于同层墙体的砂浆强度等级。

2）楼梯间及门厅内墙阳角处的大梁支承长度不应小于 500 mm，并应与圈梁连接。

3）装配式楼梯段应与平台板的梁可靠连接，8、9 度时不应采用装配式楼梯段；不应采用墙中悬挑式踏步或踏步竖肋插入墙体的楼梯，不应采用无筋砖砌栏板。

4）突出屋顶的楼梯、电梯间，构造柱应伸至顶部，并与顶部圈梁连接，所有墙体应沿墙高每隔 500 mm 设 $2\phi6$ 通长钢筋和 $\phi4$ 分布短钢筋平面内点焊组成的拉结网片或 $\phi4$ 点焊网片。

（6）横墙较少房屋的加强措施

丙类的多层砖砌体房屋，当横墙较少且总高度和层数接近或达到规定限值时，应采取下列加强措施：

1）房屋的最大限度开间尺寸不宜大于 6.6 m。

2）同一结构单元内横墙错位数量不宜超过横墙总数的 1/3，且连续错位不宜多于两道；错位的墙体交接处应增设构造柱，且楼梯、屋面板应采用现浇钢筋混凝土板。

3）横墙和内纵墙上洞口的宽度不宜大于 1.5 m；外纵墙上的洞口宽度不宜大于 2.1 m 或开间尺寸的一半，且内外墙上洞口位置不应影响内外纵墙与横墙的整体连接。

4）所有纵横墙均应在楼梯、屋盖标高处设置加强的现浇钢筋混凝土圈梁；圈梁的截面高度不宜小于 150 mm，上、下纵筋各不应小于 3ϕ10，箍筋不小于 ϕ6，间距不大于 300 mm。

5）所有纵横墙交接处及横墙的中部，均应增设满足下列要求的构造柱：在横墙内柱距不宜大于 3 m，最小截面尺寸不宜小于 240 mm × 240 mm（墙厚 190 mm 时为 240 mm × 190 mm），配筋应符合表 9–10 的要求。

表 9–10　　增设构造柱的纵筋和箍筋设置要求

位置	纵向钢筋			箍筋		
	最大配筋率	最小配筋率	最小直径 / mm	加密区范围 / mm	加密区间距 / mm	最小直径 / mm
角柱	1.8%	0.8%	14	全高	100	6
边柱			14	上端 700 下端 500		
中柱	1.4%	0.6%	12			

6）同一结构单元的楼梯、屋面板应设置在同一标高处。

7）房屋底层和顶层的窗台标高处，宜设置沿纵横墙通长设置的水平现浇钢筋混凝土带；其截面高度不小于 60 mm，宽度不小于墙厚，纵向钢筋不小于 2ϕ10，横向分布筋的直径不小于 ϕ6，且其间距不大于 200 mm。

（7）同一结构单元宜采用同一类型的基础，底面宜埋置在同一标高上，否则应增设基础圈梁并应按 1∶2 的台阶放坡。

2. 多层砌块房屋的抗震构造措施

（1）钢筋混凝土芯柱设置

1）多层小砌块房屋应按表 9–11 的要求设置钢筋混凝土芯柱。对外廊式和单面走廊式的多层房屋、横墙较少的房屋、各层横墙很少的房屋，应分别按多层砖砌体房屋中关于增加层数的对应要求，按表 9–11 的要求设置芯柱。

2）芯柱的截面不宜小于 120 mm × 120 mm，混凝土强度等级不应低于 Cb20。芯柱

表 9–11　多层小砌块房屋芯柱设置要求

<table>
<tr><th colspan="4">房屋层数</th><th rowspan="2">设置部位</th><th rowspan="2">设置数量</th></tr>
<tr><th>6 度</th><th>7 度</th><th>8 度</th><th>9 度</th></tr>
<tr><td>四、五</td><td>三、四</td><td>二、三</td><td></td><td>外墙转角，楼梯、电梯间四角，楼梯斜梯段上、下端对应的墙体处
大房间内外墙交接处
错层部位横墙与外纵墙交接处
隔 12 m 或单元横墙与外纵墙交接处</td><td rowspan="2">外墙转角，灌实 3 个孔
内外墙交接处，灌实 4 个孔
楼梯斜段上、下端对应的墙体处，灌实 2 个孔</td></tr>
<tr><td>六</td><td>五</td><td>四</td><td></td><td>同上
隔开间横墙（轴线）与外纵墙交接处</td></tr>
<tr><td>七</td><td>六</td><td>五</td><td>二</td><td>同上
各内墙（轴线）与外纵墙交接处
内纵墙与横墙（轴线）交接处和洞口两侧</td><td>外墙转角，灌实 5 个孔
内外墙交接处，灌实 4 个孔
内墙交接处，灌实 4～5 个孔
洞口两侧各灌实 1 个孔</td></tr>
<tr><td></td><td>七</td><td>≥六</td><td>≥三</td><td>同上
横墙内芯柱间距不大于 2 m</td><td>外墙转角，灌实 7 个孔
内外墙交接处，灌实 5 个孔
内墙交接处，灌实 4～5 个孔
洞口两侧各灌实 1 个孔</td></tr>
</table>

注：外墙转角，内外墙交接处，楼梯、电梯间四角等部位，应允许采用钢筋混凝土构造柱替代部分芯柱。

的竖向插筋应贯通墙身且与圈梁连接；插筋不应小于 1ϕ12，6、7 度时超过五层、8 度时超过四层和 9 度时，插筋不应小于 1ϕ14。

3）芯柱应伸入室外地面下 500 mm 或与埋深小于 500 mm 的基础圈梁相连。

4）为提高墙体抗震受剪承载力而设置的芯柱，宜在墙体内均匀布置，最大净距不宜大于 2 m。

5）多层小砌块房屋墙体交接处或芯柱与墙体连接处应设置拉结钢筋网片，网片可采用直径 4 mm 的钢筋点焊而成，沿墙高间距不大于 600 mm，并应沿墙体水平通长设置。6、7 度时底部 1/3 楼层，8 度时底部 1/2 楼层，9 度时全部楼层，上述拉结钢筋网片沿墙高间距不大于 400 mm。

（2）钢筋混凝土构造柱设置

小砌块房屋中，采用钢筋混凝土构造柱代替芯柱时，应符合下列构造要求：

1）构造柱截面不宜小于 190 mm × 190 mm，纵向钢筋宜采用 4ϕ12，箍筋间距不宜大于 250 mm，且在柱上、下端应适当加密；6、7 度时超过五层、8 度时超过四层和

9 度时，构造柱纵向钢筋宜采用 $4\phi14$，箍筋间距不应大于 200 mm；外墙转角的构造柱可适当加大截面及配筋。

2）构造柱与砌块墙连接处应砌成马牙槎，与构造柱相邻的砌块孔洞，6 度时宜填实，7 度时应填实，8、9 度时应填实并插筋。构造柱与砌块墙之间沿墙高每隔 600 mm 设置 $\phi4$ 点焊拉结钢筋网片，并应沿墙体水平通长设置。6、7 度时底部 1/3 楼层，8 度时底部 1/2 楼层，9 度时全部楼层，上述拉结钢筋网片沿墙高间距不大于 400 mm。

3）构造柱与圈梁连接处，构造柱的纵筋应在圈梁纵筋内侧通过，保证构造柱纵筋上下贯通。

4）构造柱可不单独设置基础，但应伸入室外地面下 500 mm，或与埋深小于 500 mm 的基础圈梁相连。

（3）钢筋混凝土圈梁的设置

多层小砌块房屋现浇钢筋混凝土圈梁的设置要求同多层砖砌体房屋。

圈梁宽度不应小于 190 mm，配筋不应小于 $4\phi12$，箍筋间距不应大于 200 mm。

（4）水平现浇钢筋混凝土带设置

多层小砌块房屋的层数，6 度时超过五层、7 度时超过四层、8 度时超过三层和 9 度时，在底层和顶层的窗台标高处，沿纵横墙应设置通长的水平现浇钢筋混凝土带，其截面高度不小于 60 mm。纵筋不小于 $2\phi10$，并应有分布拉结钢筋，其混凝土强度等级不应低于 C20。

水平现浇混凝土带亦可采用槽形砌块替代模板，其纵筋和拉结钢筋不变。

（5）横墙较少房屋的加强措施

丙类的多层小砌块房屋，当横墙较少且总高度和层数接近或达到规定限值时，应按前述多层砌体房屋中横墙较少时的相关要求采取加强措施。其中，墙体中部的构造柱可采用芯柱代替，芯柱的灌孔数量不应小于 2 孔，每孔插筋的直径不应小于 18 mm。

小砌块房屋的其他抗震措施，应符合多层砖砌体房屋的有关要求。

1. 什么是地震震级、地震烈度和设防烈度？
2. 抗震设防的目标是什么？
3. 框架结构中梁、柱抗震措施有哪些？
4. 剪力墙结构中的抗震措施有哪些？
5. 砖砌体结构的抗震措施有哪些？